图形引擎开发入门

基于Python语言

卞安 / 著

电子工业出版社·
Publishing House of Electronics Industry
北京·BEIJING

内 容 简 介

这是一本讲解如何使用 Python 进行系统化图形引擎开发的图书。本书基于作者长期从事图形引擎开发工作的经验，结合简单易懂的 Python 语言和 PyOpenGL 模块，通过对引擎开发知识由浅入深的编排和讲解，让广大对图形学感兴趣的"小白"开发者一步一步地掌握图形引擎的开发流程和实现原理，并在这个过程中熟练掌握 OpenGL，进而有能力基于各种开发语言进行图形引擎的开发工作。

本书结构紧凑、内容翔实、由浅入深，是读者学习、掌握图形引擎开发入门知识的重要参考书。

图书在版编目（CIP）数据

图形引擎开发入门 ：基于 Python 语言 / 卞安著.

北京 ：电子工业出版社，2025. 3. -- ISBN 978-7-121
-49592-2

Ⅰ．TP312.8

中国国家版本馆 CIP 数据核字第 2025W8Z899 号

责任编辑：李淑丽　　　　　　文字编辑：高洪霞

印　　刷：中国电影出版社印刷厂

装　　订：中国电影出版社印刷厂

出版发行：电子工业出版社

　　　　　北京市海淀区万寿路 173 信箱　　　邮编：100036

开　　本：787×980　　1/16　　印张：24.25　　字数：559 千字

版　　次：2025 年 3 月第 1 版

印　　次：2025 年 3 月第 1 次印刷

定　　价：138.00 元

前　　言

随着游戏行业和数字化科技的飞速发展，图形引擎正在变得越来越重要，随之而来的是企业对图形引擎相关技术人员的需求持续增多和投入加大，图形学也越来越受到广大学生的关注。

市面上已经有许多图形引擎技术方案和工作岗位，涉及从 C++、C#、JavaScript 等开发语言，以及 DirectX、OpenGL、Vulkan、Metal、WebGPU 等底层技术，到 Unity、Unreal、Cocos、LayaBox 等众多令人眼花缭乱的商业产品的使用。对于有明确工作方向和研发目标的专业开发者来说，根据自身需要选择即可。但与丰富的知识库和工作机会相比，引擎技术巨大的学习成本和难度曲线，让许多初学者对图形引擎开发望而生畏，面对众多方案和开发语言无从下手，或者只停留在学习现有商业化引擎使用的表面。如果能有一套教材，带领图形引擎的学习者从图形引擎的内核理论入手，快速地领会引擎开发的基础概念，掌握流程经验，一定可以帮助他们更好地进行引擎的开发和使用。

Python 简单易学，OpenGL 应用广泛，恰好 Python 可以使用 PyOpenGL 模块来进行图形引擎开发。于是笔者尝试将两者结合，通过一系列案例将图形引擎开发的学习难度降低，方便广大图形学初学者进行学习。

本书内容体系

本书共分为 11 章，其中前 3 章主要介绍引擎和图形绘制的基础知识。第 4 章到第 10 章主要介绍图形引擎各功能模块的理论和开发。第 11 章主要介绍引擎框架的设计和性能优化。

第 1 章为图形引擎概述，主要介绍图形引擎的发展史和现状，并引出初学者的成长路线，通过一个 Python 图形实例引出 Python 图形开发环境的搭建，为后续的内容介绍奠定基础。

第 2 章为引擎开发理论入门，主要包括基本的 OpenGL 渲染流程、认识顶点与索引缓冲区、认识屏幕缓冲区、认识颜色与纹理、向量、矩阵与四元数、基本图形绘制等内容。

第 3 章为 Shader 入门与实践，介绍其基本语法和常用的 2D、3D 图效的实现方法，帮助开发者入门 Shader，并上手实现一些简单的图效。

第 4 章为动画原理与实践，首先从最简单的帧动画引出插值动画和摄像机动画，然后对骨骼蒙皮动画的原理进行介绍，最后介绍如何通过动画的编程实践来实现动画效果。

第 5 章主要介绍模型原理与实践，掌握模型中涵盖的各个知识点，包括模型与材质、骨骼模型、动作的融合与混合，以及模型 LOD 的一般方法，其中还介绍了两个常用的模型格式 OBJ 和 FBX，以及专门方便 Python 开发者使用的 PyMe 引擎模型文件 PMM，最后综合本章知识介绍如何对模型观察工具软件进行开发。

第 6 章认识光和影主要介绍图形引擎学习中最重要的光和影技术，先介绍最常用的冯氏光照模型，然后介绍延迟光照和全局光照原理，并通过一个动态点光源编程实践来介绍掌握基础光照的方法。在影子生成技术上，从最简单的阴影贴图和面片影子到典型的 ShadowMap 都有所涉及，并介绍了体积阴影的原理。

第 7 章为粒子系统入门，首先介绍粒子系统原理和常见的一些粒子效果实现，然后综合本章知识讲解如何对粒子效果编辑器进行开发。

第 8 章为场景渲染入门，内容包括天空渲染、地表渲染、水面渲染、植被与建筑等，然后综合本章知识搭建了一个场景编辑器，实现对场景中各部分的编辑及场景的保存与加载。

第 9 章重点介绍画面后期效果，涉及渲染流程的编排，给出了一个 BLOOM 工程实践。

第 10 章为 UI 系统入门，在完成前面 3D 引擎部分的渲染后，重点对 UI 系统进行介绍。

第 11 章为图形引擎设计与优化，为开发者进行引擎性能优化提供参考。

本书读者对象

- 对图形学感兴趣的大学生。
- 对图形引擎开发感兴趣的工程师。
- 对 3D 图形算法实践感兴趣的科研工作者。
- 希望应用 Python 进行游戏开发的程序员。

关于附书资源和读者反馈

本书中的实例和实战代码可以通过扫描封底的二维码获取，代码全部基于 Python 3.8 运行通过。由于水平有限，书中内容与代码难免出现差错，如果发现问题，请发电子邮件至 285421210@qq.com，以便在下一版中改进。

致谢

感谢电子工业出版社李淑丽老师的耐心指导。

感谢伴随《图形引擎开发入门：基于 Python 语言》从无到有一路走来的粉丝。

最后要感谢我家人的支持，使我可以在辞去工作后专心做自己喜欢的事，每天乐于码海泛舟。如果没有家人的支持，一切成功将无从谈起。

编者

2024 年 12 月

目　　录

第 1 章　图形引擎概述

在展开介绍图形引擎知识之前，本章将首先对图形引擎的起源和发展现状进行介绍，使开发者理解引擎开发的意义，并帮助读者完成 Python 的环境搭建。

1.1　图形引擎发展史

图形引擎从诞生到今天经历了几个大的阶段，很多引擎产品沉沉浮浮，最终大浪淘沙，只有为数不多的几款游戏引擎成为市场的主流。在此，我们不仅感叹技术研发的不易，更为国产游戏引擎的努力和坚持喝彩！

1.1.1　卡马克时代

"信息时代，想做什么没谁会阻止你，只需要一台电脑、塞满冰箱的比萨，以及为之献身的决心。"

—— FPS 之父约翰·卡马克

说起图形引擎的历史，不得不提起一个人，就是约翰·卡马克。在密苏里大学就读计算机科学专业两个学期后，卡马克选择辍学，并加入一家软件公司，在那里他遇到了程序员罗梅洛，他们惺惺相惜，成为很好的工作伙伴。因为不满足公司的业务开发，他们一拍即合，开始私下合伙进行游戏开发。1990 年，卡马克和搭档罗梅洛制作了一款小游戏《指挥官基恩》，在 PC 上首次实现了卷轴类游戏背景的流畅效果，后来他们又花了一个晚上把当时的街机游戏《超级玛丽》移植到 PC 上，实现了流畅的横板效果。1991 年，卡马克和罗梅洛成立了 ID Software，开始自主创业，这也拉开了卡马克不断推动图形引擎技术发展的大幕。

1994 年 8 月 3 日发行的 PC 端游戏《德军总部 3D》，通过使用一种射线碰撞追踪技术来渲染物体，打造出了立体感明显的 3D 效果，如图 1-1 所示。虽然严格意义上讲这是"伪 3D"，但在当时无疑是令人惊叹的：原来我们可以身临其境地进入游戏场景里面！

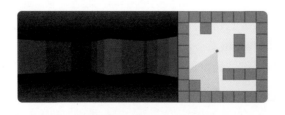

图 1-1　使用射线碰撞追踪技术渲染物体的 3D 效果

基于《德军总部 3D》的技术经验，卡马克将技术框架的可重用性作为重点关注的方向，研发出了代号为 ID Tech 1 的引擎，并基于它为 ID Software 制作了 3D 游戏《毁灭战士》（*DOOM*），ID Tech 引擎系列就此诞生。

DOOM 的出现预告着卡马克在那个 3D 显卡还没有问世的年代，通过自己强大的技术天赋和创造力与其他游戏厂商划清了界限，发售 *DOOM* 的第一年仅在 PC 平台就创下了惊人的 350 万份的销量，这个成绩使得公司仅有的 13 名员工都成了百万富翁。在 *DOOM* 发售一年之后，ID Software 又推出了 *DOOM* 系列的第二部作品 *DOOM:Hellon Earth*，也就是 *DOOM II*，凭借 ID Software 的强大影响力，*DOOM II* 获得了 1994 年年度最佳原创幻想/科幻计算机游戏大奖，在销量和口碑上再创新高。

1996 年，ID Software 推出了一款新作品《雷神之锤》（*Quake*），它成为游戏行业的又一个里程碑。这款游戏首次使用了真正的 3D 引擎技术，也就是说，*Quake* 引擎真正使用了模型来实现游戏场景，不再使用算法在 2D 平面上模拟 3D 效果。该引擎还支持动态光源和粒子特效，并被当时的显卡龙头 3DF 公司用于展示 "Voodoo" 芯片组的能力。基于这款引擎制作出来的游戏有《雷神之锤》《雷神之锤：世界》，以及大名鼎鼎的《半条命》和扩展出来的《反恐精英》和《胜利之日》等。

在之后的岁月里，卡马克不断完善自己主导的 3D 引擎，并在此基础上推动了显卡技术的发展，据说一些显卡生产商在研发新产品之前甚至会同卡马克商量一下，以确保它们的硬件可以完美地支持 ID Software 出品的游戏，这充分说明了卡马克在图形引擎领域的权威地位。

真正令人肃然起敬的是，卡马克从来不希望用软件专利来限制行业发展，而是用无私的实际行动为行业贡献了最宝贵的技术财富。ID Software 于 1995—1997 年陆续公布了《德军总部》《雷神之锤》《毁灭战士》等作品的源代码，这无疑大大加快了游戏引擎技术的发展，比如 Epic 的虚幻 2、虚幻 3，育碧的嚎哭引擎，以及在 ID Tech 3 基础上开发的起源和无尽引擎等。

1.1.2 UE 与 Unity

1998 年，当 ID Software 凭借其 ID Tech 2 独霸引擎市场之时，由 Epic Games（《堡垒之夜》的开发商）开发的虚幻引擎（Unreal）横空出世，其绝对领先的画面效果和运行性能令虚幻引擎迅速在游戏引擎市场上获得一席之位。与仅提供引擎源代码的 ID Software 不同，Epic Grames 不仅为许可证持有人提供支持，还与其负责人共同讨论游戏开发的改进方案，为虚幻引擎在研发厂商端的使用提供了良好的服务支撑。

2004 年，Epic Games 发布虚幻引擎 3，2006 年首款基于该引擎的游戏问世，这是游戏引擎的又一次里程碑事件，它不仅支持 64 位高精度动态渲染、多种类光照和高级动态阴影效果，能够用较低的计算资源实现非常优秀的画质，而且拥有强大的引擎开发工具，另外，它还具备多平台的兼容性，比如可以发布到 Xbox 360。凭借这些优点，虚幻引擎 3 被《战争机器》《蝙蝠侠》《质量效应》《镜之边缘》等知名大作所使用，声名大噪，如图 1-3 所示。

图 1-2　虚幻引擎　　　　　图 1-3　采用虚幻引擎 3 开发的《战争机器》

2014 年 2 月 22 日，虚幻引擎 4 发布，其功能更加强大，开发了节点图形化易用的蓝图来编写游戏逻辑，大大方便了美术及策划人员，并在角色、法线贴图、材质贴图、环境等方面较虚幻引擎 3 有了飞跃式的提升，进一步稳固了霸主地位。

2022 年 4 月 5 日，虚幻引擎 5 发布，官方公布了令人惊叹的示例图像和可玩演示，创新的 Nanite 虚拟微多边形几何体技术可以让美术师创建出人眼所能看到的一切几何体细节，数以亿计的多边形组成的影视级美术作品可以被直接导入虚幻引擎自动进行细节 LOD。画面质量一下子提升到前所未有的高度，新的全动态全局光照解决方案 Lumen 更是能够对场景和光照变化做出实时反应，在宏大而精细的场景中渲染出间接镜面反射和可以无限反弹的漫反射，为美术师节省下了大量的时间，直接革新了光照制作流程。虚幻引擎 5 实机演示画面如图 1-4 所示。

值得一提的是，借助于虚幻引擎 5 的强大画面渲染能力，国内游戏研发企业也在 3A 游戏（制作成本高昂、资源消耗量大、制作周期漫长）中有了零的突破，2020 年 8 月 20 日，研发商游戏科学放出了一段 13 分钟的《黑神话：悟空》实机演示，引起了广泛关注。2023 年它登录科隆国际游戏展，斩获了最佳视觉效果奖。2024 年 6 月 8 日，《黑神话：悟空》开启预售，迅速成为多个知名游戏平台热销榜榜首，成为游戏市场一匹亮眼的黑马，如图 1-5 所示。

图 1-4　虚幻引擎 5 实机演示画面

图 1-5　《黑神话：悟空》实机演示画面

图 1-6　Unity 引擎

Unity Technologies 公司于 2004 年在哥本哈根创立，当时名为 Over the Edge Entertainment。2005 年 6 月，公司在苹果全球开发者大会上发布了一款名为"Unity"的游戏引擎，如图 1-6 所示，其最初为 Mac OS X 平台开发，随着 2007 年 iPhone 的发布，它成为首批完全支持 iOS 的引擎之一，从众多游戏引擎中脱颖而出。

借助于移动互联网兴起的变革阶段，Unity 抓住了以中小创业团队为主体的移动游戏发展浪潮，以良好的工具易用性、C#作为开发语言的低门槛和完善的多设备端打包能力赢得了市场的认可，在之后的不断迭代过程中，Unity 具备了支持桌面端、移动端、Web 端、游戏主机、VR、AR 等多平台的能力，并提供了包括游戏、电影等多方面的互动解决方案，在汽车、建筑、工程、制造、军工等多个行业拥有了一定的客户群体。Unity 也从最初三个人的团队规模，发展成为一家拥有数千名员工的全球性公司，服务全球数千万开发者。如今，基于 Unity 引擎开发的游戏占据了全球一半以上，位居世界之首。

对于初学者是选择 UE 还是 Unity 作为学习的方向，不好评论，两款引擎都是非常优秀的引擎产品，在市场上拥有广阔的发展机会。不管如何选择，只需要努力学习和掌握，就有机会成为一名优秀的开发者。

1.1.3　国产引擎的发展

在 20 世纪 90 年代末期，拥有一台 PC 的家庭并不多，所以游戏研发厂商更是凤毛麟角。当时中文游戏市场主要以 2DRPG 类为主，在技术上主要采用 C 语言，因为需要精通硬件设备编程，所以开发难度极高，其中中国台湾的大宇资讯、智冠科技、宇峻奥汀等几家企业是佼佼者，大宇资讯出品的经典产品《仙剑奇侠传》、《轩辕剑》以及金山软件公司旗下西山居工作室推出的《剑侠情缘》在当时被称为"三剑"，图 1-7 为《仙剑奇侠传》DOS 版的截图。

1997 年洪恩集团组建的祖龙工作室成立，专门致力于 3D 游戏的研发，拉开了国产 3D 游戏引擎研发的大幕。1998 年祖龙工作室开发的世界第一款 3D 即时战略游戏《自由与荣耀》，远销韩国，成为国内第一款出口韩国的即时战略游戏。随后公司推出的《抗日：血战上海滩》等系列产品进一步奠定了祖龙工作室的先驱地位。

从 2000 年开始至 2012 年这段时间，国内诞生了一大批优秀的本土游戏研发企业，这些企业大多从零起步，凭借着对游戏的热爱和对技术的钻研精神，一步步成长起来。但因为投资巨大、开发周期漫长等原因，各个公司都将引擎团队的培养当作重中之重，并将引擎技术和工具化流程与公司的产品线深度绑定，基于自己的引擎不断优化，以做出更多相匹配的游戏。这也导致虽然我们具备了引擎的研发能力，但并没有去做更通用的引擎商业产品。

在这个阶段，也有一些企业选择基于开源免费引擎或模块来开发，OGRE 游戏引擎套件因其良好的框架设计和丰富的插件系统与文档教程而得到了广泛认可。图 1-8 展示了 OGRE 引擎标志性的 LOGO 和启动界面。

图 1-7　《仙剑奇侠传》DOS 版的截图

图 1-8　OGRE 引擎标志性的 LOGO 和启动界面

搜狐游戏使用 OGRE 引擎开发的《天龙八部》一经问世，即成为当时最火爆的武侠网络游戏，其画面效果如图 1-9 所示。这款产品也将 OGRE 推动到成为一大批国产游戏厂商和中小研发团队在 3D 网游产品研发立项时的引擎首选。

移动互联网大潮到来后，手游市场一片空白，大量的中小创业团队蜂拥而入，原本大量拥有自研 3D 引擎技术的 PC 端游戏企业，因手机的性能问题，并不能直接将自己的引擎用在手机游戏产品的研发上，市场急需一款更灵活小巧、开源免费、性能优秀的引擎。

图 1-9　网游《天龙八部》的画面效果

2010 年 7 月，厦门的王哲团队从仅适用于 iOS 的 Cocos2D-iPhone 开始移植并重写 Cocos2D-x 引擎，11 月发布了第一个版本，填补了这个方向的市场空白。借助于触控科技的投资和《捕鱼达人》的国民游戏影响力，Cocos2D-x 迅速占领了国产手游开发市场。2011 年，厦门雅基软件正式成立，并在之后不断地推动 Cocos 系列引擎的发展壮大。2016 年，Cocos 推出了第二代编辑器 Cocos Creator，逐渐在 3D 能力上发力。2022 年 4 月，Cocos 宣布完成 5000 万美元 B 轮融资，经过持续提升引擎核心技术，积极促进与游戏、汽车、教育、XR、家居设计、建筑工程等场景的结合，其发展成为拥有 150 万名开发者、覆盖全球 16 亿个终端用户的引擎产品。图 1-10 为 Cocos 游戏引擎 LOGO。

2014 年，拥有十余年 3D 引擎研发经验的连续创业者谢成鸿与伙伴们，秉持共同理想创立了 3D 开源引擎公司 LayaBox。2016 年 6 月 30 日，他们推出了支持 HTML 5 与 App 双平台的 3D 引擎 LayaAir。凭借领先的 Web 3D 技术，LayaAir 迅速聚集了百万开发者，发展速度位列中国前茅，催生了《微信版王者荣耀》《微信版穿越火线》《全民枪神》《腾讯台球》《这城有良田》等优秀作品。2023 年 LayaAir 3.0 发布，它以完善的工具链、WebGPU、本地性能优化、国际化支持等特性，受到开发者的一致好评。LayaBox 一直在朝着打造中国人的国际优秀 3D 引擎的梦想而努力。图 1-11 为 LayaBox 游戏引擎 LOGO。

图 1-10　Cocos 游戏引擎 LOGO　　　图 1-11　LayaBox 游戏引擎 LOGO

在这里，我们也怀念一下曾经红极一时的白鹭引擎。作为 HTML 5 一站式移动技术与服务提供商，白鹭科技曾经因自主研发了 Egret 引擎、加速器、骨骼动画工具等产品成为资本的宠儿，涵盖游戏解决方案、服务、AR/VR 多元领域，并于 2016 年登陆新三板，市值估计达到过 25 亿元，其与 Cocos、LayaBox 并称中国三大引擎研发商。但白鹭科技在市场环境变化中没有能坚持到现在，最终破产清算，技术创业之路令人唏嘘。图 1-12 为白鹭游戏引擎 LOGO。

图 1-12　白鹭游戏引擎 LOGO

1.2　从 Python 编程开始

对于游戏引擎开发初学者来说，使用哪种语言和底层 API 并不是最重要的，关键是理解图形引擎的框架和各部分模块的原理。在市场上有各种各样的游戏引擎和运行平台，你可以根据需要去学习和掌握对应的开发语言，但在引擎原理这一点上，本质上没有不同。

本书使用流行的 Python 语言来进行引擎开发的讲解，相信这将会是一个非常酷的方式，它将使内容更加通俗易懂，你准备好了吗？

1.2.1　PyOpenGL 开发环境搭建

要使用 Python 进行 3D 图形的开发，需要先安装 Python 和 PyOpenGL。

1. Python 的下载与安装

一般来说，Python 的安装有如下两种方式。

1）从 Python 安装包里安装，只包括 Python 的运行环境和基本库：在官网下载安装包——在图 1-13 所示界面的 Downloads 栏目中找到需要的平台版本进行下载，本书的所有实例都是在 Win64 位 3.8.8 环境下进行开发的，在 Mac OS 和 Linux 上均进行了测试。

安装包下载完成后，执行安装程序，会弹出安装向导，开发者按照如图 1-14 所示的指示一步步完成安装即可。

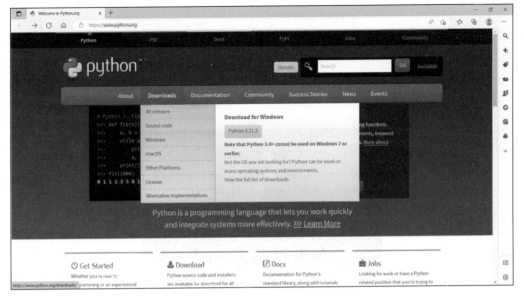

图 1-13   Python 官网

图 1-14   Python 安装向导界面

这里要注意勾选"Add Python 3.7 to PATH"选项，它将把安装后的 Python 运行目录加入系统路径变量中，这样方便直接运行 Python 程序文件。

2）通过虚拟环境 Anaconda 安装：Anaconda 是一个开源的包环境管理器，包括了 Python、NumPy 等 180 多个科学包和依赖项，这样我们就可以直接使用一整套已经安装好的开发环境了。Anaconda 也可以在当前操作系统内保持多个不同版本的环境并隔离，方便开发者在多个 Python 版本环境间切换。

开发者可以到 Anaconda 官网进行下载，图 1-15 中间的位置就是下载安装程序的链接，单击"Download"按钮后，浏览器就会启动下载。

图 1-15　Anaconda 官网

下载之后，执行安装包，按照向导所示一步步完成安装即可，在这个过程中，要注意图 1-16 所示的界面选项。

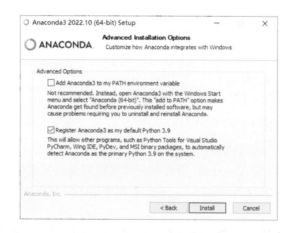

图 1-16　Anaconda 安装向导

在此页面中有两个选项：

1）如果我们电脑上尚未安装 Python 的开发环境，在这里可以勾选第一个选项，使用 Anaconda 的 Python 环境作为 PATH 中的环境路径；如果电脑已经安装了 Python，不推荐勾选此选项，以防止发生版本冲突。

2）第二个选项是询问我们是否将 Anaconda3 中的 Python 3.9 作为默认的当前系统中的 Python 环境，根据自己的需要选择即可。

完成勾选后，单击"Install"按钮进入安装过程，根据提示完成安装即可。

然后单击"Anaconda Powersheel Prompt(anaconda3)"或"Anaconda Prompt(anaconda3)"进入环境。在默认情况下，Anaconda 已经创建了一个名为 base 的基本环境，在图 1-17 所示的环境里直接输入"python"并按回车键，可以看到已经安装好了 Python 3.9。

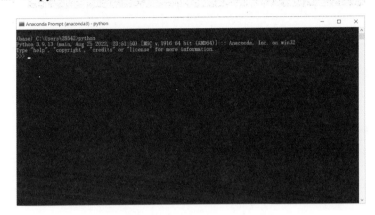

图 1-17　Anaconda 创建的 base 环境下的 Python 3.9

如果需要一个新的自定义环境，可以通过"conda create -n 环境名 python=版本号"命令来创建，Anaconda 会在环境中自动安装好所需要的 Python 版本。

比如，输入如下命令：

conda create -n Python311 python=3.11

Anaconda 会创建一个安装 Python 3.11 版本、名为 Python311 的环境，创建完成后通过输入命令"conda env list"来查看 Anaconda 所有存在的环境列表，并通过命令"conda activate 环境名"选择激活一个环境来作为当前 Anaconda 正在使用的环境，如图 1-18 所示。

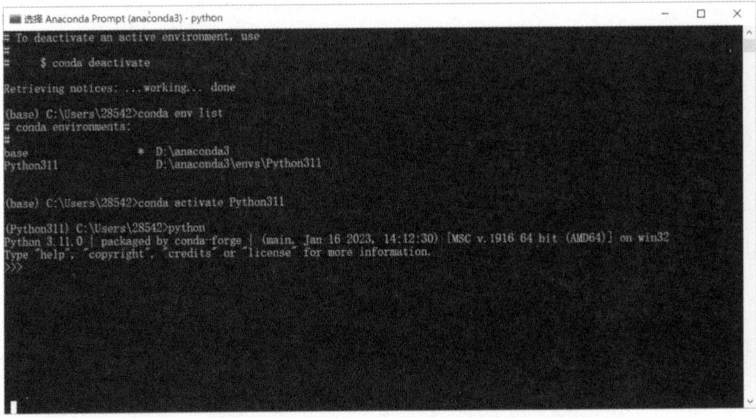

图 1-18　在 Anaconda 中查看并激活环境

2. PyOpenGL 的安装

在安装 PyOpenGL 时，需要注意 PyOpenGL 不能直接通过 pip 安装，因为 pip 默认安装的是 32 位版本的程序，这可能会导致运行时错误。因此，正确的安装方法是通过可靠的第三方资源下载对应 Python 版本的 PyOpenGL 和 PyOpenGL-accelerate 的 wheel 文件。这些文件通常是针对特定 Python 版本和操作系统的，例如 Python 3.8 版本对应的文件是 PyOpenGL-3.1.6-cp38-cp38-win_amd64.whl 和 PyOpenGL_accelerate-3.1.6-cp38-cp38-win_amd64.whl。

文件下载完成后，通过运行命令行工具 cmd 并使用 pip install XXX.whl 命令进行安装即可。

pip install PyOpenGL-3.1.6-cp38-cp38-win_amd64.whl

pip install PyOpenGL_accelerate-3.1.6-cp38-cp38-win_amd64.whl

安装成功后，我们就可以用 PyOpenGL 编写图形程序了。

1.2.2　引擎工具开发

开发图形引擎其实是对图形程序开发工作流的建设，其工作内容除对基本图形库的开发外，也包括大量的可视化工具链。在市面上的图形引擎开发的教程中，多数只强调图形渲染本身，而忽略工具链。但在实际的生产工作中，工具链往往才是面向开发者用户最重要的东西。在进行引擎开发时，研发人员也需要花费更多的时间去构思和实现工具链，并不断地通过用户反馈来完善。图 1-19 和图 1-20 分别展示了笔者之前开发的斜视角 2D 地图编辑器和 3D 模型观察器，它们分别用于辅助开发斜视角地图场景，以及观察模型的各种材质和动作。

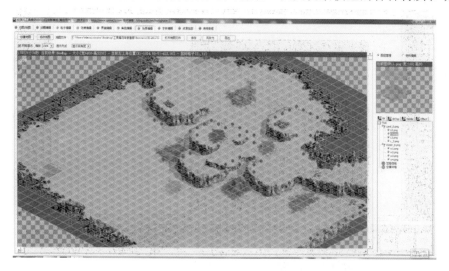

图 1-19　斜视角 2D 地图编辑器

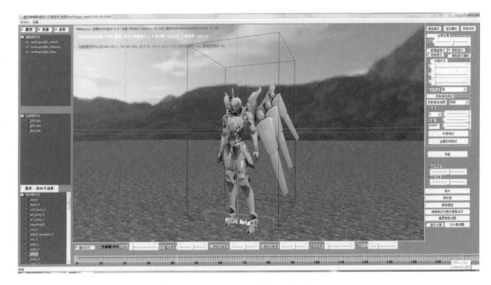

图 1-20 3D 模型观察器

使用 Python 本身也能够开发界面工具，比如 Python 内置的 TKinter 是一个历史悠久的 Python GUI 工具集，是许多初学者进行 GUI 开发的首选，它提供了基本完整的界面控件库。除此之外，也可以选择 PyQT、wxPython 等第三方模块。在本书的学习过程中，将采用基于 TKinter 界面库的可视化工具 PyMe 来讲解工具开发的知识。PyMe 拥有可视化的界面设计器和简单的函数绑定编辑操作，可以大大降低界面工具的开发门槛，如图 1-21 所示。

图 1-21 在 PyMe 中开发 3D 粒子效果编辑器

第 2 章　引擎开发理论入门

本章将正式开始讲解引擎开发的基础理论，它们并不难理解，却是进行图形引擎开发必须熟练掌握的入门知识。

2.1　基本的 OpenGL 渲染流程

在使用 OpenGL 之前，要先了解基本的渲染流程。本节将首先介绍渲染管线，然后通过图形编程的过程介绍图像是怎样产生的。

2.1.1　认识渲染管线

图形引擎之所以被称为引擎，缘于它有一个像发动机一样的内核，这个内核有一套基本的图形处理流程，就像发动机每一次产生动力都需要进气、压缩、做功、排气四个过程一样，图形渲染的过程也有一套特定的工作流程，最终我们把顶点、颜色、纹理坐标数据与纹理图片给这个工作流程，它就可以完成图形显示在屏幕上的操作，这个过程被称为渲染管线。

渲染管线由一系列固定的操作构成，大致包括以下一些基本步骤。

（1）局部坐标变换：模型体坐标系内顶点坐标的变换。

（2）世界坐标变换：将模型体坐标系的顶点坐标变换到世界坐标系。

（3）观察坐标变换：将世界坐标系的顶点坐标变换到摄像机坐标系。

（4）背面剔除：对看到的模型面根据设置进行正面或背面的剔除。

（5）光照设置：模型表面的材质和光照的设置。

（6）裁剪：根据视锥设置将处于视锥体以外的几何部分裁剪掉。

（7）投影：通过投影变换将 3D 图形变换为 2D 图形。投影分为透视投影和正交投影。

（8）视口计算：将 2D 投影图像转换到屏幕的相应视口中。

（9）光栅化：显示像素的颜色。

在图形引擎的发展初期，渲染管线按照步骤（1）～（9）的固定流程，通过相应的 API 函数进行操作，这个渲染管线的顺序是不可改变的，所以我们称之为"固定渲染管线"。但随着 3D 图形技术和 GPU 的发展，出现了在 GPU 上运行的汇编代码 Shader Model，也称着色器，它革命性地赋予了程序员一种更灵活的对渲染管线进行控制处理的方式，使得渲染管线的顺序不再固化，而是可以通过编程的方式去编排，并通过 GPU 硬件能力的提升给予程序员对图形逐顶点或像素的渲染进行管理的能力，这种方式被称为"可编程渲染管线"。它使得编程对图像的控制和塑造能力大大提升，而不是像之前，把所有的美术效果都交给美术人员去建模制作。比如模型的影子渲染，在"可编程渲染管线"出现之前，因为无法逐像素地计算，所以影子一般要么用纹理投影技术处理，要么用圆形的黑色面片处理，但 Shader 出现之后，ShadowMap 流行起来，图 2-1 展示了两者的区别。

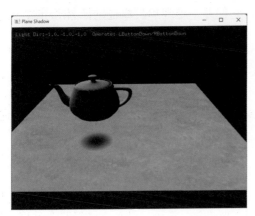 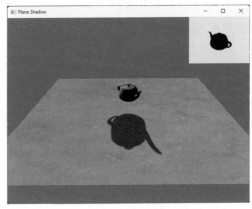

图 2-1　早期的面片影子与后来的 ShadowMap

现在固定渲染管线早已经被淘汰，而"可编程渲染管线"在不断的发展中成为主流，并在大量的游戏和图形软件中大放异彩。

2.1.2　图形编程过程原理

一般来说，为了将一个图元或模型显示出来所要做的主要工作大体可以分为：

（1）创建和填充模型顶点和索引数据缓冲，也就是加载模型。

（2）指定模型位置、缩放、旋转及骨骼等矩阵信息。

（3）指定模型渲染信息，如渲染方式、纹理、材质、Shader。

（4）指定环境信息，如雾效、光照等。

（5）指定观察、投影矩阵。

（6）调用渲染指令显示相应的图形。

从基本成像的过程解释，也可以将这些操作理解为：

（1）准备好物体结构。

（2）指定物体的状态。

（3）设置物体的色彩。

（4）设置环境的效果。

（5）观察角度的确定。

（6）渲染图像的结果。

图 2-2 展示了渲染过程的分步骤结果。

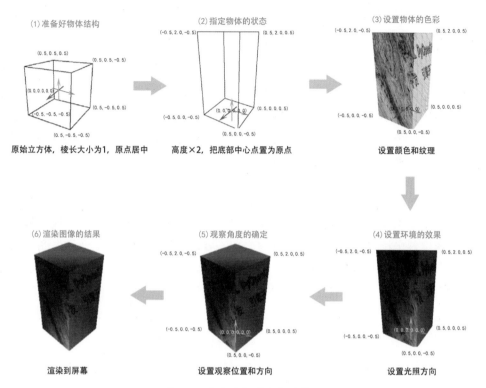

图 2-2　渲染过程的分步骤结果

这些工作并不是严格按照顺序处理的，比如你可以在一开始就确定观察角度，也可以提前设置好环境效果。这就像景物写生，画家确定好观察角度后，就可以先在白纸上照着眼前的景物勾勒出物体的形态，然后上色，最后根据环境调整光照明暗，如图 2-3 所示。

图 2-3　景物写生

在实际的程序开发过程中，我们要做的就是按照流程，一步一步地完成相应部分的编码并运行。

2.2　认识顶点与索引缓冲区

任何一个复杂的图形，其实也都是由最简单的点、线、面构成的。所谓"一生二，二生三，三生万物"，由基本的点的渲染到线段的渲染，再到三角面的渲染以及基于三角面的各种复杂模型的渲染，无不体现了这一理念。在图形引擎开发的最初阶段，重要的是打好基础，而这里的"基础"，就是对顶点的理解和运用。

2.2.1　顶点——世界的起点

顶点，是整个图形世界的起点，它是一个包含了顶点信息的数据集。在这个数据集里，我们可以指定位置坐标、颜色、法线、纹理坐标、骨骼索引及权重，以及根据图像的功能和优化需要而自定义的许多信息。每个信息元素根据需求都有其特定的意义，开发者在实际的开发过程中要做到心中有数。比如，根据风格来确定模型的渲染是否需要颜色、法线信息；根据是静态模型还是骨骼动画模型来确定是否需要骨骼索引与权重信息；根据是否属于场景建筑模型来确定是否启用第二纹理坐标以便使用场景烘焙贴图等。

以最普遍的模型为例，一般写实风格的模型其顶点构成包括模型空间的位置、法线、贴图坐标，如果没有要求各顶点有独立的颜色值，就不再使用顶点颜色元素占用内存、显存空间，这时每一个顶点的信息构成在 Python 编程中如下所示：

```
[(x,y,z),(nx,ny,nz),(u,v)]
```

其中 x,y,z 代表顶点在模型空间中的位置，nx,ny,nz 代表顶点法线在模型空间中的位置，u,v 代表顶点的纹理坐标值。

如果要求各顶点有独立的颜色值，看起来具有类似如图 2-4 所示的效果，则这时每一个顶点的信息构成需要改变为：

```
[(x,y,z),(nx,ny,nz),(r,g,b),(u,v)]
```

增加的(r,g,b)代表了各个顶点的独立颜色值。

图 2-4 各顶点有独立颜色值的立方体模型

一个顶点如此，一万个顶点也如此。在实际项目中，每一个模型少则包括几十个顶点，多则包括数万、数十万个顶点，它们在程序代码中以下面这样的方式对数据进行组织：

```
vertexArray =
[
    [(x1,y1,z1),(nx1,ny1,nz1),(r1,g1,b1),(u1,v1)],
    [(x2,y2,z2),(nx2,ny2,nz2),(r2,g2,b2),(u2,v2)],
    [(x3,y3,z3),(nx3,ny3,nz3),(r3,g3,b3),(u3,v3)],
    ...
]
```

在开发者根据项目需要填充好所有的顶点信息后，就可以进行渲染了，传统的方式是在绘制时通过相应的函数来指定每个顶点的元素类型，比如下列代码：

```
#绘制三角面
glBegin(GL_TRIANGLES)
#遍历所有的三角形
for fIndex in range(0,faceCount):
    #遍历三角形的三个顶点
    for vIndex in range(0,3):
        #取得顶点的信息
        pos, normal,color,uv = vertexArray[3*fIndex+vIndex]
        #设置顶点位置信息
        glVertex3fv(pos)
        #设置顶点法线信息
        glNormal3fv(normal)
        #设置顶点颜色信息
        glColor3fv(color)
        #设置顶点纹理坐标信息
        glTexCoord2fv(uv)
glEnd()
```

采用这种方式会直接从数组中取出数据来设置每个顶点的分量信息，虽然直观，但是每次循环都需要从系统内存向 GPU 传递信息，这样效率会比较低，而且模型中的三角面，往往会存在一些共用的顶点。比如图 2-4 中的立方体，它由 36 个顶点信息数据组成，但这 36 个顶点信息数据是由 8 个相同的顶点信息数据构成的，在渲染时，这 36 个顶点信息占用大量的浮点数据，其实其中 24 个顶点信息都是浪费的。那么怎么办才能更好地节省内存、显存空间，提高渲染效率呢？

这时我们可以使用索引数组来指定每个三角面是由哪三个顶点组成的，比如在图 2-5 中，左边展示了 8 个顶点的立方体，右边是构成近处四边形的两个三角面，顶点分别是 V_0、V_1、V_2 和 V_0、V_2、V_3。示例代码如下所示。

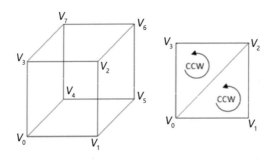

图 2-5　8 个顶点的立方体

```
#对应 6 个四边形的索引数组
indexArray =
[
    (0,1,2),(0,2,3),
    (1,5,6),(1,6,2),
    (5,4,7),(5,7,6),
    (4,0,3),(4,3,7),
    (3,2,6),(3,6,7),
    (1,0,4),(1,4,5)
]
```

通过索引数组配合顶点信息数据来渲染图形去除了大量的重复顶点信息，虽然增加了索引数据，但索引数据占用的空间往往比重复顶点所浪费的空间要小得多。

2.2.2　VBO、IBO 和 VAO

1. VBO

顶点缓冲对象（Vertex Buffer Object，VBO）提供顶点信息数组与显示列表的优势来提升

OpenGL 效率，它能够把顶点数据集由数组复制到一个专门的缓冲区，然后将缓冲区按照指定的顶点构成提交给显卡进行处理，这样省去了多次循环和内存、显存复制的过程，效率得到大大提升。VBO 的构成如图 2-6 所示。

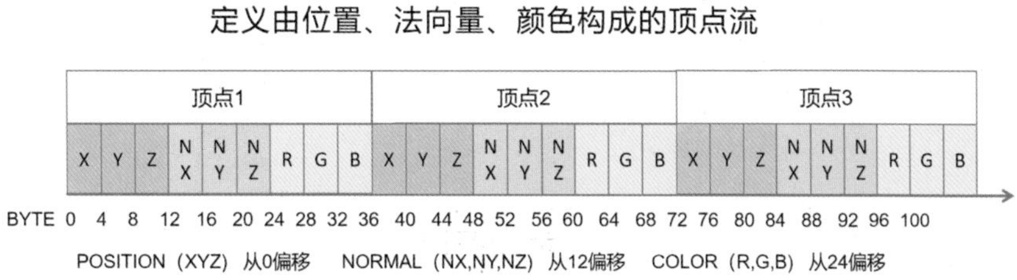

定义由位置、法向量、颜色构成的顶点流

图 2-6　VBO 的构成

通常底层 API 库会提供由相应的顶点各分量属性构成的枚举值让开发者选择，开发者在设定好枚举值及 VBO 后，程序在执行图形渲染操作时，依据这个枚举值从顶点缓冲区中取得相应的坐标、颜色等各分量信息去使用。VBO 的使用基于以下几个步骤。

（1）创建 VBO：调用 glGenBuffers 函数创建 VBO，返回 VBO 的标识符。

（2）绑定缓冲区：调用 glBindBuffer 函数将 VBO 的缓冲与指定的硬件缓冲区绑定。硬件缓冲区有两种类型，一种是顶点信息缓冲区，另一种是信息索引缓冲区，分别用 GL_ARRAY_BUFFER 和 GL_ELEMENT_ARRAY 表示。

（3）将数据复制到缓冲区：调用 glBufferData 函数将程序代码内存数组中的数据复制到缓冲区中，这里会根据缓冲区数据修改的频率而分别提供一些参数对显存位置进行设置。比如 GL_STATIC_DRAW 主要用于数据不改动的数据缓冲；GL_DYNAMIC_DRAW 主要用于数据改动较频繁的数据缓冲；而如果每次绘制数据都会改动，则可以使用 GL_STREAM_DRAW。

（4）设置分量信息：调用 glEnableVertexAttribArray 和 glVertexAttribPointer 来启用顶点缓冲的属性数组配置和指定顶点缓冲中各属性分量通道的数据位置。

（5）解除绑定缓冲区：完成缓冲区的绑定后，要再次调用 glBindBuffer 函数并指定参数 0 解除绑定，才算完成绑定。

2．IBO

IBO（Index Buffer Object）即索引缓冲对象，也被称为 EBO（Elements Buffer Object），主要用于指定索引数据块，把构成要绘制的图形的那些顶点放在一个数组中，这样在渲染时，就可以大大地减少重复顶点对内存、显存的占用。以前面的立方体为例，IBO 结构如图 2-7 所示。

使用 IBO 的步骤与使用 VBO 的步骤并没有什么不同，这里不再赘述，参考后面绘制图形时的代码。

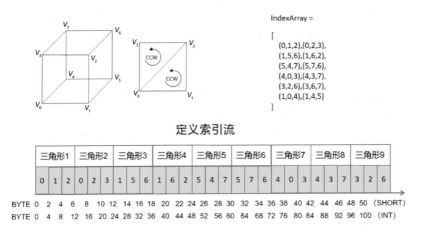

图 2-7　IBO 结构

3．VAO

每渲染一次物体都需要使用一个 VBO，而每次绑定 VBO 都需要设置和激活所有顶点的属性，否则不清楚顶点着色器如何使用。开发者经常需要能够灵活地控制顶点的属性通道的开启和关闭，这时 VBO 就变得不够灵活，而 VAO 则主要用于解决这个问题，它可以告诉 GPU，在接下来的处理过程中使用哪些 VBO 中的哪些属性数据。

这些描述信息通过函数 glVertexAttribPointer 的参数来进行设置：

- index：第几个属性。
- size：这个属性包含几个数值。
- type：每个数值是什么数据类型。
- normalized：是否归一化。
- stride：每个顶点数据的步长。
- pointer：在顶点数据内的偏移量。

比如在渲染场景时，正常情况下，模型需要法线属性来进行光照计算，使用颜色属性显示颜色，但如果为了渲染物体的深度图，就只需要位置信息，图 2-8 中 VAO1 为正常情况下的 VBO 使用描述，而 VAO2 为渲染物体深度图时的 VBO 使用描述。如果不进行描述优化，而是仍然将法线和颜色顶点数据提交到显卡中参与计算和渲染，则会产生明显的显存带宽浪费，从而对性能产生不利影响。

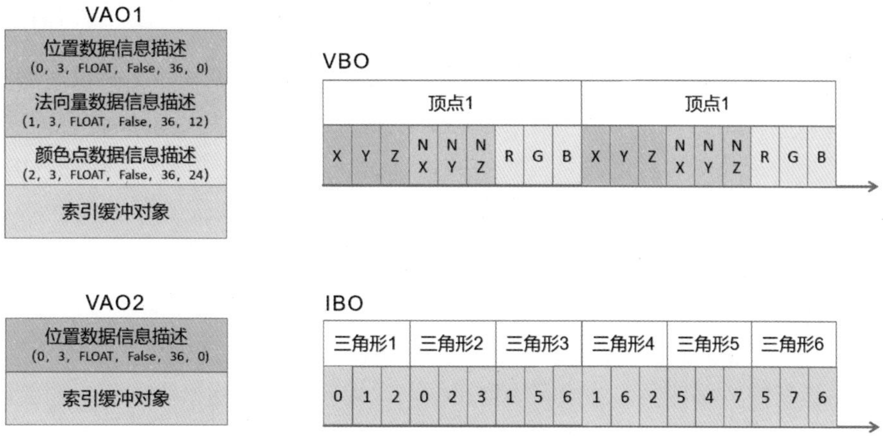

VAO1

位置数据信息描述
(0, 3, FLOAT, False, 36, 0)
法向量数据信息描述
(1, 3, FLOAT, False, 36, 12)
颜色点数据信息描述
(2, 3, FLOAT, False, 36, 24)
索引缓冲对象

VBO

顶点1								顶点1							
X	Y	Z	N X	N Y	N Z	R	G	B	X	Y	Z	N X	N Y	N Z	R	G	B

VAO2

位置数据信息描述
(0, 3, FLOAT, False, 36, 0)
索引缓冲对象

IBO

三角形1			三角形2			三角形3			三角形4			三角形5			三角形6		
0	1	2	0	2	3	1	5	6	1	6	2	5	4	7	5	7	6

图 2-8　VAO 的构成

2.3　认识屏幕缓冲区

在了解顶点和缓冲区的相关概念后,我们知道缓冲区是一块内存区,可以用于存储顶点数据。其实屏幕图像也是以缓冲区来存储的。下面我们一起了解一下屏幕缓冲区和逻辑缓冲区。

2.3.1　屏幕缓冲区

OpenGL 在初始化时,会默认创建一些存储屏幕信息的缓冲区,主要包括颜色缓冲区、深度缓冲区和模板缓冲区。它们的大小和屏幕分辨率大小一致。

1.　颜色缓冲区

颜色缓冲区主要用于保存屏幕上的颜色数据。每一次程序提交 DrawCall,图形颜色输出部分就会被绘制到这个屏幕图像颜色缓冲区的相应位置,而最终每一帧渲染结束时,OpenGL会告诉显卡将这个图像颜色缓冲区提交至屏幕来显示。

2.　深度缓冲区

深度缓冲区用于存储渲染物体离观察点位置的距离数据。在程序调用 DrawCall 时,基于摄像机空间的观察距离所得出的图形像素位置的深度值就会先与这个屏幕深度缓冲区的相应像素位置数值进行对比,只有当对比结果小于像素位置深度值时,才会将颜色写入屏幕图像颜色缓冲区,并将深度值写到屏幕深度颜色缓冲区。如果对比结果大于像素位置深度值,则意味着这个像素被距离当前观察点更近的像素遮挡,于是将其丢弃,不再将颜色写入屏幕图像颜色缓冲区。

3. 模板缓冲区

模板缓冲区用来存储屏幕上像素点被写入的计数结果，一般情况下，在每次渲染图像时，这个缓冲区中对应像素位置的模板值就会加 1。但这并不是固定的，开发者也可以根据逻辑功能的需要来设置操作类型以达到某些特定数值，进而通过设置当前图像缓冲区中模板值与指定数据的对比结果判定方式来控制图像像素是否渲染到屏幕。

一个比较典型的应用是通过模板缓冲来处理贴花效果，如图 2-9 所示，即在距离模型平面很近的位置平行放置一个带纹理的平面，纹理看起来像贴在平面上的花纹。由于贴花与平面距离很近，在显示图形时可能造成深度、精度比较有误差而出现闪烁，这时可以首先绘制贴花平面，并更新模板缓冲区，再绘制模型平面，比较模板缓冲像素积累值，如果被更新过，则不绘制当前平面的像素，这样就不会闪烁了。

图 2-9　通过模板缓冲来处理贴花效果

2.3.2　逻辑缓冲区

上面的屏幕缓冲区一般是由 OpenGL 本身创建和管理的，但在许多情况下，开发者也需要根据游戏渲染效果的实现方法来创建和管理一些屏幕缓冲区，这些情况下屏幕的缓冲区并不直接输出到屏幕，而是按一定的逻辑被编排，用于最终的目标结果，所以我们称这些缓冲区为"逻辑缓冲区"。在游戏画面被渲染到屏幕上时，玩家只关注到了最终被渲染到屏幕上的图像，而实际上，引擎画面往往是多个逻辑缓冲区运算的结果。以场景动态影子 ShadeMap 的实现为例，它的实现流程会经过多个逻辑缓冲区的处理：

（1）创建从灯光位置观察物体的用于存储深度值的缓冲区（深度图 1）。

（2）创建场景中被遮挡变暗部分的阴影图像缓冲区（阴影图 1），在 Shader 中对每个屏幕像素计算从灯光位置观察此像素时的深度，并将其与深度图 1 的数据进行对比，根据对比结果通过把像素乘以一个小于 1.0 的数值来降低亮度从而代表影子效果。

（3）创建优化效果后的阴影颜色图像缓冲区（阴影图 2），通过模糊效果 Shader 对阴影图 1 的像素进行模糊处理后渲染到阴影图 2。

（4）取得当前屏幕场景渲染颜色结果的图像缓冲区（无阴影场景图），在 Shader 中与阴影图 2 进行像素相乘，得出带阴影效果的图像缓冲区（有阴影场景图）。

经过这样一系列的图像缓冲区的操作，最终才能在屏幕上呈现出有动态影子的场景。

深度值一般使用浮点值表示，但并不是所有的硬件都能支持浮点值的像素格式，在创建存储深度数据的缓冲区时，要利用好数据结构来存储符合精度表示要求的浮点值，比如将 32 位 RGBA 各占 1 字节的像素格式通过对 R、G、B、A 分量的定义拆解转换成一个浮点值。

2.4　认识颜色与纹理

在图形编程中，理解计算机中颜色的表示非常重要。颜色是什么？在计算机中如何表示？又是如何显示的？这些基本的问题都需要认真地搞清楚，本节将讲述这些知识。

2.4.1　颜色与像素

颜色是人眼对光线感知的结果，在现实中，人眼只能观察到 380～700nm 波长的光波，我们将这个范围的光波称为可见光。可见光的光谱范围如图 2-10 所示。

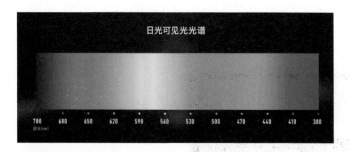

图 2-10　可见光的光谱范围

人眼对红、绿、蓝三种光子的感知较为灵敏，红、绿、蓝三种颜色可以组合构成一个三原色的颜色空间，在这个颜色空间中，通过三种颜色按比例混合，我们将能得到其他颜色。

在计算机中以像素来表示颜色，计算机的数据长度有限，对于无限的颜色范围变化，我们一般需要在数值内存占用和颜色表示中找合适值，比如常见的像素格式有 1 位色、8 位 256 色、16 位 RGB565、16 位 RGBA5551、24 位 RGB888、32 位 RGBA8888 等。

如图 2-11 所示为 1 位像素格式的图像，每个像素占 1 位，只表示黑和白，主要用于布尔判断。

如图 2-12 所示为 8 位像素格式的图像，每个像素只有 1 字节，可表示 256 种颜色，如何用更小的内存占用表现画面呢？这时借鉴画家使用调色板绘画的思路，将画面中的颜色值放到一个图像颜色表中，然后每个像素用 1 字节存储颜色表中对应的索引号。

图 2-11　1 位像素格式的图像

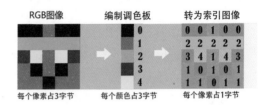

图 2-12　8 位像素格式的图像

8 位色所包含的颜色只有 256 种，很难表现出真实精细的画面。在 20 世纪末电脑游戏发展早期，因硬件机能的限制，图形主要使用 8 位色来表示，但在这种情况下依然诞生了大量的优秀游戏，颗粒感明显的风格形成了独特的"像素风"而经久不衰。DOS 时代经典游戏《轩辕剑 1》的画面如图 2-13 所示。

16 位色比 8 位色在颜色存储上多了 1 字节，能表示的颜色种类更多，并根据表现需要出现了 RGB565、RGBA5551、RGBA4444 等多种数值组织形式的像素格式。

RGB565 代表每像素 2 字节的颜色值中，R（Red）占 5 位、G（Green）占 6 位、B（Blue）占 5 位，如图 2-14 所示。

图 2-13　DOS 时代经典游戏《轩辕剑 1》的画面

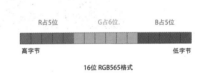

图 2-14　RGB565 像素构成

```
R = color & 0xF800;    //红色获取高字节的 5 位
G = color & 0x07E0;    //绿色获取中间字节的 6 位
B = color & 0x001F;    //蓝色获取低字节的 5 位
```

还有绿色也占 5 位的 RGB555 像素格式，如图 2-15 所示。

在这种情况下，一个像素用 16 位，即 2 字节，但是最高位不用。

```
R = color & 0x7C00;    //红色获取高字节的 5 位
```

```
G = color & 0x03E0;        //绿色获取中间字节的 5 位
B = color & 0x001F;        //蓝色获取低字节的 5 位
```

比较常用的是 RGB24 像素格式，在这种情况下，R、G、B 分别占 8 位，即 1 字节，如图 2-16 所示。

图 2-15　RGB555 像素构成　　　　　　　图 2-16　RGB888 像素构成

```
R = color & 0x0000FF00;  //红色获取高字节的 8 位
G = color & 0x00FF0000;  //绿色获取中间字节的 8 位
B = color & 0xFF000000;  //蓝色获取低字节的 8 位
```

计算机表示颜色时，除 R、G、B 外，还可以表示透明度值 Alpha，这时像素中就需要存储 Alpha，于是，在 24 位色的基础上，增加 1 字节表示 Alpha，这样就成了 32 位色。RGBA8888 像素构成如图 2-17 所示。

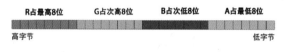

图 2-17　RGBA8888 像素构成

```
R = color & 0x0000FF00;  //红色获取最高字节的 8 位
G = color & 0x00FF0000;  //绿色获取次高字节的 8 位
B = color & 0xFF000000;  //蓝色获取次低字节的 8 位
A = color & 0x000000FF;  //透明度获取最低字节的 8 位
```

虽然所有的物体最终显示在屏幕上，都只是输出为一个像素上的颜色，但这个像素的颜色结果却取决于许多因素，除模型本身的基础颜色外，纹理的颜色、光照的颜色、雾效的颜色对于最终的颜色结果也至关重要。

2.4.2　纹理的本质

纹理，顾名思义，指纹路和质地，用于描述一个物体表面的颜色图案构成。在图形编程开发中，纹理可被理解为加载到显存中的颜色数据，通过指定模型对应的纹理以及模型中每个顶点对应于纹理的位置坐标，显卡可以对纹理空间进行寻址、采样，得出对应的颜色。

典型的纹理在描述上与一个二维的像素数组类似，但纹理实际上也有一维纹理、二维纹理、立方体纹理和三维纹理等多种情况存在。

一维纹理只有一行数据，在指定寻址坐标值时，只需要指定横向坐标 u，它的一些典型应用是表现一些符合美术需要的渐变色处理，如图 2-18 所示。

二维纹理最常用，也最好理解。它和图片像素的排列一样，在横向和纵向都可以进行寻址，如图 2-19 中左侧子图所示。

图 2-18　一维纹理

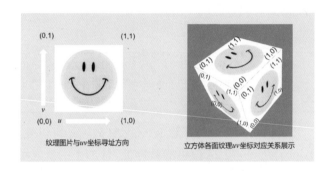

图 2-19　二维纹理

图 2-19 展示了一个二维纹理映射到一个立方体模型上的效果，左侧子图的四边形是二维纹理，它在横向和纵向上各有一个坐标轴来进行纹理寻址，横向用 u 表示，纵向用 v 表示，寻址范围为 0～1，分别代表了起点到终点，如果我们设 u 为 0.5，v 为 0.5，则代表纹理寻址结果为纹理的中间位置。右侧子图是将这个纹理经过寻址后采样到立方体各个面上的效果，可以看到，设置了各个顶点相应的 uv 坐标值后，就可以将纹理图正确地采样到相应的面上。

需要注意的是，在 OpenGL 中，纹理的寻址是以左下方作为起点的，这与 DirectX 中起点在左上方不同，如图 2-20 所示。

立方体纹理是一个包含 6 个纹理图的二维纹理，其中每个纹理均表示一个面，在应用立方体纹理时，模型平面会根据指定的索引号对相应的纹理图进行采样，立方体纹理图主要用于天空盒模型的渲染，如图 2-21 所示。

图 2-20　纹理寻址

图 2-21　立方体纹理图

　　三维纹理在二维纹理的基础上加入了层的概念，它可以包含多个二维纹理，如果我们把二维纹理比作一页纸，那么三维纹理更像一本书，三维纹理可以存储描述物体纹理变化的信息，采样则可以取得其中任何一部分，但实际开发中较少用到。

　　当纹理坐标超过范围[0.0, 1.0]时，需要指定纹理在超出范围后的包装模式。OpenGL中提供了四种纹理包装模式，分别为重复模式、镜像重复模式、边缘采样环绕模式和边框环绕模式。

　　GL_REPEAT：在纹理坐标小于 0 或大于 1.0 的方向上对纹理进行重复。

　　GL_MIRRORED_REPEAT：当范围之外的纹理重复时，对这些纹理进行镜像放置。

　　GL_CLAMP_TO_EDGE：强制对范围之外的纹理坐标沿着纹理的边缘进行采样。

　　GL_CLAMP_TO_BORDER：强制对范围之外的纹理坐标使用指定的边框颜色填充。

　　下面用一张纹理图在立方体上的不同环绕模式来展示具体效果，如图 2-22 所示。

　　这个立方体的三个面中，一个面使用了一般情况下的 0～1 的纹理寻址和 CLAMP 模式，另外两个面的顶点坐标分别为(0,0)，(4,0)，(4,4)，(0,4)并被设置为 MIRROR_REPEAT 和 CLAMP_TO_EDG，可以看到效果的差别之处。

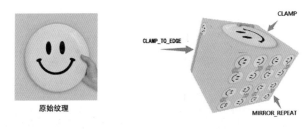

图 2-22　不同的纹理环绕模式

有了纹理 *uv* 坐标，渲染模型面时就可以从纹理图片上进行颜色采样了，但是采样时计算出来的纹理像素位置也是浮点值，那么该如何确定采样的纹理像素呢？OpenGL 从性能和效果上分别提供了一些被称为"纹理过滤"的设置方式。

"纹理过滤"一般包括两种情况，如图 2-23 所示。

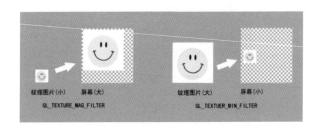

图 2-23　不同的纹理过滤模式

GL_TEXTURE_MAG_FILTER：纹理像素区域小于多边形在屏幕上的像素区域，这时一个纹理像素对应多个屏幕像素。

GL_TEXTURE_MIN_FILTER：纹理像素区域大于多边形在屏幕上的像素区域，这时多个纹理像素对应一个屏幕像素。

对应这些情况，以下为可以设置的过滤值。

GL_NEAREST：被称为"邻近过滤"，是 OpenGL 默认的纹理过滤方式。当设置为 GL_NEAREST 的时候，OpenGL 会选择像素中心点位置对应的最接近纹理坐标的那个像素。

GL_LINEAR：被称为"线性过滤"，它会基于纹理坐标附近的纹理像素，计算出一个插值，得出这些纹理像素之间的颜色。一个纹理像素的中心距离纹理坐标越近，那么这个纹理像素的颜色对最终的样本颜色的贡献就越大。

如图 2-24 所示，加号所在位置为像素中心点，左边使用 GL_NEAREST，采样结果为黄色，右边使用 GL_LINEAR，采样结果为橙色。在实际的使用过程中，使用 GL_NEAREST 的速度更快，但颗粒感更强一些，一般模型多采用 GL_LINEAR。

　　这里就引出了一个问题，纹理像素区域与多边形在屏幕上的像素区域的比值是随着 3D 物体距离而变化的，那么一张大小固定的纹理图片，在对应处于近处的多边形采样时，可能出现分辨率低而粗糙的情形，而对应处于远处的多边形采样时，则会出现摩尔纹，如图 2-25 所示。

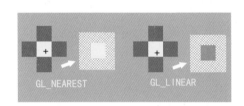

图 2-24　不同的纹理过滤采样效果

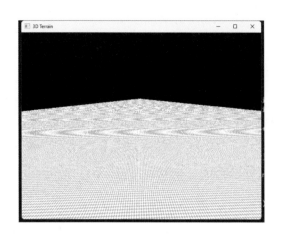

图 2-25　远处采样密集出现的摩尔纹

　　MipMap 是一种应用广泛的纹理映射技术，它将纹理图片生成一系列纹理图，每一级的纹理图的宽、高是上一级纹理图的 1/2 大小。然后在使用时根据观看者远近距离而选择合适的那一级纹理，这样就可以较好地减少上述问题。图 2-26 是使用 DirectX Texture Tool 为一张 256 像素×256 像素纹理图生成 MipMap 多级纹理的演示。

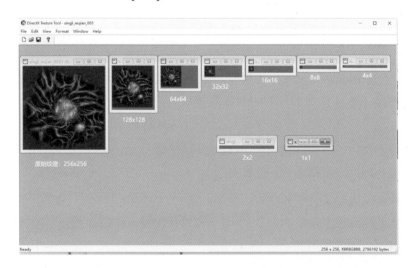

图 2-26　使用 DirectX Texture Tool 生成 MipMap 多级纹理的演示

在使用 MipMap 多级纹理进行采样设置后，因为涉及如何取对应的那一级纹理比较合适的问题，GL_TEXTURE_MIN_FILTER 也就增加了如下几项设置值。

GL_NEAREST_MIPMAP_NEAREST：选择最匹配像素大小的那一级 MipMap，并用 GL_NEAREST 方案进行采样。

GL_NEAREST_MIPMAP_LINEAR：选择最匹配像素大小的那一级 MipMap，并用 GL_LINEAR 方案进行采样。

GL_LINEAR_MIPMAP_NEAREST：选择两个最匹配像素大小的 MipMap，并用 GL_NEAREST 方案从每个 MipMap 中采样并进行加权平均。

GL_LINEAR_MIPMAP_LINEAR：选择两个最匹配像素大小的 MipMap，并用 GL_LINEAR 方案从每个 MipMap 中采样并进行加权平均。

2.4.3 图片的使用

作为纹理的最主要载体，文件形式存在的图片是开发过程中最重要的资产之一。在引擎开发中，开发者和美术设计师都需要对图片的格式和用法有准确的认知。

常用的图片格式有 PNG、JPG、BMP、TGA、DDS、PVR、ETC 等，下面介绍这些图片格式的特点。

PNG：普遍使用的图片格式，具备一定的存储 Alpha 通道的能力，可以表现透明区域，多用于展现一些界面图标或模型纹理。

JPG：对丰富度较高的颜色具备较好的压缩能力，但不具备存储 Alpha 通道的能力，加载解析速度较慢，多用于展现背景图。

BMP：BMP 是 Bitmap（位图）的简写，它是 Windows 系统上的标准图像文件格式，这种格式不具备存储 Alpha 通道的能力，也没有被压缩，多用于早期 PC 游戏，现在已经很少再用。

TGA：与前面介绍的图片格式相比，TGA 可以存储 RGBA8888 的颜色信息，具备表现渐变度的透明通道，因此也常用于 3D 游戏中。

DDS：微软公司为 DirectX 开发的一种图片格式，它使用被称为 DXTC 系列的图片压缩处理方法，现在已经为绝大多数 PC 端 3D 显卡硬件所支持，DXTC 系列压缩处理根据通道的用法，又分为 BC1～BC7 多种情况。

- BC1（DXGI_FORMAT_BC1_UNORM）：该格式支持 3 个颜色通道，仅用 1 位（开/关）表示 Alpha 分量。

- BC2（DXGI_FORMAT_BC2_UNORM）：该格式支持 3 个颜色通道，仅用 4 位表示 Alpha 分量。
- BC3（DXGI_FORMAT_BC3_UNORM）：该格式支持 3 个颜色通道，以 8 位表示 Alpha 分量。
- BC4（DXGI_FORMAT_BC4_UNORM）：该格式支持 1 个颜色通道（如灰阶图像）。
- BC5（DXGI_FORMAT_BC5_UNORM）：该格式支持 2 个颜色通道。
- BC6（DXGI_FORMAT_BC6_UF16）：该格式用于压缩的 HDR（高动态范围，High Dynamic Range）图像数据。
- BC7（DXGI_FORMAT_BC7_UNORM）：该格式用于高质量的 RGBA 压缩。特别的是，这个格式可以显著地减少压缩法线贴图带来的错误。

如果需要使用 DDS 和系列压缩格式，可以使用 DirectX Texture Tool 工具或 NVIDIA Texture Tools。DirectX Texture Tool 可以直接在导出的 DDS 文件中存储压缩后的数据，命名为DXT1～DXT5，DXT1 按照 BC1 压缩处理进行存储，DXT2 和 DXT3 按照 BC2 压缩处理进行存储，DX4 和 DX5 按照 BC3 压缩处理进行存储，其中 DXT2 和 DXT4 实际用得不多，在算法上完全等同于 DXT3 和 DXT5，区别只是颜色数据是否经过 Alpha 预乘。NVIDIA Texture Tools 则可以导出支持 BC4 和 BC5 的图片。

这里提到的 Alpha 预乘（Premultiplied Alpha）是指什么呢？

要搞清楚这个问题，先得理解 Alpha 通道的工作原理，在需要 Alpha 混合图像显示时，它与背景按照以下公式进行计算：

最终呈现的像素 RGB 值 =（图片像素 RGB × 图片像素 Alpha 值）+（背景像素 RGB ×（1 - 图片像素 Alpha 值））

最常见的带 Alpha 通道的像素表示格式是 RGBA8888，每个通道由数值 0～255 表示。例如，红色 50%透明度就是 (255, 0, 0, 128)，为了表示方便，Alpha 通道一般记为 0～1 的浮点数，也就是 (255, 0, 0, 0.5)。而预乘则是把 RGB 通道乘以透明度，50%透明红色就变成了(128, 0, 0, 0.5)。

以线性插值为例，一个宽 2 像素、高 1 像素的图片，左边是 50%透明红色 RGBA(255,0,0,0.5)，右边是黑色 RGBA(0,0,0,1)，把这个图片缩放到 1 像素×1 像素的大小，那么缩放后 1 像素的颜色就是左右两个像素进行线性插值的结果，也就是把两个像素各个通道加起来除以 2。

如图 2-27 所示，对比上下两个插值结果，下面显得更黑，因为上面的红色通道没有乘以透明度，所以在进行线性插值的时候占了过大的权重。

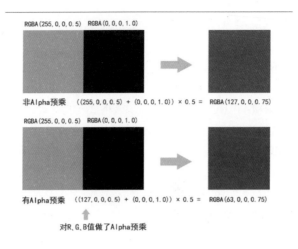

图 2-27　Alpha 预乘结果对比

　　预乘 Alpha 最重要的意义是，使得带透明度的图片纹理可以正常地进行线性插值。这样在进行旋转、缩放或者非整数采样时才能正常显示，否则就会像上面的例子一样，在透明像素边缘附近产生奇怪的颜色，同时因为混合的时候可以少做一次乘法，所以可以提高一些效率。PNG 图片纹理一般是不会进行 Alpha 预乘的。游戏引擎需要在载入后手动处理，而 GPU 专用的纹理格式，比如 PVR、ETC，一般在生成纹理时都默认进行 Alpha 预乘。

　　PVRTC：全名为 PowerVR Texture Compression，是由 Imagination 公司专为 PowerVR 显卡设计的压缩格式，由于专利原因一般用于苹果设备或部分 PowerVR 的安卓设备。

　　ETC：全名为 Ericsson Texture Compression，是 2005 年 OpenGL 和爱立信合作研发的一种有损纹理压缩技术，在安卓设备上广泛流行，现在几乎所有的安卓手机都支持 ETC 格式。

　　除以上这些图片格式外，在计算机行业还有 PSD、GIF、SVG 等许多图片格式也很流行，但这些格式在体积大小、解析难度和使用方便度上不适用于游戏研发，故不过多讲述。

2.4.4　纹理混合

　　在一个多边形上，并不是只能设置一层纹理，而是可以设置从多张纹理图中进行采样并混合。在早先的固定管线时期，OpenGL 提供了方法来设置从两张纹理图中进行采样并混合。但这样做局限性较大，不能做到像素级的混合权重控制。可编程管线出现以后，开发者多通过编写 Shader，且在像素着色阶段通过混合权重纹理来控制多张纹理图的混合比例。比如在 Photoshop 中，对 R、G、B 通道进行颜色填充，用 R 通道来控制纹理图 1 的混合权重，用 G 通道来控制纹理图 2 的混合权重，用 B 通道来控制纹理图 3 的混合权重。如果某处为黑色，则代表此处全部填充为 4 号纹理图的颜色值；如果为白色，则代表在这个像素上同时填充 1～

3 号纹理图的颜色，如图 2-28 所示。

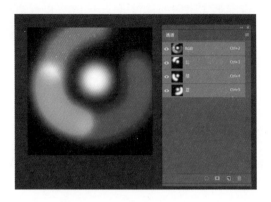

图 2-28　混合权重纹理

比如，下面我们用图 2-28 所示的这张混合图对 4 张图片进行混合，如图 2-29 所示。

图 2-29　通过混合权重纹理对 1～4 号纹理图进行混合

运行后的效果如图 2-30 所示。

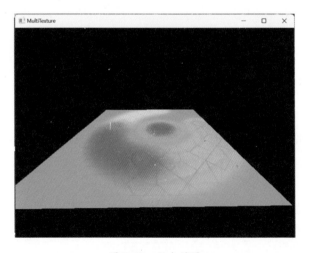

图 2-30　混合结果

我们可以仔细通过混合图与各纹理图的对应关系，理解展现的效果。其中混合图中黑色的部分，主要是名称为 4 的纹理图。这是因为混合图使用的是 RGB 通道，那么 3 个通道要展现 4 张纹理图效果，则需要设定第 4 张图的权重因子 = 1.0 - R 通道权重因子 - G 通道权重因子 - B 通道权重因子。

最终的颜色 = （图片 1 的纹理颜色值 × R 通道权重因子） + （图片 2 的纹理颜色值 × G 通道权重因子） + （图片 3 的纹理颜色值 × B 通道权重因子） + （图片 4 的纹理颜色值 × 第 4 张图的权重因子）

那么中间为什么是红色圆圈呢？

这是因为在那些像素点的最终结果计算中，权重较大的纹理，R 通道值也较大，经过累加后，R 通道值达到 255，其他通道值较小，所以呈现红色。

2.5　向量、矩阵与四元数

在 3D 图形学中，图形的位置变化是基于空间 x,y,z 坐标来进行确定并计算的，在空间几何中常用的计算工具是向量、矩阵和四元数，本节将对相关基本知识做一些介绍。

2.5.1　向量

向量可以用来表示空间中的位置点或方向，一个 n 维向量 V 可以表示为：

$$V = [V_1, V_2, \cdots, V_n]$$

这里使用了数字下标、通常情况下分量会被标上它们所属的坐标轴的名称，例如，三维点 P 的分量可以表示为 P_x、P_y、P_z。

将向量乘以一个系数可以得到一个新的向量，新向量的各分量之间仍然保持原来的相对比例。系数 a 和向量 V 的乘积可以定义为：

$$aV = [aV_1, aV_2, \cdots, aV_n]$$

向量的长度被称为模，计算公式为：

$$\|V\| = \sqrt{\sum_{i=1}^{n} V_i^2}$$

对于空间中的一个方向 $V = [V_x, V_y, V_z]$，长度计算按公式可以表示为：

$$\|V\| = \sqrt{V_x^2 + V_y^2 + V_z^2}$$

模为 1 的向量被称为单位长度向量，简称单位向量。

向量之间的加、减运算都在向量的对应分量上进行，对于向量 V_1 和 V_2，计算公式为：

$$V_1 + V_2 = \left[V_{11} + V_{21}, V_{12} + V_{22}, \dots, V_{1n} + V_{2n}\right]$$

对于给定的任意两个系数 a 和 b，以及任意两个向量 V_1 和 V_2，存在以下公式：

（1）$V_1 + V_2 = V_2 + V_1$

（2）$(ab)\, V_1 = a\, (bV_1)$

（3）$a\, (V_1 + V_2) = aV_1 + aV_2$

（4）$(a + b)\, V_1 = aV_1 + bV_1$

两个向量之间有点积和叉积的运算操作，点积的计算公式为：

$$P \cdot Q = \sum_{i=1}^{n} P_i Q_i$$

$$P \cdot Q = P_x Q_x + P_y Q_y + P_z Q_z$$

从公式可以看出，两个向量的点积等于两个向量的每个对应分量的乘积之和，同时它也满足以下公式：

$$P \cdot Q = \|P\|\|Q\| \cos a$$

从这里可以看出，点积运算的结果反映了两个向量的夹角大小，这个特征可以用来判断两个向量是否在平面的同一侧。

下面说一下两个向量的叉积运算，计算公式为：

$$P \times Q = \left[P_y Q_z - P_z Q_y, P_z Q_x - P_x Q_z, P_x Q_y - P_y Q_x\right]$$

与点积类似，叉积也具有三角学意义。

$$\|P \times Q\| = \|P\|\|Q\| \sin a$$

但叉积最重要的功能是遵循右手法则，即如 2-31 图所示，它可以基于 P 和 Q 所构成的平面得出垂直向量。

图 2-31　右手法则

2.5.2　矩阵基本运算

在数学中，矩阵是一个按照长方阵列排列的复数或实数集合，最简单的矩阵是 1 行或 1 列的矩阵，称为行矩阵或列矩阵。

行矩阵 A

$$A = [a_1, a_2, \cdots, a_n]$$

列矩阵 B

$$B = \begin{bmatrix} a_1 \\ a_2 \\ \vdots \\ a_n \end{bmatrix}$$

一个典型的矩阵包括 m 行 n 列，如果 m 和 n 相等，则这个矩阵被称为"方阵"，比如下面的矩阵 A 为 3 行 2 列的矩阵，矩阵 B 为 2 行 3 列的矩阵，矩阵 C 为 3 行 3 列的方阵。

$$A = \begin{pmatrix} 1 & 0 \\ 0 & 1 \\ 0 & 0 \end{pmatrix} \quad B = \begin{pmatrix} 1 & 0 & 0 \\ 0 & 1 & 0 \end{pmatrix} \quad C = \begin{pmatrix} 1 & 0 & 0 \\ 0 & 1 & 0 \\ 0 & 0 & 1 \end{pmatrix}$$

$$m = 3, n = 2 \qquad m = 2, n = 3 \qquad m = 3, n = 3$$

如果把 m 行 n 列的矩阵 M 的行和列进行交换，则交换后的结果被称为 M 的转置矩阵，通常用上标 T 表示转置矩阵：

$$A = \begin{pmatrix} A_{11} & A_{12} \\ A_{21} & A_{22} \\ A_{31} & A_{32} \end{pmatrix} \qquad A^{\mathrm{T}} = \begin{pmatrix} A_{11} & A_{21} & A_{31} \\ A_{12} & A_{22} & A_{32} \end{pmatrix}$$

行列数相同的矩阵被称为"同型矩阵"，同型矩阵可以进行加法和减法，而且满足交换率。

$$\begin{pmatrix} 10 & 3 & -5 \\ 1 & -2 & 0 \\ 3 & -3 & 8 \end{pmatrix} + \begin{pmatrix} 1 & 8 & 9 \\ 6 & 5 & 4 \\ 3 & 2 & 1 \end{pmatrix} = \begin{pmatrix} 10+1 & 3+8 & -5+9 \\ 1+6 & -2+5 & 0+4 \\ 3+3 & -3+2 & 8+1 \end{pmatrix} = \begin{pmatrix} 11 & 11 & 4 \\ 7 & 3 & 4 \\ 6 & -1 & 9 \end{pmatrix}$$

同型矩阵相加 = 各矩阵的对应行列项的值相加。

对于给定的任意系数 a 和 b，以及任意三个矩阵 M_1、M_2、M_3 也存在以下公式：

（1）$M_1 + M_2 = M_2 + M_1$

（2）$(M_1 + M_2) + M_3 = M_1 + (M_2 + M_3)$

（3）$a(bM_1) = abM_1$

（4）$a(M_1 + M_2) = aM_1 + aM_2$

（5）$(a + b)M_1 = aM_1 + bM_1$

如果矩阵 M_1 的列数和矩阵 M_2 的行数相等，则两个矩阵可以相乘。假设 M_1 是 $n×m$ 的矩阵，M_2 是 $m×p$ 的矩阵，那么 M_1M_2 就是 $n×p$ 的矩阵，结果矩阵 R 的第 i 行第 j 列的元素就是取 M_1 的第 i 行元素、M_2 的第 j 列元素，然后对应相乘再相加。

对于任意的系数 a，以及三个矩阵 M_1、M_2、M_3 符合以下公式：

（1）$(aM_1) M_2 = a (M_1M_2)$

（2）$(M_1M_2) M_3 = M_1 (M_2M_3)$

（3）$(M_1M_2)^T = M_1{}^T M_2{}^T$

单位矩阵是一个从左上到右下对角线上元素值都为 1，其他元素值为 0 的方阵，记为 I_n，如：

$$I = \begin{pmatrix} 1 & 0 & 0 \\ 0 & 1 & 0 \\ 0 & 0 & 1 \end{pmatrix}$$
$$n = 3$$

对于任意矩阵 M，都存在 $MI = M$。

对于一个矩阵 M 而言，如果存在一个矩阵 M^1，使得 $MM^1 = I$，则称矩阵 M 是可逆的，矩阵 M^1 叫作矩阵 M 的逆矩阵。并不是所有矩阵都是可逆的。

在了解矩阵的基础知识后，我们再来看向量，就可以将向量看成行矩阵或列矩阵。而点积则可以用矩阵乘积的形式来表示：

$$P \cdot Q = \begin{bmatrix} P_1 & P_2 & \cdots & P_n \end{bmatrix} \begin{bmatrix} Q_1 \\ Q_2 \\ \vdots \\ Q_n \end{bmatrix}$$

叉积则可以表示为：

$$P \times Q = \begin{bmatrix} 0 & -P_z & P_y \\ P_z & 0 & -P_x \\ -P_y & P_x & 0 \end{bmatrix} \begin{bmatrix} Q_1 \\ Q_2 \\ \vdots \\ Q_n \end{bmatrix}$$

矩阵在 3D 图形学中最常见的作用是对一个向量进行变换，常用的变换包括缩放、旋转、平移三个操作，这些操作都可以通过矩阵来实现。

缩放操作可通过将 3×3 矩阵的对角线元素设置为分量的缩放系数来完成。

$$P' = \begin{bmatrix} s_x & 0 & 0 \\ 0 & s_y & 0 \\ 0 & 0 & s_z \end{bmatrix} \begin{bmatrix} P_x \\ P_y \\ P_z \end{bmatrix} = \begin{bmatrix} s_x P_x, s_y P_y, s_z P_z \end{bmatrix}$$

我们知道，2D 向量的旋转满足数学公式：

$$P'_x = P_x \cos a - P_y \sin a$$

$$P'_y = P_y \cos a + P_x \sin a$$

用矩阵的形式改写就是：

$$P' = \begin{bmatrix} \cos a & -\sin a \\ \sin a & \cos a \end{bmatrix} P$$

将单位矩阵的第 3 行和第 3 列加入矩阵中，就可以将矩阵扩展成为绕 z 轴旋转 a 角度的变换矩阵：

$$R_z = \begin{bmatrix} \cos a & -\sin a & 0 \\ \sin a & \cos a & 0 \\ 0 & 0 & 1 \end{bmatrix}$$

同样可以得到绕 x 轴和 y 轴旋转 a 角度的 3×3 旋转矩阵。

$$R_x = \begin{bmatrix} 1 & 0 & 0 \\ 0 & \cos a & -\sin a \\ 0 & \sin a & \cos a \end{bmatrix}$$

$$R_y = \begin{bmatrix} \cos a & 0 & \sin a \\ 0 & 1 & 0 \\ -\sin a & 0 & \cos a \end{bmatrix}$$

使用这些矩阵就可以对向量进行相应的旋转变换处理。

如果要对向量进行平移，则需要将 3×3 矩阵扩展成 4×4 矩阵，在第 4 列从上到下填充一个平移的向量，下面的矩阵可以对当前向量沿向量 T 进行平移：

$$TM = \begin{bmatrix} 1 & 0 & 0 & T_x \\ 0 & 1 & 0 & T_y \\ 0 & 0 & 1 & T_z \\ 0 & 0 & 0 & 1 \end{bmatrix}$$

基于每种变换矩阵对向量进行变换，可实现缩放、旋转、平移，所以经过多个变换矩阵的相乘，最终可以定位一个空间中的向量状态。

2.5.3　四元数

欧拉角使用最简单的 x、y、z 值来分别表示在 x、y、z 轴上的旋转角度，一般使用 roll、pitch、yaw 来表示这些分量的旋转值，这里的旋转是针对世界坐标系来说的。

欧拉角容易出现的问题如下：（1）不易进行旋转插值；（2）万向节死锁；（3）旋转次序无法确定。

四元数是一种更复杂的数学表示方法，它包含一个 3D 向量分量和一个标量分量，记法为 $[x,y,z,w]$，它避免了当欧拉角两个旋转轴共线时，自由度会降低而导致的万向锁问题，在插值和融合方面更为高效和方便，而且只用四个浮点数就可以代替旋转矩阵的效果，大大降低了计算的复杂度并节省了存储空间。

四元数也经常写成 $\boldsymbol{q} = \boldsymbol{s} + \boldsymbol{v}$ 的形式，其中 $\boldsymbol{s}$ 表示数量值，对应于 w 分量，$\boldsymbol{v}$ 表示向量部分，对应于 $\boldsymbol{q}$ 的 x,y,z 分量。

方便地进行插值计算是四元数最大的优势，有两种插值计算方式，分别为线性插值和球面线性插值，给定两个旋转四元数 $\boldsymbol{q}_a$ 和 $\boldsymbol{q}_b$，线性插值的计算公式为：

$$\boldsymbol{q}_t = \mathrm{Lerp}(\boldsymbol{q}_a, \boldsymbol{q}_b, t) = (1-t)\boldsymbol{q}_a + t\boldsymbol{q}_b$$

而球面线性插值的计算公式为：

$$\boldsymbol{q}_t = \mathrm{Slerp}(\boldsymbol{q}_a, \boldsymbol{q}_b, t) = (\sin((1-t)\theta) / \sin(\theta))\boldsymbol{q}_a + (\sin(t\theta) / \sin(\theta))\boldsymbol{q}_b$$

其中

$$\theta = \cos^{-1}(\boldsymbol{q}_a \cdot \boldsymbol{q}_b)$$

图 2-32 中 $\boldsymbol{q}$ 是从 $\boldsymbol{q}_1$ 向 $\boldsymbol{q}_2$ 进行变化的插值四元数，线性插值时 $\boldsymbol{q}$ 并不保持单位长度，可以通过重新规格化来使它延长为单位长度，但要注意的是，线性插值将不能保持角度在插值时变化速率恒定，球面线性插值算法就是为了解决这个问题。

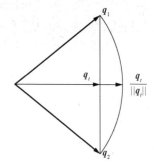

图 2-32　向量沿球面线性插值变化演示

2.5.4　MVP 矩阵与 3D 成像

介绍了矩阵的概念和变换方法后，本节将引出三个重要的矩阵：

- Model matrix：模型空间向世界空间的变换矩阵

● View matrix：世界空间向观察空间的变换矩阵

● Projection matrix：观察空间向屏幕空间的投影变换矩阵

这三个矩阵相乘后可以将一个模型上的顶点变换到屏幕空间的相应位置，它是怎么做到的呢？

通常情况下，我们在最初准备美术模型资源文件时，一般会使用 3ds Max 或 Maya 等建模软件来制作模型，如图 2-33 所示，这个模型会被放置在建模软件中的编辑空间中，比如图 2-33 中这个小茶壶底部的中心点，也就是锚点，被放置在 3ds Max 编辑空间的原点(0,0,0)。当这个模型被导出文件供游戏引擎加载使用时，模型文件中存储的每个顶点坐标位置都是编辑空间中的位置，也就是相对于本地空间原点的偏移位置。

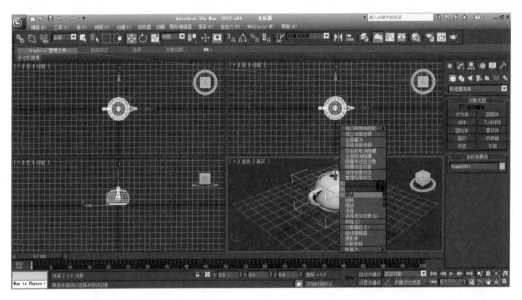

图 2-33　3ds Max 中位于原点的茶壶模型

因为茶壶的锚点恰好位于原点位置，所以在游戏中进行场景物件生成或摆放时，就不需要考虑偏移带来的影响，我们通常用模型的"本地空间"（Local Space）来表示 3ds Max 中模型的编辑空间。当我们进行游戏场景的搭建时，因为涉及更大的场景和丰富多样的模型，一般会在游戏引擎所提供的场景编辑器中进行世界场景的制作。在这个过程中，就需要导入制作好的模型文件并将其摆放在当前世界场景的相应位置。如果在 3ds Max 建模时模型的锚点没有位于原点位置，那么在导入模型文件后就会出现定位偏移，所以一般建模软件会为了后期使用方便，而将锚点调整到原点位置再导出。世界场景的空间则被称为模型的"世界空间"（World Space）。

一个模型在游戏中的"世界空间"位置确定以后，如果想要看到它，还需要确定观察者的位置和观察方向形成的观察矩阵，以及在此方向上的视角和焦距。这就好比我们看书一样，如果我们不把目光锁定到要看的区域并使距离合适，那么即便书上写满密密麻麻的文字，我们也是无法看清的。

观察矩阵 View matrix 确定了观察者的位置和观察方向，而投影变换矩阵 Projection matrix 则确定了视角和焦距，经过 MVP 矩阵变换后，3D 世界最终呈现为我们看到的 2D 图像。

2.6　认识摄像机

摄像机常常在游戏引擎中作为一个具体的组件来确定观察者的观察矩阵和投影矩阵，本节我们来认识一下摄像机。

2.6.1　正交与投影

图 2-34 展示了 Unity 中的摄像机，在编辑器中，摄像机图标所在的位置即观察者的位置，它会在观察方向上把可见的空间形成一个锥体，这个锥体由四个视锥面、一个近裁剪面、一个远裁剪面构成，摄像机只看到处于这个视锥体中的内容。在左边的 Camera 设置面板中可以对视锥体参数进行设置。

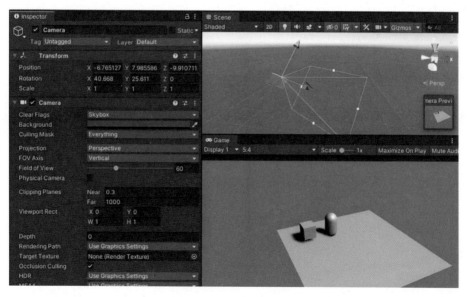

图 2-34　Unity 中的摄像机

视锥体有两种不同的应用方式：一种是投影矩阵摄像机，它具有 3D 透视效果，符合现实中的"近大远小"体验；另一种则是正交矩阵摄像机，在这种摄像机观察效果下，失去了透视效果，不会产生"近大远小"的体验。

在图 2-35 中，左边为投影矩阵摄像机，右边为正交矩阵摄像机。在投影矩阵摄像机中，黄球因为比红球离摄像机更近而看起来更大一些，而在正交矩阵摄像机中，这种"近大远小"的效果消失了，两个球看起来大小一样。

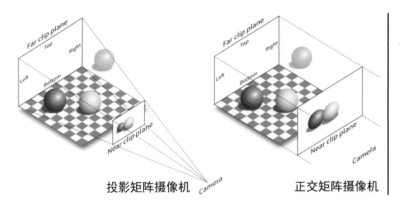

投影矩阵摄像机   正交矩阵摄像机

图 2-35　两种摄像机的效果对比

2.6.2　摄像机控制

在实际使用摄像机时，一般又分为第一人称视角和第三人称视角。

第一人称视角多出现在冒险和射击类游戏中，比如在《我的世界》《反恐精英》等游戏中，当前玩家就是主角，操作与视角配合度高，营造了很强的身临其境的感觉，玩家像一个孤胆英雄一样在世界中击杀敌人，如图 2-36 所示。

图 2-36　《反恐精英》游戏画面

第三人称视角的游戏应用比较广泛，在大量的游戏类型中都有案例，比如在知名的《暗黑破坏神》《原神》《王者荣耀》等游戏中，视角除对主角个人的操作和技能进行表现外，也很好地表现了主角与环境、团队间的互动，如图 2-37 所示。

图 2-37 《暗黑破坏神》游戏画面

第一人称视角中的摄像机位置就是玩家当前位置，玩家直接操作摄像机观察方向。而在第三人称视角中又分为锁视角和不锁视角两种情况。在锁视角时，摄像机与主角始终保持在一个固定的相对位置和方向上，玩家不能改变视角；在不锁视角时，摄像机可以在一个以主角为中心，以相对距离为半径的球面上移动，玩家可以拉近或拉远摄像机，并旋转角度对主角进行 360° 的观察，就像在引擎编辑器中的视角一样。

2.7 基本图形绘制

从本节开始，我们一步一步地编写图形程序，所谓"一生二，二生三，三生万物"，3D世界的搭建，总是从点、线、面起步的，理解了基本图形的绘制，才能更好地为模型和场景的渲染打下基础。

2.7.1 绘制一个点

我们新建一个 Python 文件，将其命名为 DrawLine.py，并在其中加入如下代码：

```
#导入 OpenGL 核心库
from OpenGL.GL import *
#导入 GLU 工具库
from OpenGL.GLU import *
#导入 GLUT 工具库
from OpenGL.GLUT import *
#定义一个渲染回调函数
def drawFunc():
    #先清空背景色，使背景色为黑色
    glClearColor(0.0, 0.0, 0.0,0.0)
    #清空颜色缓冲
```

```
    glClear(GL_COLOR_BUFFER_BIT)
    #在这里加入绘图代码
    #设置点大小
    glPointSize(20)
    #开始绘制散点图形
    glBegin(GL_POINTS)
    #第一个点为红色，处于左上位置
    glColor3f(1.0, 0.0, 0.0)
    glVertex3f(-0.5, 0.5, 0)
    #第二个点为绿色，处于右上位置
    glColor3f(0.0, 1.0, 0.0)
    glVertex3f(0.5, 0.5, 0)
    #第三个点为蓝色，处于左下位置
    glColor3f(0.0, 0.0, 1.0)
    glVertex3f(-0.5, -0.5, 0)
    #第四个点为白色，处于右下位置
    glColor3f(1.0, 1.0, 1.0)
    glVertex3f(0.5, -0.5, 0)
    #结束当前图形的绘制
    glEnd()
    #显示绘图结果，输出到屏幕
    glFlush()
if __name__ == '__main__':
    #初始化
    glutInit()
    #设置显示模式为无缓冲直接显示，并指定颜色格式为RGBA
    glutInitDisplayMode(GLUT_SINGLE | GLUT_RGBA)
    #初始化窗口大小为500像素×500像素
    glutInitWindowSize(500, 500)
    #创建标题为"DrawPoints"的渲染窗口
    glutCreateWindow(b"DrawPoints")
    #设置显示回调函数为drawFunc
    glutDisplayFunc(drawFunc)
    #启动窗口消息循环
    glutMainLoop()
```

　　笔者对这段代码进行了详细的注释，因此理解起来并不难。在使用 PyOpenGL 进行图形绘制前，要先在代码中导入 OpenGL 库进行相关的初始化。整个程序中最关键的是一步显示回调函数 drawFunc，它是通过 glutDisplayFunc 被设置为当前 OpenGL 窗口的显示回调函数的，窗口将在每帧绘制窗口图像时调用它。在这个函数中我们首先清空屏幕上一帧的颜色缓冲区信息，将其置为黑色，然后指定要绘制的点的大小，就可以通过 glBegin 函数开始本次散点绘制。在绘制时给出了四个不同颜色的顶点信息，glEnd 函数告诉程序结束本次绘制，最后 glFlush 将所有绘制执行的结果输出到屏幕上。

运行效果如图 2-38 所示。

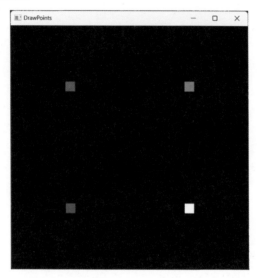

图 2-38 运行效果

默认情况下，当前的摄像机观察点位置在(0.0,0.0,0.0)顺着 z 轴的负向看，根据以上效果图，我们应该能看到当前的四个点，分别位于视锥近截面从中点(0.0,0.0,0.0)向左上(-1.0,1.0,0.0)、右上(1.0,1.0,0.0)、左下(-1.0,-1.0,0.0)、右下(1.0,-1.0,0.0)四个顶点方向的斜线的中点位置。

2.7.2 绘制一条线

绘制线条与绘制散点的不同之处，只在于在 glBegin 函数中指定 GL_LINES 参数或 GL_LINES_STRIP、GL_LINES_LOOP 的绘制类型。

GL_LINES 代表将指定的顶点用于创建线段，按照顶点顺序每两个顶点绘制一条线段，如果顶点个数是奇数，则忽略最后一个顶点。

GL_LINE_STRIP 指定顶点按照第 1—2、2—3、3—4 这样的顺序绘制线段。

GL_LINE_LOOP 与 GL_LINE_STRIP 相似，只不过会将最后一个顶点与第一个顶点连接，创建最后一条线段形成闭环。

代码如下：

```python
def drawFunc():
    glClearColor(0.0, 0.0, 0.0, 0.0)
    glClear(GL_COLOR_BUFFER_BIT)
    #设置线条宽度为2
    glLineWidth(2)
    #指定绘制线条为 GL_LINES 方式
    glBegin(GL_LINES)
    #绘制两条红色的对角线
    glColor3f(1.0, 0.0, 0.0)
    glVertex3f(-0.5, 0.5, 0.0)
    glVertex3f(0.5, -0.5, 0.0)
    glVertex3f(0.5, 0.5, 0.0)
    glVertex3f(-0.5, -0.5, 0.0)
    glEnd()
    #指定绘制线条为 GL_LINE_STRIP 方式
    glBegin(GL_LINE_STRIP)
    #绘制绿色的三条线段
    glColor3f(0.0, 1.0, 0.0)
    glVertex3f(-0.5, 0.5, 0.0)
    glVertex3f(0.5, 0.5, 0.0)
    glVertex3f(0.5, -0.5, 0.0)
    glVertex3f(-0.5, -0.5, 0.0)
    glEnd()
    #指定绘制线条为 GL_LINE_LOOP 方式
    glBegin(GL_LINE_LOOP)
    #绘制蓝色的线段形成一个框
    glColor3f(0.0, 0.0, 1.0)
    glVertex3f(-0.25, 0.25, 0.0)
    glVertex3f(0.25, 0.25, 0.0)
    glVertex3f(0.25, -0.25, 0.0)
    glVertex3f(-0.25, -0.25, 0.0)
    glEnd()
    glFlush()
```

运行效果如图 2-39 所示。

图 2-39 运行效果

可以看到，在绘制蓝色线条时，因为使用 GL_LINE_LOOP 而形成了封闭的方框。

2.7.3 绘制三角形与四边形

三角形也是通过在 glBegin 函数中指定绘图方式进行绘制的，可选的绘图方式参数有 GL_TRIANGLES、GL_TRIANGLE_STRIP、GL_TRIANGLE_FAN。

GL_TRIANGLES 代表将指定的顶点用于创建三角形，按照顶点顺序每三个顶点绘制一个三角形。

GL_TRIANGLE_STRIP 代表将指定的顶点按照 1—2—3、2—3—4、3—4—5 这样的顺序绘制三角形，多用于绘制条带。

GL_TRIANGLE_FAN 代表指定以第一个点 1 为中心点，依次按照 1—2—3、1—3—4、1—4—5 这样的顺序绘制三角形扇面序列。

在 OpenGL 中，也提供了对绘制四边形的支持，如果将绘图方式的参数指定为 GL_QUADS，将会以每四个顶点绘制一个四边形进行处理。

代码如下：

```
def drawFunc():
    glClearColor(0.0, 0.0, 0.0,0.0)
    glClear(GL_COLOR_BUFFER_BIT)
    # 在左上角绘制一个彩色三角形
    glBegin(GL_TRIANGLES)
    # 第一个点，红色
    glColor3f(1.0, 0.0, 0.0)
    glVertex3f(-0.75, 0.75, 0)
    # 第二个点，绿色
```

```python
glColor3f(0.0, 1.0, 0.0)
glVertex3f(-0.25, 0.75, 0)
# 第三个点，蓝色
glColor3f(0.0, 0.0, 1.0)
glVertex3f(-0.5, 0.0, 0)
glEnd()

# 在右上角绘制由四个三角形构成的彩色条带
glBegin(GL_TRIANGLE_STRIP)
# 第一个点，红色
glColor3f(1.0, 0.0, 0.0)
glVertex3f(0.25, 0.75, 0)
# 第二个点，绿色
glColor3f(0.0, 1.0, 0.0)
glVertex3f(0.75, 0.75, 0)
# 第三个点，蓝色
glColor3f(0.0, 0.0, 1.0)
glVertex3f(0.25, 0.25, 0)
# 第四个点，黄色
glColor3f(1.0, 1.0, 0.0)
glVertex3f(0.75, 0.25, 0)
# 第五个点，青色
glColor3f(0.0, 1.0, 1.0)
glVertex3f(0.25, -0.25, 0)
# 第六个点，紫色
glColor3f(1.0, 0.0, 1.0)
glVertex3f(0.75, -0.25, 0)
glEnd()

# 在左下角绘制一个彩色三角形扇面
glBegin(GL_TRIANGLE_FAN)
# 中心点，红色
glColor3f(1.0, 0.0, 0.0)
glVertex3f(-0.75, -0.75, 0)
# 第二个点，绿色，处于扇面左上角
glColor3f(0.0, 1.0, 0.0)
glVertex3f(-0.75, -0.25, 0)
# 第三个点，蓝色
glColor3f(0.0, 0.0, 1.0)
```

```
glVertex3f(-0.5, -0.25, 0)
# 第四个点，黄色
glColor3f(1.0, 1.0, 0.0)
glVertex3f(-0.25, -0.5, 0)
# 第五个点，青色，处于扇面右下角
glColor3f(0, 1.0, 1.0)
glVertex3f(-0.25, -0.75, 0)
glEnd()

# 在右下角绘制一个彩色四边形
glBegin(GL_QUADS)
# 左上角红色顶点
glColor3f(1.0, 0.0, 0.0)
glVertex3f(0.25, -0.5, 0)
# 右上角绿色顶点
glColor3f(0.0, 1.0, 0.0)
glVertex3f(0.75, -0.5, 0)
# 右下角黄色顶点
glColor3f(1.0, 1.0, 0.0)
glVertex3f(0.75, -0.75, 0)
# 左下角蓝色顶点
glColor3f(0.0, 0.0, 1.0)
glVertex3f(0.25, -0.75, 0)
glEnd()
glFlush()
```

运行效果如图 2-40 所示。

图 2-40　运行效果

需要注意的是，因为两个三角形就可以构成一个四边形，所以四边形的绘制方式并不被各种图形 API 集广泛支持（比如 DirectX 并不支持四边形绘制），而作为构成世界最重要的基本图元，三角形的绘制能力在早些年也被作为衡量显卡性能的重要标准之一。

2.7.4 绘制一个立方体

在本节中，我们尝试绘制一个带纹理贴图的旋转立方体。与前面的点、线、面不同，在这个场景中，我们将明显地看到空间感十足的物体，这个案例也将实际体现前面的纹理与矩阵相关知识。我们按照图 2-41 准备一些图片作为立方体六个面的纹理图片。

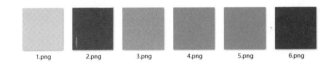

图 2-41　立方体六个面的纹理图片

下面是具体的代码：

```python
from OpenGL.GL import *
from OpenGL.GLU import *
from OpenGL.GLUT import *
# 这里需要导入 Image 库，用于支持加载图片
from PIL import Image

# 绕各坐标轴旋转的角度
angleX = 0.0
angleY = 0.0
angleZ = 0.0
def drawFunc():
    global angleX
    global angleY
    global angleZ
    # 这里清屏时要加上对深度缓冲区的清除
    glClear(GL_COLOR_BUFFER_BIT | GL_DEPTH_BUFFER_BIT)
    glLoadIdentity()
    # 沿 z 轴平移
    glTranslate(0.0, 0.0, -5.0)
    # 分别绕 x,y,z 轴旋转
    glRotatef(angleX, 1.0, 0.0, 0.0)
    glRotatef(angleY, 0.0, 1.0, 0.0)
```

```
glRotatef(angleZ, 0.0, 0.0, 1.0)
# 开始绘制立方体的每个面，同时设置纹理映射
glBindTexture(GL_TEXTURE_2D, 0)
# 绘制第一个面
glBegin(GL_QUADS)
# 设置纹理坐标
glTexCoord2f(0.0, 0.0)
glVertex3f(-1.0, -1.0, 1.0)
glTexCoord2f(1.0, 0.0)
glVertex3f(1.0, -1.0, 1.0)
glTexCoord2f(1.0, 1.0)
glVertex3f(1.0, 1.0, 1.0)
glTexCoord2f(0.0, 1.0)
glVertex3f(-1.0, 1.0, 1.0)
glEnd()
# 绘制第二个面
glBindTexture(GL_TEXTURE_2D, 1)
glBegin(GL_QUADS)
glTexCoord2f(1.0, 0.0)
glVertex3f(-1.0, -1.0, -1.0)
glTexCoord2f(1.0, 1.0)
glVertex3f(-1.0, 1.0, -1.0)
glTexCoord2f(0.0, 1.0)
glVertex3f(1.0, 1.0, -1.0)
glTexCoord2f(0.0, 0.0)
glVertex3f(1.0, -1.0, -1.0)
glEnd()
# 绘制第三个面
glBindTexture(GL_TEXTURE_2D, 2)
glBegin(GL_QUADS)
glTexCoord2f(0.0, 1.0)
glVertex3f(-1.0, 1.0, -1.0)
glTexCoord2f(0.0, 0.0)
glVertex3f(-1.0, 1.0, 1.0)
glTexCoord2f(1.0, 0.0)
glVertex3f(1.0, 1.0, 1.0)
glTexCoord2f(1.0, 1.0)
glVertex3f(1.0, 1.0, -1.0)
glEnd()
```

```
# 绘制第四个面
glBindTexture(GL_TEXTURE_2D, 3)
glBegin(GL_QUADS)
glTexCoord2f(1.0, 1.0)
glVertex3f(-1.0, -1.0, -1.0)
glTexCoord2f(0.0, 1.0)
glVertex3f(1.0, -1.0, -1.0)
glTexCoord2f(0.0, 0.0)
glVertex3f(1.0, -1.0, 1.0)
glTexCoord2f(1.0, 0.0)
glVertex3f(-1.0, -1.0, 1.0)
glEnd()
# 绘制第五个面
glBindTexture(GL_TEXTURE_2D, 4)
glBegin(GL_QUADS)
glTexCoord2f(1.0, 0.0)
glVertex3f(1.0, -1.0, -1.0)
glTexCoord2f(1.0, 1.0)
glVertex3f(1.0, 1.0, -1.0)
glTexCoord2f(0.0, 1.0)
glVertex3f(1.0, 1.0, 1.0)
glTexCoord2f(0.0, 0.0)
glVertex3f(1.0, -1.0, 1.0)
glEnd()
# 绘制第六个面
glBindTexture(GL_TEXTURE_2D, 5)
glBegin(GL_QUADS)
glTexCoord2f(0.0, 0.0)
glVertex3f(-1.0, -1.0, -1.0)
glTexCoord2f(1.0, 0.0)
glVertex3f(-1.0, -1.0, 1.0)
glTexCoord2f(1.0, 1.0)
glVertex3f(-1.0, 1.0, 1.0)
glTexCoord2f(0.0, 1.0)
glVertex3f(-1.0, 1.0, -1.0)
# 结束绘制
glEnd()
# 刷新屏幕，产生动画效果
glutSwapBuffers()
```

```python
        # 修改各坐标轴的旋转角度
        angleX += 0.02
        angleY += 0.03
        angleZ += 0.01
if __name__ == '__main__':
    glutInit()
    glutInitDisplayMode(GLUT_DOUBLE | GLUT_RGBA| GLUT_DEPTH)
    glutInitWindowSize(400, 400)
    glutCreateWindow(b"DrawBox")
    glutDisplayFunc(drawFunc)
    glutIdleFunc(drawFunc)
    # 为六个面加载不同的纹理贴图
    imgFiles = [str(i)+'.png' for i in range(1, 7)]
    imgPath = os.path.join(os.getcwd(), "image")
    # 循环创建纹理贴图
    for i in range(6):
        # 取得图片的路径
        imagePath = os.path.join(imgPath, imgFiles[i])
        # 打开图片
        imageData = Image.open(imagePath)
        # 取得图片的宽、高
        width, height = imageData.size
        # 取得图像的 RGB 数据
        imageData = imageData.tobytes('raw', 'RGB', 0, -1)
        # 创建一个纹理
        texID = glGenTextures(1)
        # 设置纹理的像素格式为 RGBA
        textureFormat = GL_RGB
        # 下面要对指定的纹理进行设置
        glBindTexture(GL_TEXTURE_2D, i)
        # 用图片中的 RGBA 数据填充纹理
        glTexImage2D(GL_TEXTURE_2D, 0, textureFormat,
                     width, height, 0, GL_RGB,
                     GL_UNSIGNED_BYTE, imageData)
        # 设置纹理的包装模式 GL_CLAMP
        glTexParameterf(GL_TEXTURE_2D,
                        GL_TEXTURE_WRAP_S, GL_CLAMP)
        glTexParameterf(GL_TEXTURE_2D,
```

```
                        GL_TEXTURE_WRAP_T, GL_CLAMP)
        # 设置纹理的采样过滤方式为 GL_NEAREST
        glTexParameterf(GL_TEXTURE_2D,
                        GL_TEXTURE_MAG_FILTER, GL_NEAREST)
        glTexParameterf(GL_TEXTURE_2D,
                        GL_TEXTURE_MIN_FILTER, GL_NEAREST)
        # 设置纹理的颜色构成方式为纹理与当前设置的颜色值相乘
        glTexEnvf(GL_TEXTURE_ENV, GL_TEXTURE_ENV_MODE, GL_MODULATE)
# 以下为渲染选项设置
# 开始使用纹理
glEnable(GL_TEXTURE_2D)
# 设置清屏时将颜色置为蓝色
glClearColor(0.0, 0.0, 1.0, 1.0)
# 设置清屏时将深度值置为 1.0，也就是视锥体的远截面
glClearDepth(1.0)
# 设置深度测试时采用的比较方式 GL_LESS，即如果当前像素比深度缓冲对应位置的值小，
# 就采用当前像素，否则将其丢弃
glDepthFunc(GL_LESS)
# 设置绘制图形时采用平滑着色，可以实现从一种颜色到另一种颜色的平滑渐变
glShadeModel(GL_SMOOTH)
# 采用面的拣选，不使用双面渲染，而采用单面渲染
glEnable(GL_CULL_FACE)
# 剔除背面，只显示正面
glCullFace(GL_BACK)
# 以下为抗锯齿处理，分别对绘制点、线、面进行了平滑设置
glEnable(GL_POINT_SMOOTH)
glEnable(GL_LINE_SMOOTH)
glEnable(GL_POLYGON_SMOOTH)
glHint(GL_POINT_SMOOTH_HINT, GL_NICEST)
glHint(GL_LINE_SMOOTH_HINT, GL_NICEST)
glHint(GL_POLYGON_SMOOTH_HINT, GL_FASTEST)
# 设置投影矩阵
glMatrixMode(GL_PROJECTION)
glLoadIdentity()
gluPerspective(45.0, float(width)/float(height), 0.1, 100.0)
glMatrixMode(GL_MODELVIEW)
glutMainLoop()
```

运行效果如图 2-42 所示。

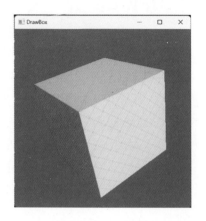

图 2-42　运行效果

这是一个真正的对模型渲染的演示，有更多的设置代码，对于这些代码，已经加上了清楚的注释，读者需要对照之前的理论知识进行重点理解。

第 3 章　Shader 入门与实践

前面提到"随着 3D 图形技术和 GPU 的发展，出现了在 GPU 上运行的汇编代码 Shader Model，也被称为着色器，它革命性地赋予了程序员一种更灵活地对渲染管线进行控制处理的方式，使得渲染管线的顺序不再固化，而是可以通过编程的方式去编排"。OpenGL 是在 2004 年 9 月 2.0 版本（GLSL，GL Shader Language）发布时开始支持可编程着色器的，而微软公司则在更早发布的 DirectX 9.0 中加入了对 HLSL（High Level Shader Language）的支持。最初的着色器语言指令和存储有限，编写类似于汇编语言，讲究且比较晦涩。经过不断的迭代，现在进化得强大而易懂，并由此催生了一个新的职业岗位——技术美术（TA）。本章我们将基于 GLSL 进行对 Shader 编程的学习。

3.1　GLSL 语法入门

着色器编程主要分为两部分：顶点着色器（Vertex Shader，后面简称 VS）和像素着色器（Pixel Shader，后面简称 PS）。顾名思义，顶点着色器负责对顶点数据进行编程，像素着色器负责对图形绘制在屏幕上的像素进行编程。下面讲解一下 GLSL 的基本流程和语法。

3.1.1　GLSL 基本流程

GLSL 编程和使用的基本流程并不复杂，简单来说分为两个阶段，首先是准备阶段，归纳为表 3-1 中的 10 个步骤。

表 3-1　GLSL 编程步骤和代码示例

步　　骤	代 码 示 例
1. 创建 GLSL 程序对象	Shader_Program = glCreateProgram()
2. 创建 VS 对象	vsObj = glCreateShader(GL_VERTEX_SHADER)
3. 指定 VS 对象的代码	glShaderSource(vsObj , vsCode)
4. 编译 VS 对象代码	glCompileShader(vsObj)
5. 将 VS 对象附加给 GLSL 程序对象	glAttachShader(Shader_Program, vsObj)
6. 由代码创建 PS 对象	psObj = glCreateShader(GL_FRAGMENT_SHADER)
7. 指定 PS 对象的代码	glShaderSource(psObj , psCode)
8. 编译 PS 对象代码	glCompileShader(psObj)
9. 将 PS 对象附加给 GLSL 程序对象	glAttachShader(Shader_Program, psObj)
10. 将 VS 与 PS 对象链接为完整代码	glLinkProgram(Shader_Program)

在表 3-1 中，vsCode 和 psCode 都是代码片段字符串，每个步骤有对应的函数，非常清晰明了，就好像我们有一个需要装两节 5 号电池才能连通的电池盒，当我们盖上电池盒的盖子后，就可以开启自己的电动玩具了。

然后进入渲染阶段。这个阶段只需要在合适的位置通过 glUseProgram 指定所使用的 GLSL 对象，并通过以 glGetUniform 为前缀的系列函数获取用户变量地址，再通过以 glUniform 为前缀的对应函数将数据传入对应地址，就可以应用 Shader 效果了。

代码流程一般如下所示：

```
#指定当前开始应用的 GLSL 程序对象 MeshFX
glUseProgram(MeshFX)
#从 MeshFX 中取得命名为 uModelMatrix 的变量地址
modelMatLocation = glGetUniformLocation(MeshFX,"uModelMatrix")
#如果能找到对应的变量
if modelMatLocation >= 0:
    #则获取当前的世界矩阵
    modelMat = GetWorldMatrix()
    #将矩阵转换为浮点数组
    floatList = GetFloatList(modelMat)
    #将浮点数组通过变量地址赋值给 4×4 的 uModelMatrix 矩阵
    glUniformMatrix4fv(modelMatLocation,1,GL_FALSE,floatList)
//……继续设置其他变量
//……绘制图形或模型
```

3.1.2 GLSL 基本语法

GLSL 的基本语法看起来和 C/C++语言的基本语法比较像，但 GLSL 有其特定的变量类型，首先是基础的变量类型，包括表 3-2 中的 5 种。

表 3-2 GLSL 变量类型

变 量 类 型	说　　明
float	32 位浮点数
double	64 位浮点数，需要指定 "lF" 后缀
int	有符号 32 位整数
uint	无符号 32 位整数，需要指定 "u" 后缀
bool	布尔值

除此之外，还可以指定一些向量和矩阵变量，表 3-3 所示是 GLSL 向量变量的类型。

表 3-3　GLSL 向量变量的类型

类　型	说　明
vecn	单精度浮点类型组成的向量，后缀 n 可取 1～4，代表 1 维～4 维，为 1 时省略
dvecn	双精度浮点类型组成的向量，后缀 n 可取 1～4，代表 1 维～4 维，为 1 时省略
ivecn	有符号整型组成的向量，后缀 n 可取 1～4，代表 1 维～4 维，为 1 时省略
uvecn	无符号整型组成的向量，后缀 n 可取 1～4，代表 1 维～4 维，为 1 时省略
bvecn	布尔值组成的向量，后缀可取 1～4，代表 1 维～4 维，为 1 时省略

访问向量可以通过数组方式访问，但为了直观，也支持使用分量名称来访问。根据向量的用途，分量具有三种形式，如表 3-4 所示。

表 3-4　GLSL 向量的常见分量形式

分 量 名 称	说　明
(x,y,z,w)	用于存储位置信息，分别对应向量的第 1～4 个数值
(r,g,b,a)	用于存储颜色信息，分别对应向量的第 1～4 个数值
(s,t,p,q)	用于存储纹理坐标信息，分别对应向量的第 1～4 个数值

GLSL 矩阵变量的常见形式如表 3-5 所示。

表 3-5　GLSL 矩阵变量的常见形式

矩 阵 变 量	说　明
matnxm	代表一个 m 行 n 列的矩阵，m 和 n 的取值为 2～4，如 mat3×3 代表 3×3 的矩阵
matn	代表一个 n 行 n 列的方阵，n 的取值为 2～4，如 mat4 代表 4×4 的方阵

GLSL 支持谨慎的隐式类型转换，如从 int 转换为 uint，从 int 或 uint 转换为 float，从 int、unit、float 转换为 double，但如果要进行反向转换，则只能做显式类型转换。

GLSL 也支持变量数组，包括结构数组，以及结构体和结构体数组，比如在进行水体渲染时，往往会在 VS 中构建一个 wave 的结构体来指定水体信息，以方便开发者传入相应的参数变量，控制水体表现。

```
struct Wave
{
    float   freq;     //频率
    float   amp;      //波幅
    float   phase;    //相位
    vec2    dir;      //方向
};
//在横向和纵向设置控制波动
Wave wave[2];
```

```
wave[0] = Wave(2.0, 1.0, 0.5, vec2(-1,1.0));
wave[1] = Wave(3.0, 0.33, 1.5, vec2(-0.5, 0.5));
...
```

GLSL 使用 if 进行判断，使用 for 或 while 进行循环，与 C 语言相似，不过因为循环处理意味着每个顶点或像素都需要执行同样的逻辑代码，所以一定要考虑 GPU 的运算压力，非必要一般不会在 GLSL 中加入复杂的控制或循环逻辑。

GLSL 中还有一些常用的内置变量，可以帮助我们方便地获取顶点数据流中的数据分量值，以及当前的一些矩阵，如表 3-6 所示。

表 3-6　GLSL 常用的内置变量

内 置 变 量	说　　明
gl_Vertex	顶点位置分量，vec4 格式，对应 x,y,z,w
gl_Normal	顶点法线分量，vec3 格式，对应 x,y,z
gl_Color	顶点颜色分量，vec4 格式，对应 r,g,b,a
gl_MultiTexCoord[0-N]	顶点纹理坐标分量，vec2 格式，对应 u,v
gl_ModelViewMatrix	模型观察变换矩阵
gl_ProjectMatrix	投影矩阵
gl_ModelViewProjectMatrix	模型观察投影变换矩阵（MVP 矩阵）
gl_NormalMatrix	法向量变换矩阵（模型矩阵只保留旋转，主要用于法线计算）
gl_TextureMatrix[0-N]	纹理矩阵

除此之外，GLSL 还有一些常用的内建函数，包括三角函数、数学函数、向量比较函数、纹理采样函数、矩阵函数等，如表 3-7～表 3-11 所示。

表 3-7　GLSL 常用的三角函数

三 角 函 数	说　　明
radians(degree)	角度变弧度
degree(radius)	弧度变角度
sin(angle)	三角正弦
cos(angle)	三角余弦
tan(angle)	三角正切
asin(x)	反正弦
acos(x)	反余弦
atan(y,x)	y,x 的反正切
atan(y/x)	y/x 的反正切

表 3-8　GLSL 常用的数学函数

数 学 函 数	说　　明
pow(x,y)	x 的 y 次方
exp(x)	x 的自然指数
exp2(x)	2 的 x 次方
sqrt(x)	x 的平方根
abs(x)	x 的绝对值
sign(x)	取符号，1、0 或-1
floor(x)	底部取整
ceil(x)	顶部取整
fract(x)	取小数部分
mod(x,y)	让 x 对 y 取模 ，x - y * floor(x/y)
min(x,y)	取 x 和 y 的最小值
max(x,y)	取 x 和 y 的最大值
clamp(x,min,max)	让 x 在 min 和 max 间取值，如果越界，则取靠近的临界值
step(edge,x)	判断 x 是否达到边界值 edge，大于或等于时返回 1，否则返回 0
smoothstep(edge1,edge2,x)	平滑阶梯函数，用于在 edge1 和 edge2 间生成 0 到 1 的平滑过渡值
length(x)	取向量的长度
distance(p0,p1)	取两点间的距离
dot(x,y)	计算两个向量的点积
cross(x,y)	计算两个向量的叉积
normalize(x)	对向量进行归一化运算
reflect(I,N)	计算 I 以 N 为法向量的反射值
refract(I,N,eta)	计算 I 以 N 为法向量、eta 为折射率的折射值

表 3-9　GLSL 常用的向量比较函数

向量比较函数	说　　明
lessThan(vec X,vec Y)	判断矢量 X 各分量是否小于 Y，返回 bvec 的矢量
lessThanEqual(vec X,vec Y)	判断矢量 X 各分量是否小于或等于 Y，返回 bvec 的矢量
greatThan(vec X,vec Y)	判断矢量 X 各分量是否大于 Y，返回 bvec 的矢量
greatThanEqual(vec X,vec Y)	判断矢量 X 各分量是否大于或等于 Y，返回 bvec 的矢量
equal(vec X,vec Y)	判断矢量 X 和 Y 的各分量是否相等，返回 bvec 的矢量
notEqual(vec X,vec Y)	判断矢量 X 和 Y 的各分量是否不相等，返回 bvec 的矢量
any(bvecX)	判断矢量 X 中任意分量为 true，如果是则返回 true，否则 false
all(bvec X)	判断矢量 X 中所有分量为 true，如果是则返回 true，否则 false
not(bvec X)	对矢量 X 的所有分量取反

表 3-10　GLSL 常用的纹理采样函数

纹理采样函数	说　　明
texture2D(sampler2D,vec2 coord)	使用纹理坐标 coord 进行纹理采样，返回纹理颜色
texture2DLod(sampler2D,vec2 coord,float lod)	同上，区别是不自动计算 Mip 等级，需要手动指定
texture2DProj(sampler2D,vec3 coord)	纹理坐标带 Z 值，有透视效果的采样计算，返回纹理颜色
texture2DProj(sampler2D,vec3 coord,float lod)	同上，区别是不自动计算 Mip 等级，需要手动指定
texture2DCube(sampler2D,vec3 coord)	进行立方体环境贴图采样
texture2DCubeLod(sampler2D,vec3 coord,float lod)	同上，区别是不自动计算 Mip 等级，需要手动指定

表 3-11　GLSL 常用的矩阵函数

纹理采样函数	说　　明
matrixCompMult(x)	逐个分量地将两个矩阵相乘
outerProduct(vec c,vec r)	返回一个矩阵，这个矩阵是指定的两个向量的叉积
transpose(sampler2D,vec2 coord,float lod)	返回一个矩阵，这个矩阵是指定矩阵的转置矩阵
determinant(sampler2D,vec3 coord)	返回一个矩阵，这个矩阵是指定矩阵的行列式
inverse(sampler2D,vec3 coord)	返回一个矩阵，这个矩阵是指定矩阵的逆矩阵

在了解基本的变量类型和语法后，我们来认识一下代码片段的基本结构，VS 代码和 PS 代码的格式大体类似，典型代码如下所示。

VS 部分代码示例：

```
//版本声明
#version 120
//顶点信息分量变量声明
attribute ver2  a_texCoord;
attribute vec3  a_color;
attribute vec3  a_position;
//输出给 PS 部分的信息分量变量声明
varying  vec2  v_texCoord;
varying  vec3  v_color;
//主入口函数及实现代码
void main()
{
    //3D 顶点到 2D 屏幕位置的计算
    gl_Position = gl_ModelViewProjectionMatrix * vec4(gl_Vertex.xyz,1.0);
    //输出参数的设置
    v_texCoord = vec2(gl_MultiTexCoord0.x,gl_MultiTexCoord0.y);
```

```
    v_color = gl_Color.xyz;
}
```

PS 部分代码示例：

```
//版本声明
#version 330 core
//VS 部分的传入信息分量变量声明
varying  vec2  v_texCoord;
varying  vec3  v_color;
//手动传入的纹理参数
uniform  sampler2D  texture0;
//输出到屏幕的像素颜色值
out  vec4  outColor;
//主入口函数及实现代码
void  main()
{
    //像素点颜色计算处理
    vec4  texColor = texture2D(texture0,v_texCoord.xy);
    //输出颜色的设置
    outColor = texColor * vec4(v_color,1.0);
}
```

上述 Shader 便用于一个指定了纹理属性和顶点属性颜色为紫，蓝，红，绿的四边形，运行效果如图 3-1 所示。

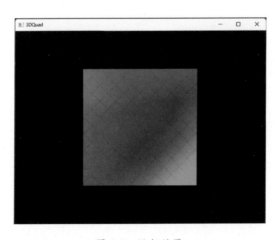

图 3-1　运行效果

3.2　GLSL 2D 图效处理实践

在掌握 GLSL 的基本知识之后，我们来了解一些简单的编程案例。我们从 2D 图效处理入手，因为它主要用于屏幕的图形效果，不需要关注 3D 变换，所以一般来说更容易一点。

3.2.1　基本颜色处理

在 2D 图效处理中，最基础的入门实例往往是一个简单的颜色输出。例如，我们经常会给图形设置一个固定颜色值，或者使用顶点缓冲中的颜色属性数据作为顶点色。

```python
from OpenGL.GL import *
from OpenGL.GLUT import *
from OpenGL.GLU import *
from OpenGL.arrays import vbo
import numpy as np
import sys
from PIL import Image


class OpenGLWindow:
    # 初始化
    def __init__(self, width=640, height=480, title='2DQuad'):
        # 传递命令行参数
        glutInit(sys.argv)
        # 设置显示模式
        glutInitDisplayMode(GLUT_RGBA | GLUT_DOUBLE | GLUT_DEPTH)
        # 设置窗口大小
        glutInitWindowSize(width, height)
        # 创建窗口
        self.window = glutCreateWindow(title)
        # 设置场景绘制函数
        glutDisplayFunc(self.Draw)
        # 设置空闲时的场景绘制函数
        glutIdleFunc(self.Draw)
        # 调用 OpenGL 初始化函数
        self.InitGL(width, height)
        # 初始化 GLSL 对象
        self.InitGLSL()
```

```python
    # 初始化 VBO、IBO
    self.useVBOIBO = False
    self.InitVBOIBO()


# 绘制场景
def Draw(self):
    # 清除屏幕和深度缓存
    glClear(GL_COLOR_BUFFER_BIT | GL_DEPTH_BUFFER_BIT)
    # 重置观察矩阵
    glLoadIdentity()
    # 使用 Shader
    glUseProgram(self.Shader_Program)
    if self.useVBOIBO == False:
        # 绘制四边形
        glBegin(GL_QUADS)
        # 左下角红色顶点
        glTexCoord2f(0.0, 0.0)
        glColor3f(1.0, 0.0, 0.0)
        glVertex3f(-1.0, -1.0, 0.0)
        # 右下角绿色顶点
        glTexCoord2f(1.0,0.0)
        glColor3f(0.0, 1.0, 0.0)
        glVertex3f(1.0, -1.0, 0.0)
        # 右上角蓝色顶点
        glTexCoord2f(1.0, 1.0)
        glColor3f(0.0, 0.0, 1.0)
        glVertex3f(1.0, 1.0, 0.0)
        # 左上角紫色顶点
        glTexCoord2f(0.0, 1.0)
        glColor3f(1.0, 0.0, 1.0)
        glVertex3f(-1.0, 1.0, 0.0)
        glEnd()
    else:
        # 进行 VB 的顶点数据流绑定
        self.VB.bind()
        # 指定顶点数据流的格式为 GL_T2F_C3F_V3F(相当于 uv_rgb_xyz)
        glInterleavedArrays(GL_T2F_C3F_V3F,0,None)
        # 进行 IB 的索引数据流绑定
        self.IB.bind()
```

```python
        # 指定索引数据流的格式为 GL_UNSIGNED_SHORT
        glDrawElements(GL_QUADS,4,GL_UNSIGNED_SHORT,None)
        self.IB.unbind()
        self.VB.unbind()
    glUseProgram(0)
    # 交换缓存
    glutSwapBuffers()


# OpenGL 初始化函数
def InitGL(self, width, height):
    # 载入纹理
    self.LoadTextures()
    # 允许纹理映射
    glEnable(GL_TEXTURE_2D)
    # 设置为黑色背景
    glClearColor(0.0, 0.0, 0.0, 0.0)
    # 设置深度缓存
    glClearDepth(1.0)
    # 设置深度测试类型
    glDepthFunc(GL_LESS)
    # 允许深度测试
    glEnable(GL_DEPTH_TEST)
    # 启动平滑阴影
    glShadeModel(GL_SMOOTH)
    # 设置观察矩阵
    glMatrixMode(GL_PROJECTION)
    # 重置观察矩阵
    glLoadIdentity()
    # 设置屏幕宽高比
    gluPerspective(45.0, float(width) / float(height), 0.1, 100.0)
    # 设置观察矩阵
    glMatrixMode(GL_MODELVIEW)

def LoadTextures(self):  # 载入纹理图片
    # 打开图片
    image = Image.open('1.png')
    # 取得图片宽、高
    width, height = image.size
    # 取得图像的 RGB 数据
```

```
imageData = image.tobytes('raw', 'RGB', 0, -1)
# 创建一个纹理
textureID = glGenTextures(1)
# 设置纹理的像素格式为 RGB
textureFormat = GL_RGB
# 绑定纹理
glBindTexture(GL_TEXTURE_2D, 0)
# 激活 0 号纹理
glActiveTexture(GL_TEXTURE0)
# 像素按 1 字节对齐
glPixelStorei(GL_UNPACK_ALIGNMENT, 1)
# 将纹理颜色 RGBA 数据填充到纹理上
glTexImage2D(GL_TEXTURE_2D, 0, textureFormat, width, height,
             0, GL_RGB, GL_UNSIGNED_BYTE, imageData)
# 设置纹理的包装模式
glTexParameter(GL_TEXTURE_2D, GL_TEXTURE_WRAP_S, GL_CLAMP)
glTexParameter(GL_TEXTURE_2D, GL_TEXTURE_WRAP_T, GL_CLAMP)
# 设置纹理的过滤模式
glTexParameter(GL_TEXTURE_2D, GL_TEXTURE_MAG_FILTER, GL_LINEAR)
glTexParameter(GL_TEXTURE_2D, GL_TEXTURE_MIN_FILTER, GL_LINEAR)
# 设置纹理和物体表面颜色的处理方式为贴花处理方式
glTexEnvf(GL_TEXTURE_ENV, GL_TEXTURE_ENV_MODE, GL_DECAL)


# 初始化 GLSL 对象
def InitGLSL(self):
    vsCode = """ #version 120    //GLSL 中 VS 的版本
                varying    vec2 v_texCoord;
                //定义输出给 PS 的数据流，首先是纹理坐标值分量(u,v)
                varying    vec3 v_color;
                //定义输出给 PS 的数据流，然后是颜色值分量(r,g,b)
                void main()    //入口函数固定为 main
                {
                    gl_Position = vec4(gl_Vertex.xyz,1.0);
                    //计算输出的屏幕相应坐标点的位置,这里直接取内置变量 gl_Vertex 的 x,y,z
                    v_texCoord = vec2(gl_MultiTexCoord0.x,gl_MultiTexCoord0.y);
                    //取内置变量第一个纹理的坐标作为输出到屏幕相应坐标点的纹理坐标
                    v_color = gl_Color.xyz;
                    //取内置变量 gl_Color 的 r,g,b 值作为输出到屏幕相应坐标点的颜色值
                }
```

```
                """
psCode =  """ #version 330 core    //GLSL 中 PS 的版本
        varying vec2 v_texCoord;
        //定义由 VS 输出给 PS 的数据流，首先是纹理坐标值分量(u,v)
        varying vec3 v_color;
        //定义由 VS 输出给 PS 的数据流，然后是颜色值分量(r,g,b)
        uniform sampler2D texture0;  //定义使用 0 号纹理
        out vec4 outColor;        //定义输出到屏幕光栅化位置的像素颜色值
        void main()
        {
            vec4 texColor = texture2D( texture0, v_texCoord.xy );
            //由 0 号纹理按照传入的纹理坐标进行采样，取得纹理图片对应的颜色值
            outColor = texColor * vec4(v_color.xyz,1.0);
            //将纹理颜色与传入的顶点颜色值进行相乘，作为最终的像素颜色
        }
        """
# 创建 GLSL 程序对象
self.Shader_Program = glCreateProgram()
# 创建 VS 对象
vsObj = glCreateShader( GL_VERTEX_SHADER )
# 指定 VS 的代码片段
glShaderSource(vsObj , vsCode)
# 编译 VS 对象代码
glCompileShader(vsObj)
# 将 VS 对象附加给 GLSL 程序对象
glAttachShader(self.Shader_Program, vsObj)
# 创建 PS 对象
psObj = glCreateShader( GL_FRAGMENT_SHADER )
# 指定 PS 对象的代码
glShaderSource(psObj , psCode)
# 编译 PS 对象代码
glCompileShader(psObj)
# 将 PS 对象附加给 GLSL 程序对象
glAttachShader(self.Shader_Program, psObj)
# 将 VS 与 PS 对象链接为完整的 Shader 程序
glLinkProgram(self.Shader_Program)
```

```python
    # 初始化 VBO、IBO
    def InitVBOIBO(self):
        self.VertexDec = GL_T2F_C3F_V3F
        VertexArray = []
        # 左下角红色顶点
        VertexArray.extend([0.0, 0.0])
        VertexArray.extend([1.0, 0.0, 0.0])
        VertexArray.extend([-1.0, -1.0, 0.0])
        # 右下角绿色顶点
        VertexArray.extend([1.0, 0.0])
        VertexArray.extend([0.0, 1.0, 0.0])
        VertexArray.extend([1.0, -1.0, 0.0])
        # 右上角蓝色顶点
        VertexArray.extend([1.0, 1.0])
        VertexArray.extend([0.0, 0.0, 1.0])
        VertexArray.extend([1.0, 1.0, 0.0])
        # 左上角紫色顶点
        VertexArray.extend([0.0, 1.0])
        VertexArray.extend([1.0, 0.0, 1.0])
        VertexArray.extend([-1.0, 1.0, 0.0])
        IndexArray = [0,1,2,3]
        self.VB = vbo.VBO(np.array(VertexArray,'f'))
        self.IB = vbo.VBO(np.array(IndexArray,'H'),target =
GL_ELEMENT_ARRAY_BUFFER)
        self.useVBOIBO = True
    # 循环
    def MainLoop(self):
        # 进入消息循环
        glutMainLoop()

# 创建窗口
window = OpenGLWindow()
# 进入消息循环
window.MainLoop()
```

　　读者可以参考前面的 GLSL 基本流程来理解上面的代码，这段代码的重点是理解 vsCode 和 psCode 两段代码的运行原理，另外笔者在代码中新增了使用 VBO 和 IBO 处理顶点数据缓冲的方式，运行效果如图 3-2 所示。

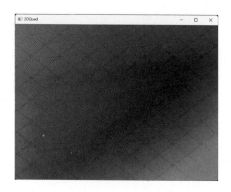

图 3-2　运行效果

在 2D 图效的 vsCode 代码中，直接使用顶点数据中的 x、y、z 来作为输出到屏幕的 x、y、z：

```
gl_Position = vec4(gl_Vertex.xyz,1.0);
```

而在 3D 的 Shader 中，则需要将顶点通过 MVP 矩阵变换：

```
gl_Position = gl_ModelViewProjectionMatrix * vec4(gl_Vertex.xyz,1.0);
```

这是两者最主要的区别。

这只是一个接受顶点缓冲中颜色数据流作为输出颜色的演示，如果你想将输出的颜色设置为统一的红色和纹理相乘，则可以直接在 psCode 中将

```
outColor = texColor * vec4(v_color,1.0);
```

改为

```
outColor = texColor * vec4(1.0,0.0,0.0,1.0);
```

运行效果如图 3-3 所示。

图 3-3　运行效果

3.2.2 过滤器效果

过滤器主要用于对 2D Shader 中 PS 部分像素颜色进行计算和处理，从而实现一定的图形效果，比如将彩色黑白化、模糊处理、锐化、马赛克、BLOOM（也称眩光、光华）等。

下面是一个黑白化处理的 Shader，在上一段代码的基础上直接修改 psCode 即可。

```
psCode = """ #version 330 core    //GLSL 中 PS 的版本
        varying vec2 v_texCoord;
        //定义由 VS 输出给 PS 的数据流，首先是纹理坐标值分量(u,v)
        varying vec3 v_color;
        //定义由 VS 输出给 PS 的数据流，然后是颜色值分量(r,g,b)
        uniform sampler2D texture0; //定义使用 0 号纹理
        out vec4 outColor;        //定义输出到屏幕光栅化位置的像素颜色值
        void main()
        {
            vec4 texColor = texture2D( texture0, v_texCoord.xy );
            //由 0 号纹理按照传入的纹理坐标进行采样，取得纹理图片对应的颜色值
            vec4 tmpColor = texColor * vec4(v_color.xyz,1.0);
            //将纹理颜色与传入的顶点颜色值进行相乘存储到临时的像素颜色
            float h = 0.3*tmpColor.x + 0.59*tmpColor.y + 0.11*tmpColor.z;
            //使用 RGB 颜色的亮度计算公式 GrayValue = 0.3 * R + 0.59 * G +
            //0.11 *B 得出亮度值
            outColor = vec4(h,h,h,1.0);
            //将亮度值设置为 R,G,B 的值，作为灰度图的像素颜色值
        }
        """
```

运行效果如图 3-4 所示。

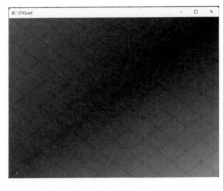

图 3-4　运行效果

　　根据模糊算法的不同，模糊处理的 Shader 也分为高斯模糊、运动模糊、景深模糊等多种方式。最简单的高斯模糊中的 PS 代码如下：

```
psCode = """ #version 330 core    //GLSL 中 PS 的版本
        varying vec2 v_texCoord;
        //定义由 VS 输出给 PS 的数据流，首先是纹理坐标值分量(u,v)
        varying vec3 v_color;
        //定义由 VS 输出给 PS 的数据流，然后是颜色值分量(r,g,b)
        uniform sampler2D texture0;  //定义使用 0 号纹理
        const float blurSize = 1.0/128.0;
        //纹理坐标的模糊采样偏移值，这个值越大，越模糊
        out vec4    outColor;        //定义输出到屏幕光栅化位置的像素颜色值
        void main()
        {
            vec4 texColor = vec4(0.0);
            //基于九宫方式进行纹理采样并累加颜色值
            texColor += texture2D(texture0, vec2(v_texCoord.x -
blurSize, v_texCoord.y - blurSize)) ;    //左上
            texColor += texture2D(texture0, vec2(v_texCoord.x ,
v_texCoord.y - blurSize)) ;              //上
            texColor += texture2D(texture0, vec2(v_texCoord.x +
blurSize, v_texCoord.y - blurSize)) ;    //右上
            texColor += texture2D(texture0, vec2(v_texCoord.x -
blurSize, v_texCoord.y)) ;               //左
            texColor += texture2D(texture0, vec2(v_texCoord.x,
v_texCoord.y)) ;                         //中
            texColor += texture2D(texture0, vec2(v_texCoord.x +
blurSize, v_texCoord.y)) ;               //右
            texColor += texture2D(texture0, vec2(v_texCoord.x -
blurSize, v_texCoord.y + blurSize)) ;    //左下
            texColor += texture2D(texture0, vec2(v_texCoord.x ,
v_texCoord.y + blurSize)) ;              //下
            texColor += texture2D(texture0, vec2(v_texCoord.x +
blurSize, v_texCoord.y + blurSize)) ;    //右下
            outColor = texColor /9.0* vec4(v_color.xyz,1.0);
            //将纹理颜色与传入的顶点颜色值相乘，作为最终的像素颜色
        }
        """
```

这段代码对纹理像素周围一定偏移距离九宫格的颜色累加后除以 9，得出平均的纹理颜色作为结果，运行效果如图 3-5 所示。

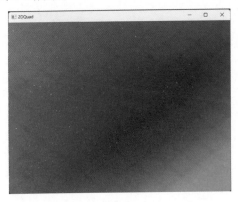

图 3-5　运行效果

运动模糊一般可通过对物体在一定短时间内的状态进行多次渲染并进行透明度衰减来得到，如图 3-6 所示。

景深模糊则需要先取得屏幕图像的深度图，然后根据焦点位置和深度值，对焦点前后进行模糊（距离越远模糊越强），使画面的焦点位置更加突出，比如图 3-7 中的茶杯画面。

图 3-6　运动模糊效果演示　　　　图 3-7　景深模糊效果演示

一般会先创建一个渲染目标纹理，在完成场景渲染时将场景渲染到目标纹理，再用过滤器效果 Shader 将目标纹理贴到一个屏幕大小四边形上重新绘制一遍，这种方式在引擎开发中被称为后处理效果。

3.2.3　过渡变化效果

在场景转换中，经常会有使用一些过渡变化效果来承接两个场景画面的转换，这一点类似 PowerPoint 演示中经常用的过场渐变动画。这些效果也可以使用 Shader 来实现。

1. 淡入/淡出效果

淡入效果：亮度值从 0 到 1，画面由黑色变为正常，一般场景开启时展示。

淡出效果：亮度值从 1 到 0，画面由正常变为黑色，一般场景结束时展示。

在淡入/淡出效果的实现过程中，我们需要一个亮度值随着时间变化，将其作为 Shader 中 PS 的颜色亮度，下面的代码演示了实现原理：

```python
from OpenGL.GL import *
from OpenGL.GLUT import *
from OpenGL.GLU import *
from OpenGL.arrays import vbo
import numpy as np
import sys
from PIL import Image

class OpenGLWindow:
    # 初始化
    def __init__(self, width=640, height=480, title='2DQuad'):
        # 传递命令行参数
        glutInit(sys.argv)
        # 设置显示模式
        glutInitDisplayMode(GLUT_RGBA | GLUT_DOUBLE | GLUT_DEPTH)
        # 设置窗口大小
        glutInitWindowSize(width, height)
        # 创建窗口
        self.window = glutCreateWindow(title)
        # 设置场景绘制函数
        glutDisplayFunc(self.Draw)
        # 设置空闲时场景绘制函数
        glutIdleFunc(self.Draw)
        # 调用 OpenGL 初始化函数
        self.InitGL(width, height)
        # 初始化 GLSL 对象
        self.InitGLSL()
        # 初始化 VBO,IBO
        self.useVBOIBO = False
        self.InitVBOIBO()
        # 淡入/淡出的当前时间
```

```python
        self.FadeTime = 0.0
        # 淡入/淡出的周期
        self.FadeDuration = 1.0
        # 淡入还是淡出
        self.FadeInOrOut = "In"


    # 绘制场景
    def Draw(self):
        # 清除屏幕和深度缓存
        glClear(GL_COLOR_BUFFER_BIT | GL_DEPTH_BUFFER_BIT)
        # 重置观察矩阵
        glLoadIdentity()
        # 使用 Shader
        glUseProgram(self.Shader_Program)
        # 淡入/淡出的亮度值
        self.Brightness = self.FadeTime / self.FadeDuration
        # 如果是淡入，则亮度由 0 向 1.0 过渡
        if self.FadeInOrOut == "In":
            # 淡入/淡出的时间累加
            self.FadeTime = self.FadeTime + 0.001
            if self.Brightness >= 1.0:
                self.Brightness = 1.0
                self.FadeInOrOut = "Out"
        else:
            # 如果是淡出，则亮度由 1.0 向 0.0 过渡
            # 淡入/淡出的时间累加
            self.FadeTime = self.FadeTime - 0.001
            if self.Brightness <= 0.0:
                self.Brightness = 0.0
                self.FadeInOrOut = "In"
        # 取得淡入/淡出的亮度值
        brightnessLocation = glGetUniformLocation(self.Shader_Program,
"Brightness")
        # 设置亮度值
        glUniform1f(brightnessLocation, self.Brightness)

        if self.useVBOIBO == False:
            # 绘制四边形
```

```
            glBegin(GL_QUADS)
            # 左下角(红色)
            glTexCoord2f(0.0, 0.0)
            glColor3f(1.0, 0.0, 0.0)
            glVertex3f(-1.0, -1.0, 0.0)
            # 右下角(绿色)
            glTexCoord2f(1.0, 0.0)
            glColor3f(0.0, 1.0, 0.0)
            glVertex3f(1.0, -1.0, 0.0)
            # 右上角(蓝色)
            glTexCoord2f(1.0, 1.0)
            glColor3f(0.0, 0.0, 1.0)
            glVertex3f(1.0, 1.0, 0.0)
            # 左上角(紫色)
            glTexCoord2f(0.0, 1.0)
            glColor3f(1.0, 0.0, 1.0)
            glVertex3f(-1.0, 1.0, 0.0)
            glEnd()
        else:
            # 进行 VB 的顶点数据流绑定
            self.VB.bind()
            # 指定顶点数据流的格式为 GL_T2F_C3F_V3F(相当于 uv_rgb_xyz)
            glInterleavedArrays(GL_T2F_C3F_V3F,0,None)
            # 进行 IB 的索引数据流绑定
            self.IB.bind()
            # 指定索引数据流的格式为 GL_UNSIGNED_SHORT
            glDrawElements(GL_QUADS,4,GL_UNSIGNED_SHORT,None)
            self.IB.unbind()
            self.VB.unbind()
        glUseProgram(0)
        # 交换缓存
        glutSwapBuffers()

# OpenGL 初始化函数
def InitGL(self, width, height):
    # ...略
# 载入纹理图片
def LoadTextures(self):
```

```
    # ...略

# 初始化 GLSL 对象
def InitGLSL(self):
    vsCode = """ #version 120
    //GLSL 中 VS 的版本
            varying    vec2 v_texCoord;
            //定义输出给 PS 的数据流，首先是纹理坐标值分量(u,v)
            varying    vec3 v_color;
            //定义输出给 PS 的数据流，然后是颜色值分量(r,g,b)
            void main()    //入口函数固定为 main()
            {
                gl_Position = vec4(gl_Vertex.xyz,1.0);
                //输出的屏幕位置点的位置计算,这里直接取内置变量 gl_Vertex 的 x,y,z
                v_texCoord = vec2(gl_MultiTexCoord0.x,gl_MultiTexCoord0.y);
                //取内置变量第一个纹理的坐标作为输出到屏幕相应坐标点的纹理坐标
                v_color = gl_Color.xyz;
                //取内置变量 gl_Color 的 r,g,b 值作为输出到屏幕相应坐标点的颜色值
            }
            """
    psCode = """ #version 330 core    //GLSL 中 PS 的版本
            varying vec2 v_texCoord;
            //定义由 VS 输出给 PS 的数据流，首先是纹理坐标值分量(u,v)
            varying vec3 v_color;
            //定义由 VS 输出给 PS 的数据流，然后是颜色值分量(r,g,b)
            uniform sampler2D texture0; //定义使用 0 号纹理
            uniform float Brightness = 0.0;
            out vec4    outColor;        //定义输出到屏幕光栅化位置的像素颜色值

            void main()
            {
                vec4 texColor = texture2D( texture0, v_texCoord.xy );
                //由 0 号纹理按照传入的纹理坐标进行采样,取得纹理图片对应的颜色值
                outColor = texColor * vec4(v_color.xyz,1.0) * Brightness;
                //将纹理颜色与传入的顶点颜色值相乘,并乘以 Brightness 作为最终的像素颜色
            }
            """
    # 创建 GLSL 程序对话
```

```
        self.Shader_Program = glCreateProgram()
        # ...略


    # 初始化 VBO,IBO
    def InitVBOIBO(self):
        # ...略
    # 循环
    def MainLoop(self):
        # ...略
# 创建窗口
window = OpenGLWindow()
# 进入消息循环
window.MainLoop()
```

图 3-8 截取了运行时变化中的两帧画面作为对比。

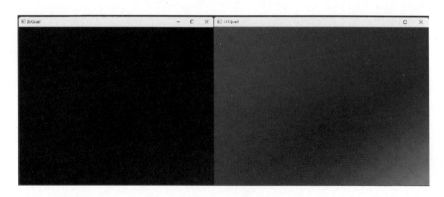

图 3-8　淡入/淡出效果对比演示

如果要实现转场景时的淡入/淡出效果，一般来说，在当前结束场景画面完全转为黑色时切换到新的场景画面，再实现淡入过程即可。

2. Alpha 混合过渡效果

在两个画面进行过渡时，也常采用 Alpha 混合过渡，在这个过程中，当前场景图片和目标场景图片的 Alpha 混合占比值，由 1 变为 0，实现目标场景图片的逐渐清晰，而当前场景图片则逐渐消失。

代码如下：

```
from OpenGL.GL import *
from OpenGL.GLUT import *
```

```python
from OpenGL.GLU import *
from OpenGL.arrays import vbo
import numpy as np
import sys
from PIL import Image

class OpenGLWindow:
    # 初始化
    def __init__(self, width=640, height=480, title='2DQuad'):
        # 传递命令行参数
        glutInit(sys.argv)
        # 设置显示模式
        glutInitDisplayMode(GLUT_RGBA | GLUT_DOUBLE | GLUT_DEPTH)
        # 设置窗口大小
        glutInitWindowSize(width, height)
        # 创建窗口
        self.window = glutCreateWindow(title)
        # 设置场景绘制函数
        glutDisplayFunc(self.Draw)
        # 设置空闲时场景绘制函数
        glutIdleFunc(self.Draw)
        # 调用 OpenGL 初始化函数
        self.InitGL(width, height)
        # 初始化 GLSL 对象
        self.InitGLSL()
        # 初始化 VBO, IBO
        self.useVBOIBO = False
        self.InitVBOIBO()
        # 淡入/淡出的当前时间
        self.FadeTime = 0.0
        # 淡入/淡出的周期
        self.FadeDuration = 1.0
        # 淡入还是淡出
        self.FadeInOrOut = "In"
    # 绘制场景
    def Draw(self):
        # 清除屏幕和深度缓存
        glClear(GL_COLOR_BUFFER_BIT | GL_DEPTH_BUFFER_BIT)
```

```python
# 重置观察矩阵
glLoadIdentity()
# 使用 Shader
glUseProgram(self.Shader_Program)
# 淡入/淡出的 Alpha 值
self.Alpha = self.FadeTime / self.FadeDuration
# 如果是淡入，则 Alpha 由 0 向 1.0 过渡
if self.FadeInOrOut == "In":
    # 淡入/淡出的时间累加
    self.FadeTime = self.FadeTime + 0.001
    if self.Alpha >= 1.0:
        self.Alpha = 1.0
        self.FadeInOrOut = "Out"
else:
    # 如果是淡出，则 Alpha 由 1.0 向 0.0 过渡
    # 淡入/淡出的时间累加
    self.FadeTime = self.FadeTime - 0.001
    if self.Alpha <= 0.0:
        self.Alpha = 0.0
        self.FadeInOrOut = "In"
# 取得淡入/淡出的 Alpha 值
alphaLocation = glGetUniformLocation(self.Shader_Program, "Alpha")
# 设置 Alpha 值
glUniform1f(alphaLocation, self.Alpha)
# 设置 0 号纹理
tex0Location = glGetUniformLocation(self.Shader_Program,"texture0")
if tex0Location >= 0:
    glUniform1i(tex0Location, 0)
# 设置 1 号纹理
tex1Location = glGetUniformLocation(self.Shader_Program,"texture1")
if tex1Location >= 0:
    glUniform1i(tex1Location, 1)
if self.useVBOIBO == False:
    # 绘制四边形
    glBegin(GL_QUADS)
    # 左下角(白色)
    glTexCoord2f(0.0, 0.0)
    glColor3f(1.0, 1.0, 1.0)
```

```python
            glVertex3f(-1.0, -1.0, 0.0)
            # 右下角(白色)
            glTexCoord2f(1.0, 0.0)
            glColor3f(1.0, 1.0, 1.0)
            glVertex3f(1.0, -1.0, 0.0)
            # 右上角(白色)
            glTexCoord2f(1.0, 1.0)
            glColor3f(1.0, 1.0, 1.0)
            glVertex3f(1.0, 1.0, 0.0)
            # 左上角(白色)
            glTexCoord2f(0.0, 1.0)
            glColor3f(1.0, 1.0, 1.0)
            glVertex3f(-1.0, 1.0, 0.0)
            glEnd()
        else:
            # 进行 VB 的顶点数据流绑定
            self.VB.bind()
            # 指定顶点数据流的格式为 GL_T2F_C3F_V3F(相当于 uv_rgb_xyz)
            glInterleavedArrays(GL_T2F_C3F_V3F,0,None)
            # 进行 IB 的索引数据流绑定
            self.IB.bind()
            # 指定索引数据流的格式为 GL_UNSIGNED_SHORT
            glDrawElements(GL_QUADS,4,GL_UNSIGNED_SHORT,None)
            self.IB.unbind()
            self.VB.unbind()
        glUseProgram(0)
        # 交换缓存
        glutSwapBuffers()


# OpenGL 初始化函数
def InitGL(self, width, height):
    # 载入纹理 1
    self.LoadTextures(0,"1.png")
    # 载入纹理 2
    self.LoadTextures(1,"2.png")
    # 允许纹理映射
    glEnable(GL_TEXTURE_2D)
    # 设置为黑色背景
```

```python
    glClearColor(0.0, 0.0, 0.0, 0.0)
    # 设置深度缓存
    glClearDepth(1.0)
    # 设置深度测试类型
    glDepthFunc(GL_LESS)
    # 允许深度测试
    glEnable(GL_DEPTH_TEST)
    # 启动平滑阴影
    glShadeModel(GL_SMOOTH)
    # 设置观察矩阵
    glMatrixMode(GL_PROJECTION)
    # 重置观察矩阵
    glLoadIdentity()
    # 设置屏幕宽高比
    gluPerspective(45.0, float(width) / float(height), 0.1, 100.0)
    # 设置观察矩阵
    glMatrixMode(GL_MODELVIEW)


def LoadTextures(self,imageIndex,imageFile):  # 载入纹理图片
    # 打开图片
    image = Image.open(imageFile)
    # 取得图片宽、高
    width, height = image.size
    # 取得图像的 RGB 数据
    imageData = image.tobytes('raw', 'RGB', 0, -1)
    # 创建纹理
    textureID = glGenTextures(1)
    # 格式
    textureFormat = GL_RGB
    if imageIndex == 0:
        glActiveTexture(GL_TEXTURE0)
    else:
        glActiveTexture(GL_TEXTURE1)
    # 绑定纹理
    glBindTexture(GL_TEXTURE_2D,imageIndex)
    glPixelStorei(GL_UNPACK_ALIGNMENT, 1)
    glTexImage2D(GL_TEXTURE_2D, 0, textureFormat, width, height, 0, GL_RGB,
GL_UNSIGNED_BYTE, imageData)
```

```
        glTexParameter(GL_TEXTURE_2D, GL_TEXTURE_WRAP_S, GL_CLAMP)
        glTexParameter(GL_TEXTURE_2D, GL_TEXTURE_WRAP_T, GL_CLAMP)

        glTexParameter(GL_TEXTURE_2D, GL_TEXTURE_MAG_FILTER, GL_LINEAR)
        glTexParameter(GL_TEXTURE_2D, GL_TEXTURE_MIN_FILTER, GL_LINEAR)
        glTexEnvf(GL_TEXTURE_ENV, GL_TEXTURE_ENV_MODE, GL_DECAL)
# 初始化 GLSL 对象
def InitGLSL(self):
    vsCode = """ #version 120   //GLSL 中 VS 的版本
                varying    vec2 v_texCoord;
                //定义输出给 PS 的数据流，首先是纹理坐标值分量(u,v)
                varying    vec3 v_color;
                //定义输出给 PS 的数据流，然后是颜色值分量(r,g,b)
                void main()    //入口函数固定为 main()
                {
                    gl_Position = vec4(gl_Vertex.xyz,1.0);
                    //输出的屏幕位置点的位置计算，这里直接取内置变量 gl_Vertex 的 x,y,z
                    v_texCoord = vec2(gl_MultiTexCoord0.x,gl_MultiTexCoord0.y);
                    //取内置变量第一个纹理的坐标作为输出到屏幕相应坐标点的纹理坐标
                    v_color = gl_Color.xyz;
                    //取内置变量 gl_Color 的 r,g,b 值作为输出到屏幕相应坐标点的颜色值
                }
                """
    psCode = """ #version 330 core         //GLSL 中 PS 的版本
                varying vec2 v_texCoord;
                //定义由 VS 输出给 PS 的数据流，首先是纹理坐标值分量(u,v)
                varying vec3 v_color;
                //定义由 VS 输出给 PS 的数据流，然后是颜色值分量(r,g,b)
                uniform sampler2D texture0; //定义使用 0 号纹理
                uniform sampler2D texture1; //定义使用 1 号纹理
                uniform float Alpha = 0.0;  //两个纹理采样的混合比例因子
                out vec4    outColor;          //定义输出到屏幕光栅化位置的像素颜色值

                void main()
                {
                    vec4 texColor0 = texture2D( texture0, v_texCoord.xy );
                    //由 0 号纹理按照传入的纹理坐标进行采样，取得纹理图片对应的颜色值
```

```
                     vec4 texColor1 = texture2D( texture1, v_texCoord.xy );
                     //由 1 号纹理按照传入的纹理坐标进行采样，取得纹理图片对应的颜色值
                     vec4 texColor = texColor1 * Alpha + texColor0 * (1.0 - Alpha);
                     //使用 Alpha 值作为两个纹理颜色的混合因子，得到最终纹理色
                     outColor = texColor * vec4(v_color.xyz,1.0);
                     //将纹理颜色与传入的顶点颜色值相乘，作为最终的像素颜色
               }
               """
      # 创建 GLSL 程序对话
      self.Shader_Program = glCreateProgram()
      # 创建 VS 对象
      vsObj = glCreateShader( GL_VERTEX_SHADER )
      # 指定 VS 的代码片段
      glShaderSource(vsObj , vsCode)
      # 编译 VS 对象代码
      glCompileShader(vsObj)
      # 将 VS 对象附加到 GLSL 程序对象
      glAttachShader(self.Shader_Program, vsObj)
      # 创建 PS 对象
      psObj = glCreateShader( GL_FRAGMENT_SHADER )
      # 指定 PS 对象的代码
      glShaderSource(psObj , psCode)
      # 编译 PS 对象代码
      glCompileShader(psObj)
      # 将 PS 对象附加到 GLSL 程序对象
      glAttachShader(self.Shader_Program, psObj)
      # 将 VS 与 PS 对象链接为完整的 Shader 程序
      glLinkProgram(self.Shader_Program)

# 初始化 VBO,IBO
def InitVBOIBO(self):
    self.VertexDec = GL_T2F_C3F_V3F
    VertexArray = []
    # 左下角(白色)
    VertexArray.extend([0.0, 0.0])
    VertexArray.extend([1.0, 1.0, 1.0])
    VertexArray.extend([-1.0, -1.0, 0.0])
    # 右下角(白色)
```

```
        VertexArray.extend([1.0, 0.0])
        VertexArray.extend([1.0, 1.0, 1.0])
        VertexArray.extend([1.0, -1.0, 0.0])
        # 右上角(白色)
        VertexArray.extend([1.0, 1.0])
        VertexArray.extend([1.0, 1.0, 1.0])
        VertexArray.extend([1.0, 1.0, 0.0])
        # 左上角(白色)
        VertexArray.extend([0.0, 1.0])
        VertexArray.extend([1.0, 1.0, 1.0])
        VertexArray.extend([-1.0, 1.0, 0.0])
        IndexArray = [0,1,2,3]
        self.VB = vbo.VBO(np.array(VertexArray,'f'))
        self.IB = vbo.VBO(np.array(IndexArray,'H'),target = GL_ELEMENT_ARRAY_BUFFER)
        self.useVBOIBO = True
    # 循环
    def MainLoop(self):
        # 进入消息循环
        glutMainLoop()

# 创建窗口
window = OpenGLWindow()
# 进入消息循环
window.MainLoop()
```

　　在这段代码中，我使用了两张纹理图，并将顶点颜色都还原为白色以方便查看，图 3-9 截取了运行时变化中的两帧画面作为对比。

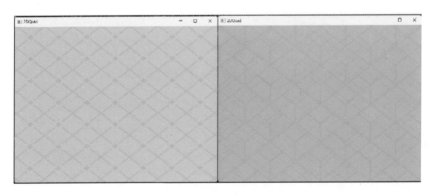

图 3-9　纹理融合效果对比演示

在本节的案例中，我并没有着重介绍 VS 的部分，这并不是说 2D 图效的 VS 处理就没有意义，恰恰相反，在很多基于 Shader 的 2D 图效演示中，很多炫酷的效果是通过纯 VS 算法来实现的，非常复杂，图 3-10 演示了一个使用 Shader 开发的跳动红心。感兴趣的开发者可以自行在网络上查询相关资料进行学习。

图 3-10　红心效果演示

3.3　GLSL 3D 图效处理实践

与 2D 图效处理相比，由于增加了深度 z 和矩阵变换，3D 的部分所涉及的知识和技巧会显著增多，下面着重介绍三个经典的应用案例。

3.3.1　基本顶点动画

所谓顶点动画，就是在动画时间内对模型的顶点进行变换移位，来产生动画。以往在固定渲染管线中，需要在每个更新帧中对顶点缓冲进行解锁，修改顶点数据、锁定提交，这个过程非常耗时，现在在 VS 中对顶点进行偏移产生顶点动画则非常简单。

下面实例中，我创建了一个 20×20 的 3D 网格，并通过三角函数对网格中的顶点 y 值进行偏移来制造波浪的效果：

```
from OpenGL.GL import *
from OpenGL.GLUT import *
from OpenGL.GLU import *
from OpenGL.arrays import vbo
import numpy as np
import sys
from PIL import Image


class OpenGLWindow:
```

```python
# 初始化
def __init__(self, width=640, height=480, title='3DWave'):
    # 传递命令行参数
    glutInit(sys.argv)
    # 设置显示模式
    glutInitDisplayMode(GLUT_RGBA | GLUT_DOUBLE | GLUT_DEPTH)
    # 设置窗口大小
    glutInitWindowSize(width, height)
    # 创建窗口
    self.window = glutCreateWindow(title)
    # 设置场景绘制函数
    glutDisplayFunc(self.Draw)
    # 设置空闲时场景绘制函数
    glutIdleFunc(self.Draw)
    # 调用 OpenGL 初始化函数
    self.InitGL(width, height)
    # 初始化 GLSL 对象
    self.InitGLSL()
    # 是否使用线框模式渲染
    self.useWireFrame = False
    # 网格的行列数量
    self.Rows = 20
    self.Cols = 20
    # 动画时间
    self.AniTime = 0.0
    # 变化速度
    self.WaveSpeed = 0.01
    # 变化幅度
    self.WaveAmp = 0.5
    # 初始化 VBO,IBO
    self.useVBOIBO = False
    self.InitVBOIBO()


# 绘制场景
def Draw(self):
    # 清除屏幕和深度缓存
    glClear(GL_COLOR_BUFFER_BIT | GL_DEPTH_BUFFER_BIT)
    # 重置观察矩阵
```

```python
glLoadIdentity()
# 移动位置
glTranslatef(0.0, 0.0, 0.0)
# 动画时间持续增加
self.AniTime = self.AniTime + self.WaveSpeed
# 每隔 4 秒切换填充模式和线框模型，以方便观察顶点的变化
if int(self.AniTime) % 8 >= 4:
    glPolygonMode(GL_FRONT, GL_LINE)
    glPolygonMode(GL_BACK, GL_LINE)
else:
    glPolygonMode(GL_FRONT, GL_FILL)
    glPolygonMode(GL_BACK, GL_FILL)


# 使用 Shader
glUseProgram(self.Shader_Program)
# 取得动画时间变量的地址
aniTimeLocation = glGetUniformLocation(self.Shader_Program, "AniTime")
# 通过地址设置动画时间变量值
glUniform1f(aniTimeLocation, self.AniTime)


# 取得波浪动画的幅度变量地址
waveAmpLocation = glGetUniformLocation(self.Shader_Program, "WaveAmp")
# 通过地址设置波浪幅度变量值
glUniform1f(waveAmpLocation, self.WaveAmp)


if self.useVBOIBO == False:
    glBegin(GL_TRIANGLES)

    # 绘制网格
    tileSize = 1.0
    beginX = -self.Cols * tileSize * 0.5
    beginZ = -self.Rows * tileSize * 0.5
    u_bias = 1.0 / self.Cols
    v_bias = 1.0 / self.Rows
    for row in range(0,self.Rows+1):
        for col in range(0,self.Cols+1):
            u = col / self.Cols
            v = row / self.Rows
```

```
                    glTexCoord2f(u, v)
                    glColor3f(1.0, 1.0, 1.0)
                    glVertex3f(beginX + col * tileSize , 0.0,beginZ + row * tileSize)

                    glTexCoord2f(u + u_bias, v)
                    glColor3f(1.0, 1.0, 1.0)
                    glVertex3f(beginX + col * tileSize + tileSize , 0.0,beginZ +
row * tileSize)

                    glTexCoord2f(u , v + v_bias)
                    glColor3f(1.0, 1.0, 1.0)
                    glVertex3f(beginX + col * tileSize , 0.0,beginZ + row * tileSize
+ tileSize)


                    glTexCoord2f(u , v + v_bias)
                    glColor3f(1.0, 1.0, 1.0)
                    glVertex3f(beginX + col * tileSize , 0.0,beginZ + row * tileSize
+ tileSize)

                    glTexCoord2f(u + u_bias, v)
                    glColor3f(1.0, 1.0, 1.0)
                    glVertex3f(beginX + col * tileSize + tileSize , 0.0,beginZ +
row * tileSize)

                    glTexCoord2f(u + u_bias , v + v_bias)
                    glColor3f(1.0, 1.0, 1.0)
                    glVertex3f(beginX + col * tileSize + tileSize , 0.0,beginZ +
row * tileSize + tileSize)

            glEnd()
        else:
            self.VB.bind()
            glInterleavedArrays(GL_T2F_C3F_V3F,0,None)
            self.IB.bind()
            glDrawElements(GL_TRIANGLES,6 * self.Cols *
self.Rows,GL_UNSIGNED_SHORT,None)
            self.IB.unbind()
```

```python
            self.VB.unbind()
        glUseProgram(0)
        # 交换缓存
        glutSwapBuffers()


    # OpenGL 初始化函数
    def InitGL(self, width, height):
        # 载入纹理
        self.LoadTextures()
        # 允许纹理映射
        glEnable(GL_TEXTURE_2D)
        # 设置为黑色背景
        glClearColor(0.0, 0.0, 0.0, 0.0)
        # 设置深度缓存
        glClearDepth(1.0)
        # 设置深度测试类型
        glDepthFunc(GL_LESS)
        # 允许深度测试
        glEnable(GL_DEPTH_TEST)
        # 启动平滑阴影
        glShadeModel(GL_SMOOTH)
        # 设置观察矩阵
        glMatrixMode(GL_PROJECTION)
        # 重置观察矩阵
        glLoadIdentity()
        # 设置屏幕宽高比
        gluPerspective(45.0, float(width) / float(height), 0.1, 100.0)
        # 设置观察点位置（0.0, 10, 0.0），目标位置（0.0, 0.0, 0.0），以及上方向（0.0, 1.0,
0.0)
        gluLookAt(0.0,10.0,-20.0,0.0,0.0, 0.0,0.0,1.0,0.0)
        # 设置观察矩阵
        glMatrixMode(GL_MODELVIEW)


    def LoadTextures(self):  # 载入纹理图片
        # 打开图片
        image = Image.open('wave.png')
        # 取得图片宽、高
        width, height = image.size
```

```python
    # 取得图像的 RGB 数据
    imageData = image.tobytes('raw', 'RGB', 0, -1)
    # 创建一个纹理
    textureID = glGenTextures(1)
    # 设置纹理的像素格式为 RGB
    textureFormat = GL_RGB
    # 绑定纹理
    glBindTexture(GL_TEXTURE_2D, 0)
    glActiveTexture(GL_TEXTURE0)
    glPixelStorei(GL_UNPACK_ALIGNMENT, 1)
    glTexImage2D(GL_TEXTURE_2D, 0, textureFormat, width, height,
                0, GL_RGB, GL_UNSIGNED_BYTE, imageData)
    glTexParameter(GL_TEXTURE_2D, GL_TEXTURE_WRAP_S, GL_CLAMP)
    glTexParameter(GL_TEXTURE_2D, GL_TEXTURE_WRAP_T, GL_CLAMP)

    glTexParameter(GL_TEXTURE_2D, GL_TEXTURE_MAG_FILTER, GL_LINEAR)
    glTexParameter(GL_TEXTURE_2D, GL_TEXTURE_MIN_FILTER, GL_LINEAR)

    glTexEnvf(GL_TEXTURE_ENV, GL_TEXTURE_ENV_MODE, GL_DECAL)


# 初始化 GLSL 对象
def InitGLSL(self):
    vsCode = """ #version 120
                attribute  vec2 a_texCoord;
                attribute  vec3 a_color;
                attribute  vec3 a_position;
                varying    vec2 v_texCoord;
                varying    vec3 v_color;
                uniform    float AniTime = 0.0 ; //动画时间
                uniform    float WaveAmp = 1.0 ; //波浪幅度
                void main()
                {
                    //通过 sin,cos 函数来产生平滑的 y 值高低变化,并加到 y 值上作为波浪顶
                    //点的 y 值
                    vec3 wavePos = vec3(gl_Vertex.x,gl_Vertex.y +
sin(AniTime+gl_Vertex.x) * cos(AniTime+gl_Vertex.z) * WaveAmp,gl_Vertex.z);
```

```
                        gl_Position = gl_ModelViewProjectionMatrix *
vec4(wavePos,1.0);
                        v_texCoord = vec2(gl_MultiTexCoord0.x,gl_MultiTexCoord0.y);
                        v_color = gl_Color.xyz;
                    }
                    """
        psCode =  """ #version 330 core
                    varying vec2 v_texCoord;
                    varying vec3 v_color;
                    uniform sampler2D texture0;
                    out vec4 outColor;
                    void main()
                    {
                        vec4 texColor = texture2D( texture0, v_texCoord.xy );
                        outColor = texColor * vec4(v_color,1.0);
                    }
                    """
        self.Shader_Program = glCreateProgram()
        # VS
        vsObj = glCreateShader( GL_VERTEX_SHADER )
        glShaderSource(vsObj , vsCode)
        glCompileShader(vsObj)
        glAttachShader(self.Shader_Program, vsObj)

        # PS
        psObj = glCreateShader( GL_FRAGMENT_SHADER )
        glShaderSource(psObj , psCode)
        glCompileShader(psObj)
        glAttachShader(self.Shader_Program, psObj)
        # 组装
        glLinkProgram(self.Shader_Program)

    # 初始化 VBO,IBO
    def InitVBOIBO(self):
        self.VertexDec = GL_T2F_C3F_V3F
        VertexArray = []
        IndexArray = []
        tileSize = 1.0
```

```
        beginX = -self.Cols * tileSize * 0.5
        beginZ = -self.Rows * tileSize * 0.5
        for row in range(0,self.Rows+1):
            for col in range(0,self.Cols+1):
                u = col / self.Cols
                v = row / self.Rows
                VertexArray.extend([u, v])
                VertexArray.extend([1.0, 1.0, 1.0])
                VertexArray.extend([beginX + col * tileSize , 0.0, beginZ + row
* tileSize])

        for row in range(0,self.Rows):
            for col in range(0,self.Cols):
                # 格子的顶点索引
                vIndex1 = row * (self.Cols+1) + col
                vIndex2 = vIndex1 + 1
                vIndex3 = vIndex1 + (self.Cols+1)
                vIndex4 = vIndex3 + 1
                IndexArray.extend([vIndex1, vIndex2,vIndex3])
                IndexArray.extend([vIndex2, vIndex3,vIndex4])

        self.VB = vbo.VBO(np.array(VertexArray,'f'))
        self.IB = vbo.VBO(np.array(IndexArray,'H'),target =
GL_ELEMENT_ARRAY_BUFFER)
        self.useVBOIBO = True
    # 循环
    def MainLoop(self):
        # 进入消息循环
        glutMainLoop()


# 创建窗口
window = OpenGLWindow()
# 进入消息循环
window.MainLoop()
```

在这个实例中，我为了方便观察而做了一些处理，比如将观察点的位置移动到合适的位置，以及每隔几秒切换线框的渲染方式，图 3-11 截取了运行时变化中的两帧画面进行对比。

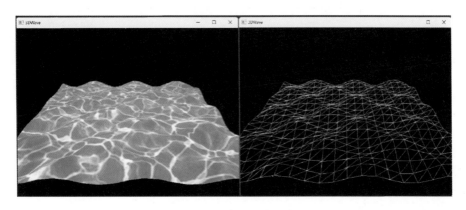

图 3-11　波浪效果对比演示

3.3.2　基本材质处理

在渲染 3D 的物体材质时，Shader 扮演了非常重要的角色。随着引擎在图形学上的进展，材质方面的 Shader 所需要的工程思想和逻辑编排也越来越复杂。不过看似复杂的材质，其实也是由一个一个细小的逻辑处理组合起来的。下面我们以一个简单的遮罩图应用案例，来演示一下对于物体不同的材质是如何进行区分和计算的。

比如我们使用一个球体模拟地球的渲染，在海洋的部分需要有一些纹理动画效果。要实现这个案例，需要按图 3-12 所示准备三张纹理图片素材。

基本贴图的作用是给球体模型一个基本的地球外貌，遮罩贴图的作用是区分基本贴图中哪一部分是海洋，在这里白色部分代表海洋，黑色部分代表陆地。水波贴图则是用来产生水波动画效果的贴图。

图 3-12　地球纹理图素材

具体代码实现如下：

```python
from OpenGL.GL import *
from OpenGL.GLUT import *
from OpenGL.GLU import *
from OpenGL.arrays import vbo
```

```python
import numpy as np
import sys
from PIL import Image
import math
# 圆周率
PI = 3.14159265358979323846264


class OpenGLWindow:
    # 初始化
    def __init__(self, width=640, height=480, title='3DEarth'):
        # 传递命令行参数
        glutInit(sys.argv)
        # 设置显示模式
        glutInitDisplayMode(GLUT_RGBA | GLUT_DOUBLE | GLUT_DEPTH)
        # 设置窗口大小
        glutInitWindowSize(width, height)
        # 创建窗口
        self.window = glutCreateWindow(title)
        # 设置场景绘制函数
        glutDisplayFunc(self.Draw)
        # 设置空闲时场景绘制函数
        glutIdleFunc(self.Draw)
        # 调用 OpenGL 初始化函数
        self.InitGL(width, height)
        # 初始化 GLSL 对象
        self.InitGLSL()
        # 球体的纬线分割数量
        self.statckY = 20
        # 球体的经线分割数量
        self.statckX = 20
        # 初始化 VBO,IBO
        self.useVBOIBO = False
        self.InitVBOIBO()
        # 动画时间
        self.AniTime = 0.0
        # 旋转速度
        self.RotateSpeed = 0.01
    # 绘制场景
```

```python
def Draw(self):
    # 清除屏幕和深度缓存
    glClear(GL_COLOR_BUFFER_BIT | GL_DEPTH_BUFFER_BIT)
    # 重置观察矩阵
    glLoadIdentity()
    # 动画时间持续增加
    self.AniTime = self.AniTime + self.RotateSpeed
    # 地球自转
    glRotatef(self.AniTime,0.0, 1.0, 0.0)
    # 启用 Shader
    glUseProgram(self.Shader_Program)

    # 设置时间值作为纹理动画的纹理移动参数
    uiOffsetLocation = glGetUniformLocation(self.Shader_Program,
"UVOffset")
    if uiOffsetLocation >= 0:
        glUniform1f(uiOffsetLocation, self.AniTime)
    # 0 号纹理——基础纹理
    tex0Location = glGetUniformLocation(self.Shader_Program,"texture0")
    if tex0Location >= 0:
        glUniform1i(tex0Location, 0)
    # 1 号纹理——遮罩纹理
    tex1Location = glGetUniformLocation(self.Shader_Program,"texture1")
    if tex1Location >= 0:
        glUniform1i(tex1Location, 1)
    # 2 号纹理——纹理动画水波纹理
    tex2Location = glGetUniformLocation(self.Shader_Program,"texture2")
    if tex2Location >= 0:
        glUniform1i(tex2Location, 2)

    if self.useVBOIBO == False:
        glBegin(GL_TRIANGLES)
        # 从北极到南极的经线分割成 N 份，每份的角度
        angleH = PI/self.statckY
        angleZ = (2*PI)/self.statckX # 纵向每份的角度，算出弧度值
        radius = 5.0    # 半径
        u_bias = 1.0 / self.statckX
        v_bias = 1.0 / self.statckY
```

```python
for row in range(0,self.statckY+1):
    for col in range(0,self.statckX+1):
        u = col / self.statckX
        v = row / self.statckY
        NumAngleH1 = angleH * row - PI * 0.5
        NumAngleZ1 = angleZ * col
        x1 = radius*math.cos(NumAngleH1)*math.cos(NumAngleZ1)
        y1 = radius*math.sin(NumAngleH1)
        z1 = radius*math.cos(NumAngleH1)*math.sin(NumAngleZ1)

        glTexCoord2f(u, v)
        glColor3f(1.0, 1.0, 1.0)
        glVertex3f(x1 , y1, z1)


        NumAngleH2 = angleH * row - PI * 0.5
        NumAngleZ2 = angleZ * (col + 1)
        x2 = radius*math.cos(NumAngleH2)*math.cos(NumAngleZ2)
        y2 = radius*math.sin(NumAngleH2)
        z2 = radius*math.cos(NumAngleH2)*math.sin(NumAngleZ2)

        glTexCoord2f(u + u_bias, v)
        glColor3f(1.0, 1.0, 1.0)
        glVertex3f(x2, y2, z2)

        NumAngleH3 = angleH * (row + 1)- PI * 0.5
        NumAngleZ3 = angleZ * col
        x3 = radius*math.cos(NumAngleH3)*math.cos(NumAngleZ3)
        y3 = radius*math.sin(NumAngleH3)
        z3 = radius*math.cos(NumAngleH3)*math.sin(NumAngleZ3)

        glTexCoord2f(u , v + v_bias)
        glColor3f(1.0, 1.0, 1.0)
        glVertex3f(x3,y3,z3)


        glTexCoord2f(u , v + v_bias)
        glColor3f(1.0, 1.0, 1.0)
        glVertex3f(x3,y3,z3)
```

```
                    glTexCoord2f(u + u_bias, v)
                    glColor3f(1.0, 1.0, 1.0)
                    glVertex3f(x2, y2, z2)

                    NumAngleH4 = angleH * (row + 1)- PI * 0.5
                    NumAngleZ4 = angleZ * (col + 1)
                    x4 = radius*math.cos(NumAngleH4)*math.cos(NumAngleZ4)
                    y4 = radius*math.sin(NumAngleH4)
                    z4 = radius*math.cos(NumAngleH4)*math.sin(NumAngleZ4)

                    glTexCoord2f(u + u_bias , v + v_bias)
                    glColor3f(1.0, 1.0, 1.0)
                    glVertex3f(x4,y4,z4)
            glEnd()
        else:
            # 进行 VB 的顶点数据流绑定
            self.VB.bind()
            # 指定顶点数据流的格式为 GL_T2F_C3F_V3F(相当于 uv_rgb_xyz)
            glInterleavedArrays(GL_T2F_C3F_V3F,0,None)
            # 进行 IB 的索引数据流绑定
            self.IB.bind()
            # 指定索引数据流的格式为 GL_UNSIGNED_SHORT
            glDrawElements(GL_TRIANGLES,6 * self.statckX * self.statckY,GL_
UNSIGNED_SHORT,None)
            self.IB.unbind()
            self.VB.unbind()
        glUseProgram(0)
        # 交换缓存
        glutSwapBuffers()


    # OpenGL 初始化函数
    def InitGL(self, width, height):
        # 载入基础纹理
        self.LoadTextures(0,"earth.png")
        # 载入遮罩纹理
        self.LoadTextures(1,"mask.png")
        # 载入 UV 动画水波纹理
```

```python
        self.LoadTextures(2,"wave.png")
        # 允许纹理映射
        glEnable(GL_TEXTURE_2D)
        # 设置为黑色背景
        glClearColor(0.0, 0.0, 0.0, 0.0)
        # 设置深度缓存
        glClearDepth(1.0)
        # 设置深度测试类型
        glDepthFunc(GL_LESS)
        # 允许深度测试
        glEnable(GL_DEPTH_TEST)
        # 启动平滑阴影
        glShadeModel(GL_SMOOTH)
        # 设置观察矩阵
        glMatrixMode(GL_PROJECTION)
        # 重置观察矩阵
        glLoadIdentity()
        # 设置屏幕宽高比
        gluPerspective(45.0, float(width) / float(height), 0.1, 100.0)
        # 设置观察点位置、目标位置，以及上方向
        gluLookAt(0.0,0.0,-15.0,0.0,0.0, 0.0,0.0,1.0,0.0)
        # 设置观察矩阵
        glMatrixMode(GL_MODELVIEW)

    def LoadTextures(self,imageIndex,imageFile):  # 载入纹理图片
        # 打开图片
        image = Image.open(imageFile)
        # 取得图片宽、高
        width, height = image.size
        # 取得图像的 RGB 数据
        imageData = image.tobytes('raw', 'RGB', 0, -1)
        # 创建纹理
        textureID = glGenTextures(1)
        # 格式
        textureFormat = GL_RGB
        # 根据对应纹理索引，激活所用的纹理通道
        if imageIndex == 0:
            glActiveTexture(GL_TEXTURE0)
```

```python
        elif imageIndex == 1:
            glActiveTexture(GL_TEXTURE1)
        elif imageIndex == 2:
            glActiveTexture(GL_TEXTURE2)
        # 绑定纹理
        glBindTexture(GL_TEXTURE_2D,imageIndex)
        glPixelStorei(GL_UNPACK_ALIGNMENT, 1)
        glTexImage2D(GL_TEXTURE_2D, 0, textureFormat, width, height, 0, GL_RGB,
GL_UNSIGNED_BYTE, imageData)
        # 这里要注意，因为使用了纹理动画，坐标值会出现 0～1 之外的值，为了正确显示，
        # 使用 GL_REPEAT 模式
        glTexParameter(GL_TEXTURE_2D, GL_TEXTURE_WRAP_S, GL_REPEAT)
        glTexParameter(GL_TEXTURE_2D, GL_TEXTURE_WRAP_T, GL_REPEAT)
        # 采用线性过滤
        glTexParameter(GL_TEXTURE_2D, GL_TEXTURE_MAG_FILTER, GL_LINEAR)
        glTexParameter(GL_TEXTURE_2D, GL_TEXTURE_MIN_FILTER, GL_LINEAR)
        glTexEnvf(GL_TEXTURE_ENV, GL_TEXTURE_ENV_MODE, GL_DECAL)


    # 初始化 GLSL 对象
    def InitGLSL(self):
        vsCode =  """ #version 120   //GLSL 中 VS 的版本
                varying   vec2 v_texCoord;
                //定义输出给 PS 的数据流，首先是纹理坐标值分量(u,v)
                varying   vec3 v_color;
                //定义输出给 PS 的数据流，然后是颜色值分量(r,g,b)
                void main()    //入口函数固定为 main()
                {
                    gl_Position = gl_ModelViewProjectionMatrix *
vec4(gl_Vertex.xyz,1.0);
                    v_texCoord = vec2(gl_MultiTexCoord0.x,gl_MultiTexCoord0.y);
                    //取内置变量第一个纹理的坐标作为输出到屏幕相应坐标点的纹理坐标
                    v_color = gl_Color.xyz;
                    //取内置变量 gl_Color 的 r,g,b 值作为输出到屏幕相应坐标点的颜色值
                }
                """
        psCode =  """ #version 330 core          //GLSL 中 PS 的版本
                varying vec2 v_texCoord;
                //定义由 VS 输出给 PS 的数据流，首先是纹理坐标值分量(u,v)
```

```
            varying vec3 v_color;
            //定义由 VS 输出给 PS 的数据流，然后是颜色值分量(r,g,b)
            uniform sampler2D texture0; //定义使用 0 号纹理
            uniform sampler2D texture1; //定义使用 1 号纹理
            uniform sampler2D texture2; //定义使用 2 号纹理
            uniform float UVOffset = 0.0;  //两个纹理采样的混合比例因子
            out vec4    outColor;         //定义输出到屏幕光栅化位置的像素颜色值

            void main()
            {
                vec4 texColor0 = texture2D( texture0, v_texCoord.xy );
                //由 0 号纹理按照传入的纹理坐标进行采样，取得基础纹理图片对应的颜色值
                vec4 texColor1 = texture2D( texture1, v_texCoord.xy );
                //由 1 号纹理按照传入的纹理坐标进行采样，取得遮罩纹理图片对应的颜色值
                vec4 texColor2 = texture2D( texture2, v_texCoord.xy +
vec2(-UVOffset*0.01,0.0) );
                //由 2 号纹理使用传入的纹理坐标与偏移参数计算值进行采样，取得纹理图
                //片对应的颜色值产生纹理动画
                vec4 texColor = texColor0 ;  //纹理最终采样结果
                if(texColor1.r > 0.5)
                //如果对应的遮罩图采样值为白色，则判定为海洋
                {
                    texColor = texColor0 * texColor2 ;
                    //海洋部分，加入一个水波纹理动画颜色
                }
                outColor = texColor * vec4(v_color.xyz,1.0);
                //将最终纹理颜色与传入的顶点颜色值相乘，作为最终的像素颜色
            }
            """
        # 创建 GLSL 程序对话
        self.Shader_Program = glCreateProgram()
        # 创建 VS 对象
        vsObj = glCreateShader( GL_VERTEX_SHADER )
        # 指定 VS 的代码片段
        glShaderSource(vsObj , vsCode)
        # 编译 VS 对象代码
        glCompileShader(vsObj)
        # 将 VS 对象附加到 GLSL 程序对象
```

```
    glAttachShader(self.Shader_Program, vsObj)
    # 创建 PS 对象
    psObj = glCreateShader( GL_FRAGMENT_SHADER )
    # 指定 PS 对象的代码
    glShaderSource(psObj , psCode)
    # 编译 PS 对象代码
    glCompileShader(psObj)
    # 将 PS 对象附加到 GLSL 程序对象
    glAttachShader(self.Shader_Program, psObj)
    # 将 VS 与 PS 对象链接为完整的 Shader 程序
    glLinkProgram(self.Shader_Program)


# 初始化 VBO,IBO
def InitVBOIBO(self):
    self.VertexDec = GL_T2F_C3F_V3F
    VertexArray = []
    IndexArray = []
    # 从北极到南极的经线分割成 N 份，每份的角度
    angleH = PI/self.statckY
    angleZ = (2*PI)/self.statckX # 纵向每份的角度，算出弧度值
    radius = 5.0    # 半径
    for row in range(0,self.statckY+1):
        for col in range(0,self.statckX+1):
            u = col / self.statckX
            v = row / self.statckY
            VertexArray.extend([u, v])
            VertexArray.extend([1.0, 1.0, 1.0])

            NumAngleH = angleH * row - PI * 0.5 # 当前横向角度
            NumAngleZ = angleZ * col              # 当前纵向角度

            x = radius*math.cos(NumAngleH)*math.cos(NumAngleZ)
            y = radius*math.sin(NumAngleH)
            z = radius*math.cos(NumAngleH)*math.sin(NumAngleZ)

            VertexArray.extend([x,y,z])

    for row in range(0,self.statckY):
        for col in range(0,self.statckX):
            # 格子的顶点索引
```

```
        vIndex1 = row * (self.statckX+1) + col
        vIndex2 = vIndex1 + 1
        vIndex3 = vIndex1 + (self.statckX+1)
        vIndex4 = vIndex3 + 1
        IndexArray.extend([vIndex1, vIndex2,vIndex3])
        IndexArray.extend([vIndex2, vIndex3,vIndex4])

    self.VB = vbo.VBO(np.array(VertexArray,'f'))
    self.IB = vbo.VBO(np.array(IndexArray,'H'),target =
GL_ELEMENT_ARRAY_BUFFER)
    self.useVBOIBO = True
# 循环
def MainLoop(self):
    # 进入消息循环
    glutMainLoop()


# 创建窗口
window = OpenGLWindow()
# 进入消息循环
window.MainLoop()
```

从运行效果中可以看到，地球向左转动，而海洋部分的水波纹理向右移动，形成了一种海浪移动的效果。在实际的项目开发中，对材质的处理往往要更复杂，比如模拟人物身上衣服或模拟地表材质时，往往会定义遮罩图中 RGBA 各个颜色通道的不同作用，这就要根据美术设计的具体需求来进行定义和 Shader 编写了。

3.3.3 简单雾效实现

在 3D 场景渲染中，经常会用雾效来表现场景的纵深变化，另外雾效也能够遮挡远边界，产生良好的环境真实感氛围，并能够在一定程度上减少远处模型渲染细节和数量，减轻渲染压力。

一般来说，固定管线模式下会提供一些简单的雾效设置，比如通过产生雾的近距离和被雾完全笼罩的远距离生成距离线性变化的雾效，或者通过指数函数或指数平方来生成浓度曲线变化的雾效，图 3-14 展示了这些函数曲线。

线性雾效会略显生硬，指数雾效和指数平方雾效会好一些，基于这些变化曲线而生成的雾效如图 3-15 所示。

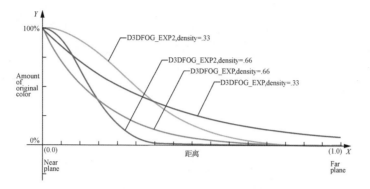

图 3-14　基本雾效曲线对比

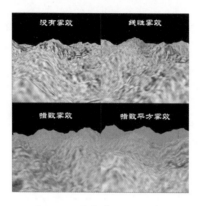

图 3-15　基本雾效效果对比

有时开发者会使用 Shader 来模拟一些更复杂的雾效，比如随着高度变化的平流雾效或者只在局部范围出现的体积雾效，图 3-16 展示了这些效果。

图 3-16　平流雾效与体积雾效

本节将基于前面的水波浪顶点动画案例，增加线性雾效和指数雾效的对比。

```python
from OpenGL.GL import *
from OpenGL.GLUT import *
from OpenGL.GLU import *
from OpenGL.arrays import vbo
```

```python
import numpy as np
import sys
from PIL import Image

class OpenGLWindow:
    # 初始化
    def __init__(self, width=640, height=480, title='3DWave'):
        ...

    # 绘制场景
    def Draw(self):
        # 清除屏幕和深度缓存
        glClear(GL_COLOR_BUFFER_BIT | GL_DEPTH_BUFFER_BIT)
        # 重置观察矩阵
        glLoadIdentity()
        # 移动位置
        glTranslatef(0.0, 0.0, 0.0)
        # 动画时间持续增加
        self.AniTime = self.AniTime + self.WaveSpeed
        # 使用 Shader
        glUseProgram(self.Shader_Program)
        # 取得动画时间变量的地址
        aniTimeLocation = glGetUniformLocation(self.Shader_Program, "AniTime")
        if aniTimeLocation >= 0:
            # 通过地址设置动画时间变量值
            glUniform1f(aniTimeLocation, self.AniTime)

        # 取得波浪动画的幅度变量地址
        waveAmpLocation = glGetUniformLocation(self.Shader_Program, "WaveAmp")
        if waveAmpLocation >= 0:
            # 通过地址设置波浪幅度变量值
            glUniform1f(waveAmpLocation, self.WaveAmp)

        # 雾效
        fogNearZLocation = glGetUniformLocation(self.Shader_Program, "FogNearZ")
        if fogNearZLocation >= 0:
            # 通过地址设置起雾 Z 值
            glUniform1f(fogNearZLocation, 10.0)
```

```
# 雾效
fogFarZLocation = glGetUniformLocation(self.Shader_Program, "FogFarZ")
if fogFarZLocation >= 0:
    # 通过地址设置完全被雾笼罩的 Z 值
    glUniform1f(fogFarZLocation, 100.0)
# 指数雾效的浓度倍数因子
fogDesityLocation = glGetUniformLocation(self.Shader_Program, "FogDesity")
if fogDesityLocation >= 0:
    # 指数雾效的浓度倍数因子
    glUniform1f(fogDesityLocation, 0.04)


# 雾颜色
fogColorLocation = glGetUniformLocation(self.Shader_Program,
"FogColor")
    if fogColorLocation >= 0:
        # 通过地址设置雾颜色，这里设为青色雾
        glUniform3fv(fogColorLocation,1,[0.0,1.0,1.0])


    # 每隔 4 秒切换填充模式和线框模型，以方便观察顶点的变化
fogTypeLocation = glGetUniformLocation(self.Shader_Program, "FogType")
if fogTypeLocation >= 0:
    if int(self.AniTime) % 16 < 4:
        # 设置使用线性方式计算雾效
        glUniform1i(fogTypeLocation,0)
    elif int(self.AniTime) % 16 < 8:
        # 设置使用指数平方方式计算雾效
        glUniform1i(fogTypeLocation,1)
    elif int(self.AniTime) % 16 < 12:
        # 设置使用指数方式计算雾效
        glUniform1i(fogTypeLocation,2)
    else:
        # 取消雾效
        glUniform1i(fogTypeLocation,3)
# 当前观察点位置
eyePosLocation = glGetUniformLocation(self.Shader_Program, "EyePos")
if eyePosLocation >= 0:
    # 通过地址设置观察点位置，与 gluLookAt 函数中参数值保持一致
    glUniform3fv(eyePosLocation,1,[0.0,20.0,-40.0])
```

```
        if self.useVBOIBO == False:
            glBegin(GL_TRIANGLES)

            # 绘制网格
            tileSize = 2.0
            beginX = -self.Cols * tileSize * 0.5
            beginZ = -self.Rows * tileSize * 0.5
            u_bias = 1.0 / self.Cols
            v_bias = 1.0 / self.Rows
            for row in range(0,self.Rows+1):
                for col in range(0,self.Cols+1):
                    u = col / self.Cols
                    v = row / self.Rows
                    glTexCoord2f(u, v)
                    glColor3f(1.0, 1.0, 1.0)
                    glVertex3f(beginX + col * tileSize , 0.0,beginZ + row * tileSize)

                    glTexCoord2f(u + u_bias, v)
                    glColor3f(1.0, 1.0, 1.0)
                    glVertex3f(beginX + col * tileSize + tileSize , 0.0,beginZ +
row * tileSize)

                    glTexCoord2f(u , v + v_bias)
                    glColor3f(1.0, 1.0, 1.0)
                    glVertex3f(beginX + col * tileSize , 0.0,beginZ + row * tileSize
+ tileSize)

                    glTexCoord2f(u , v + v_bias)
                    glColor3f(1.0, 1.0, 1.0)
                    glVertex3f(beginX + col * tileSize , 0.0,beginZ + row * tileSize
+ tileSize)

                    glTexCoord2f(u + u_bias, v)
                    glColor3f(1.0, 1.0, 1.0)
                    glVertex3f(beginX + col * tileSize + tileSize , 0.0,beginZ +
row * tileSize)

                    glTexCoord2f(u + u_bias , v + v_bias)
```

```
                    glColor3f(1.0, 1.0, 1.0)
                    glVertex3f(beginX + col * tileSize + tileSize , 0.0,beginZ +
row * tileSize + tileSize)

            glEnd()
        else:
            self.VB.bind()
            glInterleavedArrays(GL_T2F_C3F_V3F,0,None)
            self.IB.bind()
            glDrawElements(GL_TRIANGLES,6 * self.Cols *
self.Rows,GL_UNSIGNED_SHORT,None)
            self.IB.unbind()
            self.VB.unbind()
        glUseProgram(0)
        # 交换缓存
        glutSwapBuffers()


    # OpenGL 初始化函数
    def InitGL(self, width, height):
        # ...略


    def LoadTextures(self):  # 载入纹理图片
        # ...略



    # 初始化 GLSL 对象
    def InitGLSL(self):
        vsCode = """ #version 120
                attribute  vec2  a_texCoord;
                attribute  vec3  a_color;
                attribute  vec3  a_position;
                varying    vec2  v_texCoord;
                varying    vec3  v_color;
                varying    float v_density;      //雾浓度
                uniform    float AniTime = 0.0 ; //动画时间
                uniform    float WaveAmp = 1.0 ; //波浪幅度
                uniform    float FogNearZ = 5.0; //起雾的近距离
                uniform    float FogFarZ  = 50.0;//完全被雾笼罩的远距离
                uniform    int   FogType = 0; //线性雾
```

```
            uniform    float FogDesity = 0.04;//指数雾效的浓度倍数因子
            uniform    vec3  EyePos = vec3(0.0,0.0,0.0);
            void main()
            {
                //通过sin,cos函数来产生平滑的Y值高低变化，并加到Y值上作为波浪顶
                //点的Y值
                vec3 wavePos = vec3(gl_Vertex.x,gl_Vertex.y +
sin(AniTime+gl_Vertex.x) * cos(AniTime+gl_Vertex.z) * WaveAmp,gl_Vertex.z);
                //顶点的世界位置
                vec3 wPosition = gl_Vertex.xyz;
                //通过观察点与顶点间距离再与雾的区间进行计算，得出雾浓度，限制在0～1
                v_density = 0.0;
                if(FogType == 1)
                {
                    # 线性雾
                    v_density = clamp((distance(wPosition,EyePos) -
FogNearZ)/(FogFarZ-FogNearZ),0.0,1.0);
                }
                else if(FogType == 2)
                {
                    # 指数平方
                    v_density = 1.0 - clamp(exp2(-(distance(wPosition,
EyePos) * FogDesity )),0.0,1.0);
                }
                else if(FogType == 3)
                {
                    # 指数
                    v_density = 1.0 - clamp(exp(-(distance(wPosition,
EyePos) * FogDesity )),0.0,1.0);
                }
                gl_Position = gl_ModelViewProjectionMatrix * vec4(wavePos,1.0);
                v_texCoord = vec2(gl_MultiTexCoord0.x,gl_MultiTexCoord0.y);
                v_color = gl_Color.xyz;
            }
            """
    psCode = """ #version 330 core
            varying vec2 v_texCoord;
            varying vec3 v_color;
            varying float v_density;        //雾浓度
```

```
                 uniform sampler2D texture0;
                 uniform vec3 FogColor;          //雾颜色
                 out vec4 outColor;
                 void main()
                 {
                     vec4 texColor = texture2D( texture0, v_texCoord.xy );
                     //在当前颜色和雾颜色之间以浓度值来进行插值计算
                     outColor = vec4(FogColor,1.0) * v_density + texColor *
vec4(v_color,1.0) * (1.0 - v_density);
                 }
                 """
        self.Shader_Program = glCreateProgram()
        # VS
        vsObj = glCreateShader( GL_VERTEX_SHADER )
        glShaderSource(vsObj , vsCode)
        glCompileShader(vsObj)
        glAttachShader(self.Shader_Program, vsObj)

        # PS
        psObj = glCreateShader( GL_FRAGMENT_SHADER )
        glShaderSource(psObj , psCode)
        glCompileShader(psObj)
        glAttachShader(self.Shader_Program, psObj)
        # 组装
        glLinkProgram(self.Shader_Program)


    # 初始化 VBO,IBO
    def InitVBOIBO(self):
        ...
    # 循环
    def MainLoop(self):
        # 进入消息循环
        glutMainLoop()


# 创建窗口
window = OpenGLWindow()
# 进入消息循环
window.MainLoop()
```

运行后，波浪将在没有雾效、线性雾效，指数平方雾效、指数雾效中切换以方便观看，效果如图 3-17 所示。

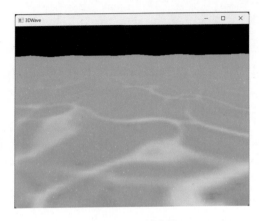

图 3-17　运行效果

第4章 动画原理与实践

动画可以使场景、人物有更生动的表现。根据表现内容需求的不同，动画的实现技术也分为多种类型，下面进行相关动画原理的讲解和实践。

4.1 动画的基本原理

不管是 2D 动画还是 3D 动画，其本质上都是对于顶点信息中位置、大小、旋转、颜色、纹理的变换，使得图形随着时间产生变化。根据变换的方式不同，动画又分为序列帧动画、插值动画、摄像机动画和骨骼动画。

4.1.1 序列帧动画

序列帧动画的产生历史悠久，想象一下，当武林高手快速地翻看武术招式秘籍时，就会产生动画，每一页招式图片在动画编程中被称为一帧图片，而将所有的图片按顺序播放的过程就是序列帧动画，图 4-1 展示了这种效果。

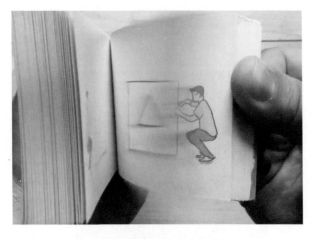

图 4-1 序列帧动画效果

在具体实现时，我们需要准备序列帧动画的所有帧图片，图 4-2 展示了游戏人物某个技能动作的序列帧图片。

我们在制作动画时，首先需要将 15 张图片都加载进来，并将生成的图像的宽、高等信息先放到一个列表中，然后在播放时从第一张到最后一张按照固定的时间间隔进行纹理的切换显示。

图 4-2　游戏人物某个技能动作的序列帧图片

　　要注意的是，只创建一张纹理图和一下子创建所有帧纹理图之间的区别，如果只创建一张纹理图，那就需要在渲染切换时，使用相应帧的图像数据填充当前纹理图，这样做的好处是省去了大量的纹理图创建内存，但增加了渲染时的内存拷贝工作。而如果一下子创建好所有帧纹理图，则会需要较大的内存空间，但省去了渲染时的内存拷贝。其实在实际的引擎开发中，一般会将图片通过工具整合在一张图片上，并裁剪掉 Alpha 通道中透明的边框，减少大量图片所占用的显存、内存空间，但这样做需要生成保存裁剪后中心点偏移信息的文件，以方便在动画播放时对齐中心点。当然，你也可以使用一些游戏图片合并工具进行相关处理，比如图 4-3 中展示的图片打包工具 TexturePacker。

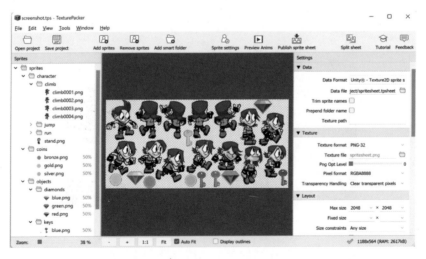

图 4-3　图片打包工具 TexturePacker

　　虽然一般来说，序列帧动画默认指的是 2D 动画，但序列帧的真正含义并不特指 2D，对于 3D 而言，特别是在 20 世纪 90 年代的早期 3D 游戏中，骨骼动画尚不成熟，同比也会使用序列帧动画来表现一些简单的 3D 动画，相当于每一帧存储的都是一个模型。当然，采用这样的方式，顶点缓冲所占用的内存空间相当大，于是后面就出现了模型顶点插值动画。

4.1.2　插值动画

插值动画是指在两帧间通过插值算法来生成平滑的帧内容，一般主要用来体现顶点形变类动画，比如图像或模型顶点的位置，缩放，旋转，以及 RGB 值的变化和纹理坐标的变化。

在 2D 动画中，典型的插值动画是技能表现中的各种运动效果，比如图 4-4 中的粒子跟随指定路径运动的效果，通过设定一些关键帧并在之间进行插值，可以产生绚丽的特效。

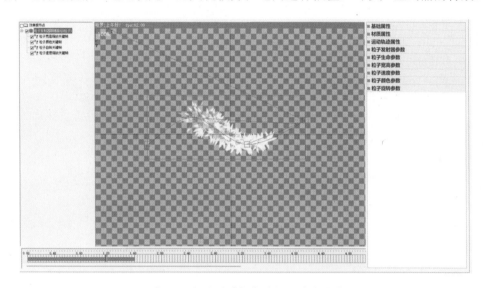

图 4-4　粒子跟随指定路径运动的效果

本节实现一个简单的 3D 插值动画,在这个动画的实现过程中,立方体在几种状态间变化。为了方便理解插值在序列帧动画中的作用，代码中加入了一个切换开关变量，读者可以自行修改代码并对比观察。

```python
from OpenGL.GL import *
from OpenGL.GLUT import *
from OpenGL.GLU import *
from OpenGL.arrays import vbo
import numpy as np
import sys
import time
from PIL import Image
import math
# 圆周率
PI = 3.1415926535897932384626
```

```python
class OpenGLWindow:
    # 初始化
    def __init__(self, width=640, height=480, title='3DEarth'):
        # 传递命令行参数
        glutInit(sys.argv)
        # 设置显示模式
        glutInitDisplayMode(GLUT_RGBA | GLUT_DOUBLE | GLUT_DEPTH)
        # 设置窗口大小
        glutInitWindowSize(width, height)
        # 创建窗口
        self.window = glutCreateWindow(title)
        # 设置场景绘制函数
        glutDisplayFunc(self.Draw)
        # 设置空闲时场景绘制函数
        glutIdleFunc(self.Draw)
        # 使用插值来展现动画，可以通过设置为 False 来观察无插值时的动画效果
        self.useLerpAni = True
        # 调用 OpenGL 初始化函数
        self.InitGL(width, height)
    # 插值算法
    def Lerp(self,x1,x2,lerp):
        return x2 * lerp + x1 * (1.0 - lerp)
    # 绘制场景
    def Draw(self):
        # 清除屏幕和深度缓存
        glClear(GL_COLOR_BUFFER_BIT | GL_DEPTH_BUFFER_BIT)
        # 重置观察矩阵
        glLoadIdentity()
        # 沿 Y 轴旋转
        glRotatef(self.angleY, 0.0, 1.0, 0.0)
        # 取得当前时间
        now_time = time.time()
        # 取得时间间隔
        self.frameTime = now_time - self.startTime
        # 开始绘制立方体的每个面，同时设置纹理映射
        glBindTexture(GL_TEXTURE_2D, 0)
        # 当前时间所处的区间前一帧
        LastKeyIndex = int(self.frameTime)
        LastKeyIndex = LastKeyIndex % 4
```

```
        # 当前时间所处的区间后一帧
    NextKeyIndex = LastKeyIndex + 1
    NextKeyIndex = NextKeyIndex % 4
    # 当前时间所处的区间插值系数
    LerpValue = self.frameTime - int(self.frameTime)
    for FaceIndex in range(6):
        glBegin(GL_QUADS)
        for VertexIndex in range(4):
            # 上一帧顶点信息
            LastVertex =
self.FrameBoxQuadList[LastKeyIndex][FaceIndex][VertexIndex]
            if self.useLerpAni == True:
                # 下一帧顶点信息
                NextVertex =
self.FrameBoxQuadList[NextKeyIndex][FaceIndex][VertexIndex]

                # 计算纹理坐标 （这里纹理坐标一致，所以省去计算过程）
                NowVertex_U =
self.Lerp(LastVertex[0][0],NextVertex[0][0],LerpValue)
                NowVertex_V =
self.Lerp(LastVertex[0][1],NextVertex[0][1],LerpValue)
                glTexCoord2f(NowVertex_U, NowVertex_V)

                # 计算位置坐标
                NowVertex_X =
self.Lerp(LastVertex[1][0],NextVertex[1][0],LerpValue)
                NowVertex_Y =
self.Lerp(LastVertex[1][1],NextVertex[1][1],LerpValue)
                NowVertex_Z =
self.Lerp(LastVertex[1][2],NextVertex[1][2],LerpValue)
                glVertex3f(NowVertex_X, NowVertex_Y, NowVertex_Z)
            else:
                glTexCoord2f(LastVertex[0][0], LastVertex[0][1])
                glVertex3f(LastVertex[1][0], LastVertex[1][1],
LastVertex[1][2])
        glEnd()
    # 交换缓存
    glutSwapBuffers()
    # 角度更新
```

```python
        self.angleY = self.angleY + 0.1

# OpenGL 初始化函数
def InitGL(self, width, height):
    # 所有帧模型的数据
    self.FrameBoxQuadList = {}
    # 第一帧载入模型 A——正常
    self.FrameBoxQuadList[0] = self.BuildBoxA()
    # 第二帧载入模型 B——2 倍高
    self.FrameBoxQuadList[1] = self.BuildBoxB()
    # 第三帧载入模型 A——正常
    self.FrameBoxQuadList[2] = self.BuildBoxA()
    # 第四帧载入模型 C——2 倍宽
    self.FrameBoxQuadList[3] = self.BuildBoxC()
    # 序列帧的帧总数量
    self.frameCount = len(self.FrameBoxQuadList)
    # 序列帧进度
    self.frameTime = 0.0
    # 当前时间
    self.startTime = time.time()
    # 绕 Y 轴旋转的角度
    self.angleY = 0.0
    # 载入基础纹理
    self.LoadTextures("2.png")
    # 允许纹理映射
    glEnable(GL_TEXTURE_2D)
    # 设置为黑色背景
    glClearColor(0.0, 0.0, 0.0, 0.0)
    # 设置深度缓存
    glClearDepth(1.0)
    # 设置深度测试类型
    glDepthFunc(GL_LESS)
    # 允许深度测试
    glEnable(GL_DEPTH_TEST)
    # 启动平滑阴影
    glShadeModel(GL_SMOOTH)
    # 设置观察矩阵
    glMatrixMode(GL_PROJECTION)
    # 重置观察矩阵
```

```python
        glLoadIdentity()
        # 设置屏幕宽、高比
        gluPerspective(45.0, float(width) / float(height), 0.1, 100.0)
        # 设置观察点位置，目标位置，以及上方向
        gluLookAt(0.0,0.0,-10.0,0.0,0.0, 0.0,0.0,1.0,0.0)
        # 设置观察矩阵
        glMatrixMode(GL_MODELVIEW)
# 创建立方体 A 模型
def BuildBoxA(self):
    BoxQuadList = []
    # 第一个面
    QuadVertexList = []
    VertexInfo = []
    VertexInfo.append([0.0, 0.0])
    VertexInfo.append([-1.0, -1.0, 1.0])
    QuadVertexList.append(VertexInfo)
    VertexInfo = []
    VertexInfo.append([1.0, 0.0])
    VertexInfo.append([1.0, -1.0, 1.0])
    QuadVertexList.append(VertexInfo)
    VertexInfo = []
    VertexInfo.append([1.0, 1.0])
    VertexInfo.append([1.0, 1.0, 1.0])
    QuadVertexList.append(VertexInfo)
    VertexInfo = []
    VertexInfo.append([0.0, 1.0])
    VertexInfo.append([-1.0, 1.0, 1.0])
    QuadVertexList.append(VertexInfo)
    BoxQuadList.append(QuadVertexList)
    # 第二个面
    QuadVertexList = []
    VertexInfo = []
    VertexInfo.append([1.0, 0.0])
    VertexInfo.append([-1.0, -1.0, -1.0])
    QuadVertexList.append(VertexInfo)
    VertexInfo = []
    VertexInfo.append([1.0, 1.0])
```

```
VertexInfo.append([-1.0, 1.0, -1.0])
QuadVertexList.append(VertexInfo)
VertexInfo = []
VertexInfo.append([0.0, 1.0])
VertexInfo.append([1.0, 1.0, -1.0])
QuadVertexList.append(VertexInfo)
VertexInfo = []
VertexInfo.append([0.0, 0.0])
VertexInfo.append([1.0, -1.0, -1.0])
QuadVertexList.append(VertexInfo)
BoxQuadList.append(QuadVertexList)
# 第三个面
QuadVertexList = []
VertexInfo = []
VertexInfo.append([0.0, 1.0])
VertexInfo.append([-1.0, 1.0, -1.0])
QuadVertexList.append(VertexInfo)
VertexInfo = []
VertexInfo.append([0.0, 0.0])
VertexInfo.append([-1.0, 1.0, 1.0])
QuadVertexList.append(VertexInfo)
VertexInfo = []
VertexInfo.append([1.0, 0.0])
VertexInfo.append([1.0, 1.0, 1.0])
QuadVertexList.append(VertexInfo)
VertexInfo = []
VertexInfo.append([1.0, 1.0])
VertexInfo.append([1.0, 1.0, -1.0])
QuadVertexList.append(VertexInfo)
BoxQuadList.append(QuadVertexList)
# 第四个面
QuadVertexList = []
VertexInfo = []
VertexInfo.append([1.0, 1.0])
VertexInfo.append([-1.0, -1.0, -1.0])
QuadVertexList.append(VertexInfo)
VertexInfo = []
VertexInfo.append([0.0, 1.0])
VertexInfo.append([1.0, -1.0, -1.0])
```

```
QuadVertexList.append(VertexInfo)
VertexInfo = []
VertexInfo.append([0.0, 0.0])
VertexInfo.append([1.0, -1.0, 1.0])
QuadVertexList.append(VertexInfo)
VertexInfo = []
VertexInfo.append([1.0, 0.0])
VertexInfo.append([-1.0, -1.0, 1.0])
QuadVertexList.append(VertexInfo)
BoxQuadList.append(QuadVertexList)
# 第五个面
QuadVertexList = []
VertexInfo = []
VertexInfo.append([1.0, 0.0])
VertexInfo.append([1.0, -1.0, -1.0])
QuadVertexList.append(VertexInfo)
VertexInfo = []
VertexInfo.append([1.0, 1.0])
VertexInfo.append([1.0, 1.0, -1.0])
QuadVertexList.append(VertexInfo)

VertexInfo = []
VertexInfo.append([0.0, 1.0])
VertexInfo.append([1.0, 1.0, 1.0])
QuadVertexList.append(VertexInfo)
VertexInfo = []
VertexInfo.append([0.0, 0.0])
VertexInfo.append([1.0, -1.0, 1.0])
QuadVertexList.append(VertexInfo)
BoxQuadList.append(QuadVertexList)
# 第六个面
QuadVertexList = []
VertexInfo = []
VertexInfo.append([0.0, 0.0])
VertexInfo.append([-1.0, -1.0, -1.0])
QuadVertexList.append(VertexInfo)
VertexInfo = []
VertexInfo.append([1.0, 0.0])
VertexInfo.append([-1.0, -1.0, 1.0])
```

```
        QuadVertexList.append(VertexInfo)
        VertexInfo = []
        VertexInfo.append([1.0, 1.0])
        VertexInfo.append([-1.0, 1.0, 1.0])
        QuadVertexList.append(VertexInfo)
        VertexInfo = []
        VertexInfo.append([0.0, 1.0])
        VertexInfo.append([-1.0, 1.0, -1.0])
        QuadVertexList.append(VertexInfo)
        BoxQuadList.append(QuadVertexList)
        return BoxQuadList
# 创建立方体 B 模型 (纵向拉长至原来的 2 倍，与上面的代码相比，只是 Y 值乘以 2)
def BuildBoxB(self):
        BoxQuadList = []
        # 第一个面
        QuadVertexList = []
        VertexInfo = []
        VertexInfo.append([0.0, 0.0])
        VertexInfo.append([-1.0, -2.0, 1.0])
        QuadVertexList.append(VertexInfo)
        VertexInfo = []
        VertexInfo.append([1.0, 0.0])
        VertexInfo.append([1.0, -2.0, 1.0])
        QuadVertexList.append(VertexInfo)
        VertexInfo = []
        VertexInfo.append([1.0, 1.0])
        VertexInfo.append([1.0, 2.0, 1.0])
        QuadVertexList.append(VertexInfo)
        VertexInfo = []
        VertexInfo.append([0.0, 1.0])
        VertexInfo.append([-1.0, 2.0, 1.0])
        QuadVertexList.append(VertexInfo)
        BoxQuadList.append(QuadVertexList)
        # 第二个面
        # ...略
        return BoxQuadList
# 创建立方体 C 模型 (宽度拉长至原来的 2 倍，与上面的代码相比，只是 X 值乘以 2)
```

```
    def BuildBoxC(self):
        BoxQuadList = []
        # 第一个面
        QuadVertexList = []
        VertexInfo = []
        VertexInfo.append([0.0, 0.0])
        VertexInfo.append([-2.0, -1.0, 1.0])
        QuadVertexList.append(VertexInfo)
        VertexInfo = []
        VertexInfo.append([1.0, 0.0])
        VertexInfo.append([2.0, -1.0, 1.0])
        QuadVertexList.append(VertexInfo)
        VertexInfo = []
        VertexInfo.append([1.0, 1.0])
        VertexInfo.append([2.0, 1.0, 1.0])
        QuadVertexList.append(VertexInfo)
        VertexInfo = []
        VertexInfo.append([0.0, 1.0])
        VertexInfo.append([-2.0, 1.0, 1.0])
        QuadVertexList.append(VertexInfo)
        BoxQuadList.append(QuadVertexList)
        # 第二个面
        # ...略
        return BoxQuadList


    def LoadTextures(self,imageFile):  # 载入纹理图片
        # ...略
    # 循环
    def MainLoop(self):
        # 进入消息循环
        glutMainLoop()
# 创建窗口
window = OpenGLWindow()
# 进入消息循环
window.MainLoop()
```

运行效果如图 4-5 所示。

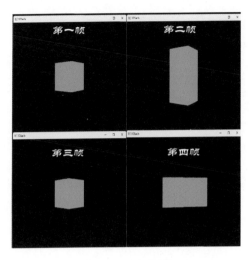

图 4-5　运行效果

4.1.3　摄像机动画

为了表现场景事件或者开场剧情，有时会通过摄像机的移动来完成一些动画，这又是一种什么样的动画呢？本质上来说，只要画面产生动态效果，就可以被称为动画。而这种"动"既可以是被观察物体的移动，也可以是当前观察者的移动，也就是摄像机位置的移动。

比如图 4-6 所示的 VR 过山车游戏体验，主要就是在固定的场景中，通过摄像机的运动给玩家一种身临其境的动画体验，在这个过程中，摄像机实际上是按照固定的路线、速度进行移动的，如果没有体感反馈设备的配合，往往会让玩家感到不适。

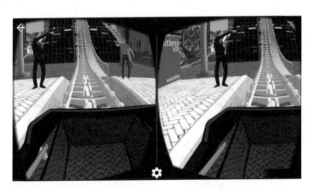

图 4-6　VR 过山车游戏体验

本节将开发一个简单的摄像机动画——通过移动摄像机观看《清明上河图》。

```python
from OpenGL.GL import *
from OpenGL.GLUT import *
```

```python
from OpenGL.GLU import *
from OpenGL.arrays import vbo
import numpy as np
import sys
from PIL import Image
class OpenGLWindow:
    # 初始化
    def __init__(self, width=640, height=480, title='3DQuad'):
        # 传递命令行参数
        glutInit(sys.argv)
        # 设置显示模式
        glutInitDisplayMode(GLUT_RGBA | GLUT_DOUBLE | GLUT_DEPTH)
        # 设置窗口大小
        glutInitWindowSize(width, height)
        # 创建窗口
        self.window = glutCreateWindow(title)
        # 设置场景绘制函数
        glutDisplayFunc(self.Draw)
        # 设置空闲时场景绘制函数
        glutIdleFunc(self.Draw)
        # 调用 OpenGL 初始化函数
        self.InitGL(width, height)
        # 初始化 GLSL 对象
        self.InitGLSL()
        # 初始化 VBO,IBO
        self.useVBOIBO = False
        self.InitVBOIBO()


    # 绘制场景
    def Draw(self):
        # 清除屏幕和深度缓存
        glClear(GL_COLOR_BUFFER_BIT | GL_DEPTH_BUFFER_BIT)
        # 重置观察矩阵
        glLoadIdentity()
        # 移动摄像机观察点位置
        self.Eye[0] = self.Eye[0] + 0.01
        # 设置观察点位置、目标位置，以及上方向
        gluLookAt(self.Eye[0],self.Eye[1],self.Eye[2],self.Eye[0],self.
Eye[1],0.0,0.0,1.0,0.0)
```

```python
        # 绘制矩形
        glUseProgram(self.Shader_Program)
        if self.useVBOIBO == False:
            glBegin(GL_QUADS)
            # 左下角白色顶点
            glTexCoord2f(0.0, 0.0)
            glColor3f(1.0, 1.0, 1.0)
            glVertex3f(0.0, 0.0, 0.0)
            # 右下角青色顶点
            glTexCoord2f(1.0, 0.0)
            glColor3f(0.0, 1.0, 1.0)
            glVertex3f(100.0, 0.0, 0.0)
            # 右上角青色顶点
            glTexCoord2f(1.0, 1.0)
            glColor3f(0.0, 1.0, 1.0)
            glVertex3f(100.0, 20.0, 0.0)
            # 左上角白色顶点
            glTexCoord2f(0.0, 1.0)
            glColor3f(1.0, 1.0, 1.0)
            glVertex3f(0.0, 20.0, 0.0)
            glEnd()
        else:
            self.VB.bind()
            glInterleavedArrays(GL_T2F_C3F_V3F,0,None)
            self.IB.bind()
            glDrawElements(GL_QUADS,4,GL_UNSIGNED_SHORT,None)
            self.IB.unbind()
            self.VB.unbind()
        glUseProgram(0)
        # 交换缓存
        glutSwapBuffers()
    # OpenGL 初始化函数
    def InitGL(self, width, height):
        # 载入《清明上河图》纹理
        self.LoadTextures()
        # 允许纹理映射
        glEnable(GL_TEXTURE_2D)
        # 设置为黑色背景
```

```python
        glClearColor(0.0, 0.0, 0.0, 0.0)
        # 设置深度缓存
        glClearDepth(1.0)
        # 设置深度测试类型
        glDepthFunc(GL_LESS)
        # 允许深度测试
        glEnable(GL_DEPTH_TEST)
        # 启动平滑阴影
        glShadeModel(GL_SMOOTH)
        # 设置观察矩阵
        glMatrixMode(GL_PROJECTION)
        # 重置观察矩阵
        glLoadIdentity()
        # 设置屏幕宽高比
        gluPerspective(45.0, float(width) / float(height), 0.1, 500.0)
        # 设置一个观察点位置
        self.Eye = [10.0,5.0,16.0]
        # 设置观察点位置、目标位置，以及上方向
        gluLookAt(self.Eye[0],self.Eye[1],self.Eye[2],self.Eye[0],self.Eye[1],
0.0,0.0,1.0,0.0)
        # 设置观察矩阵
        glMatrixMode(GL_MODELVIEW)

    def LoadTextures(self):  # 载入纹理图片
        # ...略
    # 初始化 GLSL 对象
    def InitGLSL(self):
        # ...略
    # 初始化 VBO,IBO
    def InitVBOIBO(self):
        self.VertexDec = GL_T2F_C3F_V3F
        VertexArray = []
        # 左下角白色顶点
        VertexArray.extend([0.0, 0.0])
        VertexArray.extend([1.0, 1.0, 1.0])
        VertexArray.extend([0.0, 0.0, 0.0])
        # 右下角青色顶点
        VertexArray.extend([1.0, 0.0])
        VertexArray.extend([0.0, 1.0, 1.0])
```

```
        VertexArray.extend([100.0, 0.0, 0.0])
        # 右上角青色顶点
        VertexArray.extend([1.0, 1.0])
        VertexArray.extend([0.0, 1.0, 1.0])
        VertexArray.extend([100.0, 20.0, 0.0])
        # 左上角白色顶点
        VertexArray.extend([0.0, 1.0])
        VertexArray.extend([1.0, 1.0, 1.0])
        VertexArray.extend([0.0, 20.0, 0.0])
        IndexArray = [0,1,2,3]
        self.VB = vbo.VBO(np.array(VertexArray,'f'))
        self.IB = vbo.VBO(np.array(IndexArray,'H'),target = GL_ELEMENT_ARRAY_
BUFFER)
        self.useVBOIBO = True
    # 循环
    def MainLoop(self):
        # 进入消息循环
        glutMainLoop()
# 创建窗口
window = OpenGLWindow()
# 进入消息循环
window.MainLoop()
```

运行效果如图 4-7 所示，镜头缓缓从左到右观看《清明上河图》，仿佛把观众带入了历史的长河中。

图 4-7　运行效果

4.1.4　骨骼蒙皮动画

虽然插值动画改进了序列帧动画，使得可以用较少的关键帧来完成物体的形态动画，但是如果要表现复杂的人物动画，那么仅仅通过对身体部件进行两帧间的插值会产生部件错位，比如图 4-8 中手臂的屈伸动作。

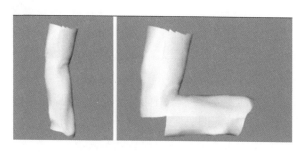

图 4-8　插值产生的部件错位

那怎么解决呢？这时候，基于受骨骼影响的权重计算的骨骼蒙皮动画系统就出现了，它可以使得关节附近的顶点以不同程度的权重来接受多个骨骼的影响，并进行混合，图 4-9 中关节附近的顶点在进行蒙皮处理后就不会再出现部件错位问题了。

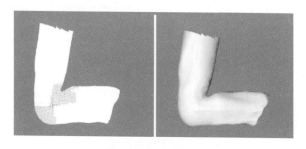

图 4-9　对关节附近的顶点进行蒙皮处理后的效果

首先，要想让顶点可控地受到多根骨骼的影响，需要知道每个顶点受到哪几根骨骼影响，其次，要知道每个顶点受到这几根骨骼影响的占比，也就是影响的混合权重。所以我们需要在顶点缓冲中加入相关信息。一般来说，考虑到计算性能、方便性和显卡提供的顶点属性寄存器大小，需要约束一个顶点受至多 4 根骨骼的影响，这样在顶点缓冲中需要存储 4 字节的索引值和 4 个浮点值的混合权重。那么，在这种情况下，每个顶点的数据可能会是这样的结构：

```
#顶点数据信息填充列表
vertex_data = []
#骨骼索引 b1,b2,b3,b4 代表了 4 根可以绑定的骨骼的索引
vertex_data.extend([b1,b2,b3,b4])
```

```
#骨骼权重 w1,w2,w3,w4 代表了 4 根可以绑定的骨骼影响占比
vertex_data.extend([w1,w2,w3,w4])
#纹理坐标 u,v
vertex_data.extend([u,v])
#顶点法线 nx,ny,nz
vertex_data.extend([nx,ny,nz])
#顶点坐标 x,y,z
vertex_data.extend([x,y,z])
```

这是一个较为经典的骨骼模型顶点结构，当然，你也可以加入颜色，或者删掉法线的部分，具体根据模型表现的需求而定。在这个结构里，b 和 w 代表了 boneIndex 和 boneWeight 的缩写。你需要为每一个顶点指定这些信息。当然，这不应该是一个手动处理的过程，在实际的工作中，这部分工作是由美术人员通过建模软件来完成的，例如使用 3ds Max 或 Maya 等工具软件制作并通过导出插件来导出模型文件给引擎读取，而引擎在加载模型文件时，会在解析文件的过程中把这些顶点数据流填充到内存中，并在对每一帧进行渲染时，通过 Shader 进行相关的骨骼计算和最终的渲染。

一般来说，基于骨骼索引和权重来计算最终顶点位置的 VS 代码如下：

```
vsCode = """ #version 120
    attribute  vec2 a_texCoord;
    attribute  vec4 a_color;
    attribute  vec3 a_normal;
    attribute  vec3 a_position;
    varying    vec2 v_texCoord;
    uniform    mat4 uBoneMatrixs[64];  //这里设定至多提供容纳 64 根骨骼的状态矩阵数据
    void main()
    {
        # 这里通过对 gl_Color 的 rgba 值取整来得出骨骼索引，
        # 这样做会损失精度，实际开发中会使用 BYTE 类型
        int     boneIndex1 = int(gl_Color.x);
        int     boneIndex2 = int(gl_Color.y);
        int     boneIndex3 = int(gl_Color.z);
        int     boneIndex4 = int(gl_Color.w);
        vec4    skinposition = vec4(0.0,0.0,0.0,0.0);
        vec4    skinnormal = vec4(0,0,0,0);
        # 根据骨骼索引取得对应骨骼矩阵，并与法线的 x、y、z 分量所对应的骨骼混合权重进行相乘，
        # 最后累加得出最终的顶点位置
        if( boneIndex1 >= 0 && boneIndex1 < 64 )
```

```
    {
        mat4  matrixpalette = uBoneMatrixs[boneIndex] * gl_Normal.x;
        skinposition = matrixpalette * gl_Vertex;
    }
    if( boneIndex2 >= 0 && boneIndex2 < 64 )
    {
        mat4  matrixpalette = uBoneMatrixs[boneIndex2] * gl_Normal.y;
        skinposition  += matrixpalette * gl_Vertex;
    }
    if( boneIndex3 >= 0 && boneIndex3 < 64 )
    {
        mat4  matrixpalette = uBoneMatrixs[boneIndex3] * gl_Normal.z;
        skinposition  += matrixpalette * gl_Vertex;
    }
    if( boneIndex4 >= 0 && boneIndex4 < 64 )
    {
        //因为法线只提供了 3 个浮点值用于存储骨骼影响权重信息，
        //而 4 个权重占比相加为 1.0，所以最后一个可以通过计算得出
        mat4  matrixpalette = uBoneMatrixs[boneIndex3] * (1.0 - gl_Normal.x
- gl_Normal.y - gl_Normal.z);
        skinposition  += matrixpalette * gl_Vertex;
    }
    gl_Position = gl_ModelViewProjectionMatrix *
vec4(skinposition.xyz,1.0);
    v_texCoord = vec2(gl_MultiTexCoord0.x,gl_MultiTexCoord0.y);
}
```

当然，在渲染时要记得把对应的骨骼矩阵数组通过 uBoneMatrixs 传入 VS 中。

```
#取得 VS 中当前骨骼矩阵数组的地址
boneLocation = glGetUniformLocation(self.Shader_Program,"uBoneMatrixs")
if boneLocation >= 0:
    #由矩阵 Float 数组计算出骨骼矩阵数量
    nMatrixCount = int(len(BoneFloatMatrix)/16)
    #传入矩阵数组
    glUniformMatrix4fv(boneLocation, nMatrixCount, GL_FALSE, BoneFloatMatrix)
```

4.2　动画过程实践

经过一些理论讲解，我们对于动画的原理有了基本掌握，下面开发一个简单的 2D 序列帧动画作为实践。

首先准备一套动画序列帧图片，如前面的图 4-2 所示。

具体的实现代码如下：

```python
from OpenGL.GL import *
from OpenGL.GLUT import *
from OpenGL.GLU import *
from OpenGL.arrays import vbo
import numpy as np
import sys
import time
from PIL import Image


class OpenGLWindow:
    # 初始化
    def __init__(self, width=640, height=480, title='2DFrameAni'):
        # 传递命令行参数
        glutInit(sys.argv)
        # 设置显示模式
        glutInitDisplayMode(GLUT_RGBA | GLUT_DOUBLE | GLUT_DEPTH)
        # 设置窗口大小
        glutInitWindowSize(width, height)
        # 创建窗口
        self.window = glutCreateWindow(title)
        # 设置场景绘制函数
        glutDisplayFunc(self.Draw)
        # 设置空闲时场景绘制函数
        glutIdleFunc(self.Draw)
        # 调用 OpenGL 初始化函数
        self.InitGL(width, height)
        # 初始化 GLSL 对象
        self.InitGLSL()
        # 初始化 VBO,IBO
        self.useVBOIBO = False
```

```python
        self.InitVBOIBO()


    # 绘制场景
    def Draw(self):
        # 清除屏幕和深度缓存
        glClear(GL_COLOR_BUFFER_BIT | GL_DEPTH_BUFFER_BIT)
        # 重置观察矩阵
        glLoadIdentity()
        # 更新帧
        self.frameDelayTime = 0.1
        # 取得当前时间
        now_time = time.time()
        # 取得时间间隔
        frame_delay = now_time - self.lastTime
        # 判断当前的时间间隔是否大于或等于固定的动画帧时间间隔
        if frame_delay > self.frameDelayTime:
            # 如果满足条件，则进行帧递增切换
            self.frameIndex = self.frameIndex + 1
            # 但要注意通过取模处理，约束在合理索引范围内
            self.frameIndex = self.frameIndex % len(self.imageDataList)
            # 更新上一次切换帧的时刻
            self.lastTime = now_time
        # 获取当前帧的图像数据
        imageInfo = self.imageDataList[self.frameIndex]
        # 绑定纹理
        glBindTexture(GL_TEXTURE_2D, 0)
        # 激活 0 号纹理
        glActiveTexture(GL_TEXTURE0)
        # 设置纹理的像素格式为 RGBA
        textureFormat = GL_RGBA
        # 像素按 1 字节对齐
        glPixelStorei(GL_UNPACK_ALIGNMENT, 4)
        # 将纹理颜色 RGBA 数据填充到纹理上
        glTexImage2D(GL_TEXTURE_2D, 0, textureFormat, imageInfo[0],
imageInfo[1], 0, GL_RGBA, GL_UNSIGNED_BYTE, imageInfo[2])

        # 绘制矩形
        glUseProgram(self.Shader_Program)
```

```python
        if self.useVBOIBO == False:
            # 绘制四边形
            glBegin(GL_QUADS)
            # 左下角(白色)
            glTexCoord2f(0.0, 0.0)
            glColor3f(1.0, 1.0, 1.0)
            glVertex3f(-1.0, -1.0, 0.0)
            # 右下角(白色)
            glTexCoord2f(1.0, 0.0)
            glColor3f(1.0, 1.0, 1.0)
            glVertex3f(1.0, -1.0, 0.0)
            # 右上角(白色)
            glTexCoord2f(1.0, 1.0)
            glColor3f(1.0, 1.0, 1.0)
            glVertex3f(1.0, 1.0, 0.0)
            # 左上角(白色)
            glTexCoord2f(0.0, 1.0)
            glColor3f(1.0, 1.0, 1.0)
            glVertex3f(-1.0, 1.0, 0.0)
            glEnd()
        else:
            # 进行 VB 的顶点数据流绑定
            self.VB.bind()
            # 指定顶点数据流的格式为 GL_T2F_C3F_V3F(相当于 uv_rgb_xyz)
            glInterleavedArrays(GL_T2F_C3F_V3F,0,None)
            # 进行 IB 的索引数据流绑定
            self.IB.bind()
            # 指定索引数据流的格式为 GL_UNSIGNED_SHORT
            glDrawElements(GL_QUADS,4,GL_UNSIGNED_SHORT,None)
            self.IB.unbind()
            self.VB.unbind()
        glUseProgram(0)
        # 交换缓存
        glutSwapBuffers()


# OpenGL 初始化函数
def InitGL(self, width, height):
    # 载入纹理
    self.imageDataList = self.LoadAniTextures("images/skill",1,15)
```

```
    # 序列帧信息
    self.frameCount = len(self.imageDataList)
    # 序列帧索引
    self.frameIndex = 0
    # 序列帧速度(多久更新一帧)
    self.frameDelayTime = 0.01
    # 当前时间
    self.lastTime = time.time()
    # 允许纹理映射
    glEnable(GL_TEXTURE_2D)
    # 因为有 Alpha 通道，所以这里使用 Alpha 混合
    glEnable(GL_BLEND)
    # 设置颜色混合模式为当前图片与背景按照 Alpha 值进行混合
    glBlendFunc(GL_SRC_ALPHA, GL_ONE_MINUS_SRC_ALPHA)
    # 设置为黑色背景
    glClearColor(0.0, 0.0, 0.0, 0.0)
    # 设置深度缓存
    glClearDepth(1.0)
    # 设置深度测试类型
    glDepthFunc(GL_LESS)
    # 允许深度测试
    glEnable(GL_DEPTH_TEST)
    # 启动平滑阴影
    glShadeModel(GL_SMOOTH)
    # 设置观察矩阵
    glMatrixMode(GL_PROJECTION)
    # 重置观察矩阵
    glLoadIdentity()
    # 设置屏幕宽、高比
    gluPerspective(45.0, float(width) / float(height), 0.1, 100.0)
    # 设置观察矩阵
    glMatrixMode(GL_MODELVIEW)

# 载入动画纹理图片
def LoadAniTextures(self,animation,beginIndex,endIndex):
    imageDataList = []
    for Index in range(beginIndex,endIndex + 1):
```

```
        # 定义图片名称
        fileName = str("%s_%d.png"%(animation,Index))
        # 打开图片
        image = Image.open(fileName)
        # 取得图片的 RGBA 数据
        imageData = image.tobytes('raw', 'RGBA', 0, -1)
        # 取得图片的宽、高
        width, height = image.size
        # 存储一下
        imageDataList.append([width, height, imageData])
    # 创建一个纹理
    textureID = glGenTextures(1)
    # 设置纹理的包装模式
    glTexParameter(GL_TEXTURE_2D, GL_TEXTURE_WRAP_S, GL_CLAMP)
    glTexParameter(GL_TEXTURE_2D, GL_TEXTURE_WRAP_T, GL_CLAMP)
    # 设置纹理的过滤模式
    glTexParameter(GL_TEXTURE_2D, GL_TEXTURE_MAG_FILTER, GL_NEAREST)
    glTexParameter(GL_TEXTURE_2D, GL_TEXTURE_MIN_FILTER, GL_NEAREST)
    # 设置纹理和物体表面颜色的处理方式为贴花处理方式
    glTexEnvf(GL_TEXTURE_ENV, GL_TEXTURE_ENV_MODE, GL_DECAL)
    return imageDataList
# 初始化 GLSL 对象
def InitGLSL(self):
    vsCode = """ #version 120   // GLSL 中 VS 的版本
                varying    vec2 v_texCoord;
                //定义输出给 PS 的数据流，首先是纹理坐标值分量(u,v)
                varying    vec3 v_color;
                //定义输出给 PS 的数据流，然后是颜色值分量(r,g,b)
                void main()    //入口函数固定为 main()
                {
                    gl_Position = vec4(gl_Vertex.xyz,1.0);
                    //输出的屏幕位置点的位置计算,这里直接取内置变量 gl_Vertex 的 x,y,z
                    v_texCoord = vec2(gl_MultiTexCoord0.x,gl_MultiTexCoord0.y);
                    //取内置变量第一个纹理的坐标作为输出到屏幕相应坐标点的纹理坐标
                    v_color = gl_Color.xyz;
                    // 取内置变量 gl_Color 的 r,g,b 值作为输出到屏幕相应坐标点的颜色值
                }
```

```
                """
psCode = """ #version 330 core    // GLSL 中 PS 的版本
        varying vec2 v_texCoord;
        // 定义由 VS 输出给 PS 的数据流，首先是纹理坐标值分量(u,v)
        varying vec3 v_color;
        // 定义由 VS 输出给 PS 的数据流，然后是颜色值分量(r,g,b)
        uniform sampler2D texture0; //定义使用 0 号纹理
        out vec4 outColor;        //定义输出到屏幕光栅化位置的像素颜色值
        void main()
        {
            vec4 texColor = texture2D( texture0, v_texCoord.xy );
            // 由 0 号纹理按照传入的纹理坐标进行采样，取得纹理图片对应的颜色值
            outColor = texColor * vec4(v_color.xyz,texColor.a);
            // 将纹理颜色与传入的顶点颜色值相乘，作为最终的像素颜色
        }
        """
# 创建 GLSL 程序对话
self.Shader_Program = glCreateProgram()
# 创建 VS 对象
vsObj = glCreateShader( GL_VERTEX_SHADER )
# 指定 VS 的代码片段
glShaderSource(vsObj , vsCode)
# 编译 VS 对象代码
glCompileShader(vsObj)
# 将 VS 对象附加到 GLSL 程序对象
glAttachShader(self.Shader_Program, vsObj)
# 创建 PS 对象
psObj = glCreateShader( GL_FRAGMENT_SHADER )
# 指定 PS 对象的代码
glShaderSource(psObj , psCode)
# 编译 PS 对象代码
glCompileShader(psObj)
# 将 PS 对象附加到 GLSL 程序对象
glAttachShader(self.Shader_Program, psObj)
# 将 VS 与 PS 对象链接为完整的 Shader 程序
glLinkProgram(self.Shader_Program)

# 初始化 VBO,IBO
```

```python
    def InitVBOIBO(self):
        self.VertexDec = GL_T2F_C3F_V3F
        VertexArray = []
        # 左下角(白色)
        VertexArray.extend([0.0, 0.0])
        VertexArray.extend([1.0, 1.0, 1.0])
        VertexArray.extend([-1.0, -1.0, 0.0])
        # 右下角(白色)
        VertexArray.extend([1.0, 0.0])
        VertexArray.extend([1.0, 1.0, 1.0])
        VertexArray.extend([1.0, -1.0, 0.0])
        # 右上角(白色)
        VertexArray.extend([1.0, 1.0])
        VertexArray.extend([1.0, 1.0, 1.0])
        VertexArray.extend([1.0, 1.0, 0.0])
        # 左上角(白色)
        VertexArray.extend([0.0, 1.0])
        VertexArray.extend([1.0, 1.0, 1.0])
        VertexArray.extend([-1.0, 1.0, 0.0])
        IndexArray = [0,1,2,3]
        self.VB = vbo.VBO(np.array(VertexArray,'f'))
        self.IB = vbo.VBO(np.array(IndexArray,'H'),target = GL_ELEMENT_ARRAY_BUFFER)
        self.useVBOIBO = True
    # 循环
    def MainLoop(self):
        # 进入消息循环
        glutMainLoop()
# 创建窗口
window = OpenGLWindow()
# 进入消息循环
window.MainLoop()
```

运行起来后，我们将会在屏幕上看到相应的序列帧动画，图 4-10 截取了其中三帧演示。

图 4-10　序列帧动画效果演示

第 5 章　模型原理与实践

在前面几章中，我们学习了基本的 3D 图形绘制、Shader 的使用以及骨骼动画绘制的基本原理，但在实际的项目开发中，模型才是 3D 游戏世界的最基本、最重要的元素。从本章起，我们将关注点放到模型本身。

5.1　认识模型

在之前的图形编程案例开发中，我们手动创建了图形的顶点缓冲、Shader 代码、纹理，并在渲染时手动指定了渲染状态（混合方式、面的渲染顺序）和图形类型（点、线、三角形、四边形），以及骨骼矩阵。而模型就是这些信息的结构或文件，使用引擎可以方便地直接加载这些信息和渲染图形，这是 3D 工程化开发的基础。

5.1.1　模型与材质

我们先来看一个典型的模型结构：

```python
class Mesh:
    def __init__(self):
        #类属性列表
        #第一部分：用于存储顶点数据及缓冲的部分
        #用于存储所有模型顶点属性值的顶点列表
        self.VertexList = []
        #用于存储所有的顶点索引列表
        self.IndexList = []
        #顶点缓冲
        self.VB = None
        #索引缓冲
        self.IB = None
        #第二部分：用于指定骨骼蒙皮动画的部分
        #以动作名称为 Key 值的各个动画的每帧骨骼矩阵数据字典
        self.SkinAniFrameBoneMatrixDict = {}
        #当前动作的帧骨骼矩阵列表，存储了骨骼矩阵计算结果
        self.CurrActionBoneMatrixList = []
        #根骨骼索引
        self.RootBoneIndex = -1
        #...略
```

```
#第三部分：用于指定渲染状态的设置部分
#指定渲染时的图形类型
self.ShapeType = GL_TRIANGLES
#使用单面拣选还是双面拣选，默认双面拣选
self.CullMode = None
#是否使用 Alpha 混合，默认不使用
self.AlphaMode=False
#是否使用线框模型，默认使用面渲染
self.WireFrame =False
#...略


#第四部分：用于指定模型的纹理和 Shader 等材质信息
#模型所对应的纹理
self.TextureList = []
#模型所对应的 Shader 代码
self.ShaderProgram = None
#Shader 的各种参数值
#...略


#函数部分
#更新当前模型，参数为帧时间间隔，用于更新计算
def Update(self,delay):
#...略
#渲染当前模型
def Render(self):
```

这个模型结构包含了四部分的内容，前两部分主要定义每一帧模型的顶点形状，第三部分主要是一些渲染设置，最后一部分则定义了模型每个面的具体材质表现。

材质，顾名思义，就是物体的材料和质地，在图形引擎的发展早期，材质更多地是指物体对光照的一些表现属性，比如某个表面需要指定漫反射、镜面反射的系数来模拟一些金属效果。图 5-1 展示了不同材质参数对物体表面的影响。

其中（a）为单纯环境光影响下的球体，它看起来只是一个圆，完全看不出 3D 效果，（b）为加入漫反射处理后的球体，这时候可以看出球体表面的明暗变化和明显的立体感，（c）为加入高光反射区域的效果，它使得球体表面有一定的光滑质感。

图 5-1　不同材质参数对物体表面的影响

随着技术的发展，仅仅在固定管线中指定这些参数来表现有限的光照效果已经无法满足更细致的要求了，这时候对于材质的理解就包含了对模型整体效果的定义，包括渲染效果的各个参数，如渲染状态、纹理贴图、Shader 代码等信息，并出现了类似于图 5-2 所示的虚幻引擎中的材质编辑器，以方便更精细地编辑模型渲染效果。

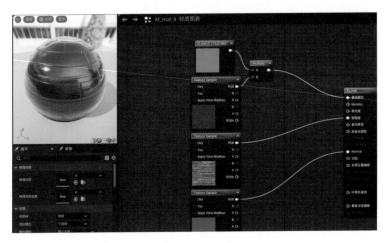

图 5-2　虚幻引擎中的材质编辑器

一般来说，在图形引擎的开发中，我们会将模型按不同材质表现的部分拆分成各个子模型，因为不同材质的表现需要不同的渲染批次进行处理。比如一棵树的模型，它有两张纹理图片，一张是树干的纹理图片，另一张是树叶的纹理图片。树叶渲染需要使用 Alpha 镂空的处理，基于这样的需求，在制作这棵树时会拆分成树干和树叶两个子模型，分别指定各自的纹理图片和渲染参数。

对于初学者来说，简单模型的结构可以按下面这样规划。

首先是材质类，管理纹理和 Shader 部分：

```python
class Material:
    def __init__(self,materialName):
        #材质名称
```

```
        self.MaterialName = materialNam
        #使用的纹理通道列表
        self.TextureList = []
        #Shader 程序
        self.ShaderProgram = None
    #从文件中创建 GLSL
    def LoadShaderFromFile(self,vs_PathName,ps_PathName):
        #...略
    #对指定纹理通道加载纹理
    def LoadTextureFromFile(self,texIndex,imageFile,hasAlpha = False):
        #...略
    #开始使用材质
    def Begin(self):
        #启用 Shader，设置纹理和 Shader 用户变量参数
        #...略
    #结束使用材质
    def End(self):
        #...略
```

然后是子模型，用于管理顶点缓冲、索引缓冲，并能应用材质完成顶点缓冲区渲染。

```
#子模型
class SubMesh:
    def __init__(self,subMeshName):
        #材质名称
        self.SubMeshName = subMeshName
        #顶点格式
        self.VertexDec = GL_T2F_C3F_V3F
        #VBO 缓冲
        self.VB = None
        #IBO 缓冲
        self.IB = None
        #图形的 Index 数量
        self.IndexCount = 0
        #渲染时指定的图形类型
        self.ShapeType = GL_TRIANGLES
        #使用单面拣选还是双面拣选，默认使用双面拣选
        self.CullMode = None
        #是否使用 Alpha 混合，默认不使用
```

```
        self.AlphaMode= False
        #是否使用线框模型，默认使用面渲染
        self.WireFrame = False
        #对应的材质
        self.Material = None
    #生成 VB 和 IB 部分
    def BuildVBIB(self,VertexDec,VertextList,IndexList):
        #顶点格式
        self.VertexDec = VertexDec
        self.VB = vbo.VBO(np.array(VertextList,'f'))
        self.IB = vbo.VBO(np.array(IndexList,'H'),target =
GL_ELEMENT_ARRAY_BUFFER)
        self.IndexCount = len(IndexList)
    #设置材质
    def SetMaterial(self,material):
        self.Material = material
    #渲染子模型
    def RenderSubMesh(self):
        #...略
```

最后是整体模型，用于管理一个模型文件中的多个子模型和材质，完成对模型文件的加载和渲染：

```
class  Mesh:
    def __init__(self) -> None:
        #类属性列表
        #材质字典，以材质名称为 key 值
        self.MaterialDict = {}
        #子模型字典，以子模型名为 key 值
        self.SubMeshDict = {}
    #从模型文件加载模型
    def LoadMeshFromFile(self,fileName):
        #...略
    #更新当前模型，参数为帧时间间隔，用于更新计算
    def Update(self,delay):
        #...略
    #渲染当前模型
    def Render(self):
        #重置观察矩阵
```

```
glLoadIdentity()
#遍历渲染子模型
for subMeshName in self.SubMeshDict:
    self.SubMeshDict[subMeshName].RenderSubMesh()
```

5.1.2 骨骼模型

在上一章中，我们讲述了基本的骨骼蒙皮动画原理，并实现了一个简单的骨骼运动。而在实际的项目开发中，这些工作都是由美术人员来完成的，在完成模型建模后，还需要进行相应的"骨骼绑定"和"动作制作"。在 3ds Max 等软件中，会提供符合人体力学的骨架和动作时间帧编辑功能，美术人员按照图 5-3 所示的人体骨骼将角色模型进行绑定，为动作制作关键帧动画后导出数据就可以了。

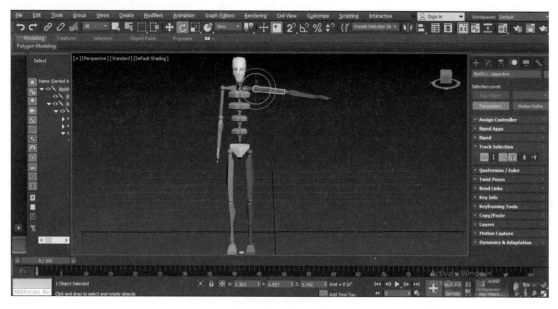

图 5-3　3dx Max 中的人体骨骼

以往这些工作都是由人工完成的，一款游戏涉及成百上千个模型，每个模型往往需要多个动作，所以工作量非常繁重。但随着科技的发展，现在已经可以利用动作捕捉或 AI 来辅助完成相应的工作，大大减少了人力投入，图 5-4 演示了采用动作捕捉设备录制角色动作动画的效果。

比如，一个人物模型有站立、行走、跑、攻击、受伤、死亡六个基本动作，所有的动作会基于一套骨架进行身体模型顶点的绑定和动画关键帧的模型部件调整。最终，开发者只需要加载美术人员导出的文件，读取骨骼绑定信息和相应动作每关键帧骨骼矩阵数据的信息，然后在程序中对当前动作的骨骼关键帧的矩阵信息进行实时的插值计算，就可以得出每根骨骼的当前时刻的矩阵数值并传递给 Shader 渲染出对应的动作动画了。

图 5-4　采用动作捕捉设备录制角色动作动画的效果

除实现人物的骨骼动画外，通过骨骼点的制作，还可以实现物体与人物的绑定，比如在手部增加骨骼点用于绑定武器，在耳垂位置增加绑定点用于绑定耳环，在坐骑身上增加绑定点，用于实现人物骑马的功能。

另外，面部表情化、身体转动和体态变化也是通过对人物面部和身体的骨骼点调整来实现的，所以骨骼模型提供了一种灵活多变的模型展现方案。

骨骼动画系统的基本原理是，基于一套树节点结构算法来处理，虽然一根骨骼本质上就是一个矩阵，但骨骼与骨骼之间需要建立起相互的关联关系，所以一般来说，脊柱位置作为根节点，再往下是上半身骨架和下半身骨架，再逐步延伸至手臂、手指、腿和脚趾，图 5-5 展示了骨骼动画的身体骨架架构。

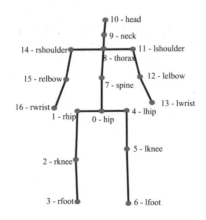

图 5-5　骨骼动画的身体骨架架构

在更新动作时，会从根节点开始，通过插值算法计算出当前的骨骼矩阵，然后使用当前节点矩阵作为参数调用子节点的更新函数，不断地递归计算出所有骨骼点在当前时刻的骨骼矩阵，其伪代码如下：

```
class Mesh:
    #通过插值算法计算当前动作的当前时刻骨骼矩阵
    def LerpLocalBoneMatrix(self,BoneIndex):
        #取得当前时刻所处关键帧区间的起点和终点关键帧和插值系数
        LastKey= self.GetLastKeyFrame(self.FrameTime)
        NextKey=self.GetNextKeyFrame(self.FrameTime)
        Lerp = (self.FrameTime-LastKey)/(NextKey-LastKey)
        #取得起点和终点关键帧的对应骨骼矩阵
        BoneMatrix1= self.GetKeyFrameBoneMatrix(LastKey,BoneIndex)
        BoneMatrix2= self.GetKeyFrameBoneMatrix(NextKey,BoneIndex)
        #对两个矩阵进行插值计算，得出当前时刻的矩阵
        return LerpMatrix(BoneMatrix1,BoneMatrix2,Lerp)
    #更新当前模型的所有骨骼矩阵
    def UpdateBoneMatrixList(self,currBoneIndex,parentBoneMatrix):
        #当前骨骼的矩阵乘以父骨骼矩阵才是当前骨架空间中当前骨骼的动画矩阵
        self.CurrActionBoneMatrixList[currBoneIndex] =
self.LerpLocalBoneMatrix(currBoneIndex) * parentBoneMatrix
        #遍历所有子骨骼节点，递归更新函数
        for childIndex in boneChildrenList:
            self.UpdateBoneMatrixList(childIndex,
self.CurrActionBoneMatrixList[currBoneIndex])
```

5.1.3　动作的融合与混合

当人物模型由站立切换为行走时，如果对两套动作的骨骼矩阵直接进行切换，则会非常生硬，这时就需要将站立和行走两套动作的骨骼矩阵进行过渡，这种多动作骨骼矩阵间的过渡，就称为动作的融合。

动作的融合算法，本质上和前面讲的 Shader 淡入/淡出效果是一致的，只不过将插值的计算对象由颜色值变成了动作对应的骨骼矩阵，对起始动作和结束动作在同一时刻的骨骼矩阵数组的所有矩阵进行矩阵插值运算，大体思路可参考如下伪代码：

```
class Mesh:
    #通过插值算法计算目标动作的当前时刻骨骼矩阵
    def LerpSwitchToLocalBoneMatrix(self,BoneIndex):
```

```python
        #取得当前时刻所处关键帧区间的起点和终点关键帧和插值系数
        LastKey= self.GetSwitchToLastKeyFrame(self.SwitchToFrameTime)
        NextKey=self.GetSwitchToNextKeyFrame(self.SwitchToFrameTime)
        Lerp = (self.SwitchToFrameTime-LastKey)/(NextKey-LastKey)
        #取得起点和终点关键帧的对应骨骼矩阵
        BoneMatrix1= self.GetSwitchToKeyFrameBoneMatrix(LastKey,BoneIndex)
        BoneMatrix2= self.GetSwitchToKeyFrameBoneMatrix(NextKey,BoneIndex)
        #对两个矩阵进行插值计算，得出当前时刻的矩阵
        return LerpMatrix(BoneMatrix1,BoneMatrix2,Lerp)
    #更新切换到的目标动作的所有骨骼矩阵
    def UpdateSwitchToBoneMatrixList(self,currBoneIndex,parentBoneMatrix):
        #当前骨骼的矩阵乘以父骨骼矩阵，才是当前骨架空间中当前骨骼的动画矩阵
        self.SwitchToBoneMatrixList[currBoneIndex] =
self.LerpSwitchToLocalBoneMatrix(currBoneIndex) * parentBoneMatrix
        #遍历所有子骨骼节点，递归更新函数
        for childIndex in boneChildrenList:
            self.UpdateSwitchToBoneMatrixList(childIndex,
self.SwitchToBoneMatrixList[currBoneIndex])
    #更新模型
    def Update(self,delay):
        #如果有融合目标动作，则更新融合目标动作的骨骼矩阵列表
        if self.SwitchToActionIndex >= 0:
            #从根骨骼和单位矩阵开始更新
            self.UpdateSwitchToBoneMatrixList(
self.RootBoneIndex,IdentityMatrix)
            #对两个动作的骨骼矩阵进行融合插值计算
            #更新切换动画过程的时间长度
            self.SwitchToRunTime = self.SwitchToRunTime + delay
            ActionLerp = self.SwitchToRunTime / self.SwitchToDuration
            if ActionLerp > 1.0:
                ActionLerp = 1.0
            for BoneIndex in range(BoneCount):
                #取得当前动作的骨骼矩阵信息列表
                BoneMatrix1 = self.CurrActionBoneMatrixList[currBoneIndex]
                #取得目标动作的骨骼矩阵信息列表
                BoneMatrix2 = self.SwitchToBoneMatrixList[currBoneIndex]
                #计算插值结果的骨骼矩阵信息列表
                FinalBoneMatrix = self.LerpMatrix(BoneMatrix1,BoneMatrix2,
ActionLerp)
```

```
                  #时长计时结束，切换完成
        if ActionLerp == 1.0:
                self.SwitchToActionIndex = -1
        #...更新子模型
```

但要注意的是，骨骼矩阵插值要考虑到刚体绕父骨骼节点旋转的情况，应该按照球面进行线性插值计算，而不是单纯进行线性插值计算，所以一般先将每个骨骼矩阵分解为相对父骨骼节点的旋转和平移变换，平移使用向量即可。旋转的数值使用四元数，各自进行插值计算后再计算出变换矩阵。

类似于一个人体一边跑动一边攻击的情况就是同一时间对当前模型的不同子模型应用不同的骨骼动作矩阵信息，称为动作混合。

动作混合的算法，需要基于当前子模型所对应的骨架部分，比如攻击动作上半身骨架的骨骼矩阵，嫁接到跑步动作的上半身骨架上作为当前动作混合的全身骨架来进行渲染计算。

5.1.4　模型 LOD

从前面的学习中，我们认识到模型渲染是比较复杂的，对于设备的 CPU 和 GPU 都会有一定的计算压力。如果只是渲染少量的模型，一般对帧率影响不大，但如果需要同屏幕有成百上千的场景模型和人物动画，比如表现大场景的战争，就会严重影响动画的帧率，这时该怎么办呢？

一种通用且有效的做法，是按照观察距离的远近，将模型分为几个表现颗粒度，就如同多级纹理一样，比如图 5-6 中的兔子模型，按照精细度将其划分成了四个模型。

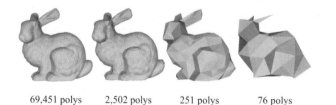

69,451 polys　　2,502 polys　　251 polys　　76 polys

图 5-6　按照精细度划分的兔子模型

在进行场景展现时，对于最近的距离我们采用面数（poly）最多的模型来展现精度；对于稍远的距离，我们采用面数下降后的模型；而对于最远处，则对应面数最少的模型，这种渲染方案就称为模型的 LOD（Levels of Detail）。

面数的下降直接导致顶点数量的下降，也就意味着 VBO、IBO 内存空间和骨骼计算压力的下降。通过这种方案，我们可以在有限的性能限制下，让场景容纳更多的模型数量，特别是结合雾效表现远处的山林建筑，可以大大地提升场景的广阔感受。

LOD 的思想在 3D 场景优化中是非常重要的，它使用方便且效果明显，只需要美术建模人员给出不同的模型细节，通过距离远近选择即可。但这种方案也会带来一定的美术工作量，并增加模型占用的内存空间。也可以通过数学算法对模型进行动态重构，但在重构时会存在两个问题，一是对 CPU 造成计算压力；二是重构中容易将一些重要的模型细节特征消除，不如美术给出的细节模型效果好。

5.2 模型解析实践

前面讲述了模型的基本原理，本节将在实际开发中带领读者实践一下模型的使用，这就涉及一些专业的模型文件格式，比如比较流行的 OBJ 或者 FBX。

5.2.1 加载 OBJ 模型

OBJ 是一种静态模型信息文件格式，可以用记事本打开，OBJ 文件以一些标签来区分不同信息，这些标签包括：

```
mtllib: 使用一个材质文件
o: 模型名称
s: 平滑组，用来指定是否使用平滑模式
g: 对象组，也就是子模型
usemtl: 使用指定材质
v: 顶点的 X,Y,Z 位置坐标
vt: 顶点的纹理坐标 u, v
vn: 顶点的法线坐标 nx,ny,nz
```

f：三角形，每个面有三个元素，用/分隔，如 f 1/4/7 2/5/8 3/6/9，在这行文本中，f 后面有三个部分，第一个部分 1/4/7 中的 1 代表顶点索引，4 代表纹理坐标索引，7 代表法向量索引，综合 1/4/7 代表了当前三角形第一个顶点的位置、纹理、法线信息，2/5/8 代表了第二个顶点的信息，3/6/9 代表了第三个顶点的信息。

下面是一个 OBJ 文件示例：

```
mtllib mycube.mtl
o Cube
v 1.000000 1.000000 -1.000000
v 1.000000 -1.000000 -1.000000
v 1.000000 1.000000 1.000000
v 1.000000 -1.000000 1.000000
v -1.000000 1.000000 -1.000000
v -1.000000 -1.000000 -1.000000
```

```
v -1.000000 1.000000 1.000000
v -1.000000 -1.000000 1.000000
vt 0.625000 0.500000
vt 0.875000 0.500000
vt 0.875000 0.750000
vt 0.625000 0.750000
vt 0.375000 0.750000
vt 0.625000 1.000000
vt 0.375000 1.000000
vt 0.375000 0.000000
vt 0.625000 0.000000
vt 0.625000 0.250000
vt 0.375000 0.250000
vt 0.125000 0.500000
vt 0.375000 0.500000
vt 0.125000 0.750000
vn 0.0000 1.0000 0.0000
vn 0.0000 0.0000 1.0000
vn -1.0000 0.0000 0.0000
vn 0.0000 -1.0000 0.0000
vn 1.0000 0.0000 0.0000
vn 0.0000 0.0000 -1.0000
usemtl Material
s off
f 1/1/1 5/2/1 7/3/1 3/4/1
usemtl Material.001
f 4/5/2 3/4/2 7/6/2 8/7/2
f 8/8/3 7/9/3 5/10/3 6/11/3
f 6/12/4 2/13/4 4/5/4 8/14/4
f 2/13/5 1/1/5 3/4/5 4/5/5
f 6/11/6 5/10/6 1/1/6 2/13/6
```

从文件中可以看到，OBJ 模型的材质信息也使用了一个专门的.mtl 文件进行存储，它的格式如下：

```
newmtl Material
map_Kd BOX_1_DIFF.png
newmtl Material.001
map_Kd BOX_2_DIFF.png
```

在上面的这个 OBJ 模型中，.mtl 文件中有两个材质，分别为 Material 和 Material.001，每个材质下面还有一张指定的纹理图，根据标签不同也分为多种类型：

```
newmtl：材质名称
```

Ns：高光反射系数，其值越高则高光越密集。

NI：指定材质表面的光密度，即折射值。

d：表示物体融入背景的数量，取值范围为 0.0～1.0，取值为 1.0 时，表示完全不透明；取值为 0.0 时，表示完全透明。

Tr：定义材质的 Alpha 透明度。

Tf：材质的透射滤波（Transmission Filter），对应数据为 R，G，B 值。

illum：照明度（Illumination），后面可接 0～10 范围内的数字参数。

Ka: 环境光（Ambient Color）。

Kd: 散射光（Diffuse Color）。

Ks: 镜面光（Specular Color）。

Ke：放射光（Emissive Color）。

map_Ka：环境光所采样的纹理贴图路径，在.obj 模型文件的根目录下。

map_Kd：漫反射光所采样的纹理贴图路径。

在理解了 OBJ 的格式后，下面我们来看一下如何从 OBJ 文件中解析模型信息。

从 OBJ 模型文件加载模型，这里加入了一个 swapyz 对导出的模型进行 Y 与 Z 值的交换，因为有些建模软件导出时使用的坐标系与 OpenGL 不同，所以这里要进行区别处理。

```python
# 从 OBJ 模型文件加载模型
def LoadMeshFromOBJFile(self,objFile,swapyz = False):
    self.SubMeshDict.clear()
    self.MaterialDict.clear()
    #创建材质
    if os.path.exists(objFile) == True:
        try:
            dirname, filename = os.path.split(objFile)
            objName, extension = os.path.splitext(filename)
            obj_vertex_array = {}
```

```
obj_normals_array = {}
obj_texcoords_array = {}
obj_faces_array = {}
obj_material_array = {}
obj_group_array = {}
withNormal = False
withTexUV = False
material = None
groupname = None
#按行读取
for line in open(objFile, "r"):
    #如果是注释行，则忽略
    if line.startswith('#'): continue
    values = line.split()
    #如果是空白行，则忽略
    if not values: continue
    #如果以 mtllib 开头，则说明要使用一个材质描述文件(.mtl 格式)
    if values[0] == 'g':
        groupname = values[1]
    #如果以 v 开头，则代表了位置点
    elif values[0] == 'v':
        v = list(map(float, values[1:4]))
        if swapyz:
            v = v[0], v[2], v[1]
        obj_vertex_array[material].append(v)
    #如果以 vn 开头，则代表了法线
    elif values[0] == 'vn':
        v = list(map(float, values[1:4]))
        if swapyz:
            v = v[0], v[2], v[1]
        obj_normals_array[material].append(v)
    #如果以 vt 开头，则代表了纹理坐标
    elif values[0] == 'vt':
        obj_texcoords_array[material].append(list(map(float,
values[1:3])))
        #如果以 usemtl 或 usemat 开头，则说明要创建一个新的子模型
    elif values[0] in ('usemtl', 'usemat'):
        material = values[1]
        obj_vertex_array[material] = []
```

```
        obj_normals_array[material] = []
        obj_texcoords_array[material] = []
        obj_faces_array[material] = []
        obj_group_array[material] = groupname
        groupname = None
#如果以 mtllib 开头，则说明要使用一个材质描述文件(.mtl 格式)
elif values[0] == 'mtllib':
    mtlfile = os.path.join(dirname, objName+".mtl")
    mtlfile = mtlfile.replace("\\","/")
    mtlinfo = None
    #按行读取材质文件
    for line2 in open(mtlfile, "r"):
        #如果是注释，则忽略
        if line2.startswith('#'): continue
        values2 = line2.split()
        #如果是空白，则忽略
        if not values2: continue
        #如果以 newmtl 开头，则指定了一个新的材质，后面是名称。这里直接以名
        #称在材质字典里创建了一个新项，这个新项仍然是字典，后面将以纹理用途
        #名称（如漫反射贴图、法线贴图等）作为 key 值存储图片名称
        if values2[0] == 'newmtl':
            mtlinfo = obj_material_array[values2[1]] = {}
        #如果没有指定新材质就直接设置纹理信息，则缺失指定材质导致异常
        elif mtlinfo is None:
            raise ValueError("mtl file doesn't start with newmtl
stmt")

        #如果以 map_Kd 开头，则后面是用于漫反射的颜色纹理，也就是基础纹理
        elif values2[0] == 'map_Kd':
            mtlinfo[values2[0]] = values2[1]
        else:
            #如果是其他的，则可以在这里解析，也可以暂不处理
            mtlinfo[values2[0]] = values2[1]
#如果以 f 开头，则代表图形各个面的顶点索引值
elif values[0] == 'f':
    withTexUV = False
    face_v_index = []
    face_uv_index = []
    face_n_index = []
    vertex_count = len(obj_vertex_array[material])
```

```
            texcoord_count = len(obj_texcoords_array[material])
            normal_count = len(obj_normals_array[material])
            #按照顶点的属性，以/为分隔符对各个组进行解析
            for v in values[1:]:
                w = v.split('/')
                face_index = int(w[0])
                if face_index < 0:
                    face_index = vertex_count + face_index
                face_v_index.append(face_index)

                if len(w) >= 2 and len(w[1]) > 0:
                    withTexUV = True
                    texcoord_index = int(w[1])
                    if texcoord_index < 0:
                        texcoord_index = texcoord_count + texcoord_index
                    face_uv_index.append(texcoord_index)
                else:
                    face_uv_index.append(0)

                if len(w) >= 3 and len(w[2]) > 0:
                    withNormal = True
                    norm_index = int(w[2])
                    if norm_index < 0:
                        norm_index = normal_count + norm_index
                    face_n_index.append(norm_index)
                else:
                    face_n_index.append(0)
            if material in obj_faces_array:
                obj_faces_array[material].append((face_v_index,
face_n_index, face_uv_index))
            else:
                if 0 not in obj_faces_array:
                    obj_faces_array[0] = []
                obj_faces_array[0].append((face_v_index, face_n_index,
face_uv_index))
        #创建子模型
        for mat_index in obj_faces_array.keys():
            subMeshName = obj_group_array[mat_index]
            tMaterial = Material(mat_index)
            tSubMesh = SubMesh(subMeshName)
```

```
            VertexDec = None
            #根据顶点属性，设置使用的 Shader
            if withTexUV == True or withNormal == True:
                tMaterial.CreateShader_XYZ_Normal_UV()
                VertexDec = GL_T2F_N3F_V3F
            elif withTexUV == True:
                tMaterial.CreateShader_XYZ_UV()
                VertexDec = GL_T2F_V3F
            #加载纹理
            if 'map_Kd' in obj_material_array[mat_index]:
                textureFile = obj_material_array[mat_index]['map_Kd']
                textureFile = os.path.join(dirname,textureFile)
                textureFile = textureFile.replace("\\","/")
                tMaterial.LoadTextureFromFile(0,textureFile)
                tSubMesh.SetMaterial(tMaterial)
                self.MaterialDict[mat_index] = tMaterial
            #子模型的顶点数组
            submesh_vertex_list = []
            submesh_vertex_count = len(obj_vertex_array[mat_index])
            for i in range(submesh_vertex_count):
                submesh_vertex_list.extend(obj_texcoords_array[mat_index][i])
                submesh_vertex_list.extend(obj_normals_array[mat_index][i])
                submesh_vertex_list.extend(obj_vertex_array[mat_index][i])
            IndexList = []
            for faceinfo in obj_faces_array[mat_index]:
                #取出这里每个面对应的顶点索引、法线索引、纹理坐标索引
                v_index, n_index, uv_index = faceinfo
                #在这里按顶点索引即可
                IndexList.extend(v_index)
            #生成 VB 和 IB 部分
            tSubMesh.BuildVBIB(VertexDec,submesh_vertex_list,IndexList)
            #把子模型和材质放到列表中
            self.SubMeshDict[subMeshName] = tSubMesh
    except Exception as ex:
        print(ex)
        return False
    return True
return False
```

运行后，加载一个人物的 OBJ 模型，可以看到如图 5-7 所示效果。

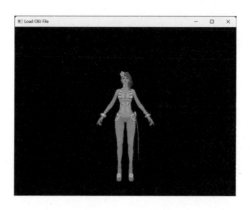

图 5-7 运行效果

5.2.2 加载 FBX 模型

虽然 OBJ 文件容易理解，但是它只能表示静态模型，并不能展现骨骼动画，所以遇到包含骨骼动画的模型，还需要其他包含骨骼蒙皮信息的模型格式，比较流行的有 FBX 或 GLB 模型格式。下面以 FBX 模型格式为例，讲解如何加载和播放骨骼动画模型。因为 FBX 中包括了大量的信息，内容相对比较多，所以我们拆解为三个阶段来讲解。

1. 准备阶段

想要在 Python 中加载 FBX 的模型格式，首先需要到 Autodesk 网站上下载 FBX Python SDK，下载时要注意不同版本的 SDK 与系统 Python 版本有对应关系，如图 5-8 所示。

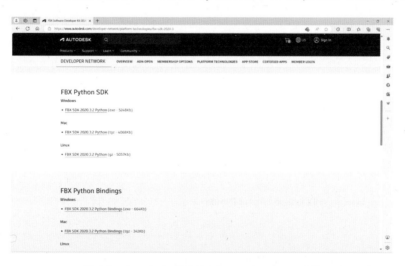

图 5-8 Autodesk 网站的 FBX Python SDK 下载

下载完之后，双击进行安装，按照图 5-9 所示将 SDK 解压到本地目录。

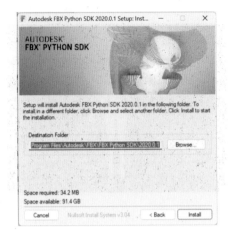

图 5-9　安装 FBX Python SDK

安装完成后，我们打开安装目录下的 lib 文件夹，确认可以找到如图 5-10 所示的对应 Python 版本的库文件。

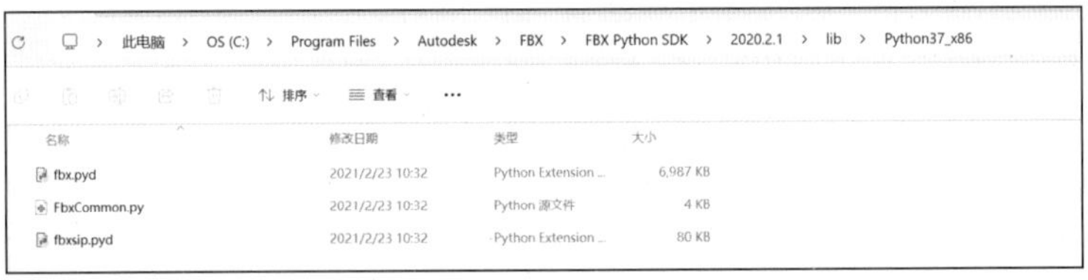

图 5-10　对应 Python 版本的库文件

不过，Autodesk 没有提供 3.8 版本的库文件，如果本机安装的是 Python 3.8 版本，则可以到 GitHub 上下载由热心开发者发布的库文件，如图 5-11 所示。

图 5-11　热心开发者发布的 Python 3.8 版本的库文件

我们将 OBJ 模型加载的代码文件复制一份，引入库文件并初始化。

```
sys.path.append(r"D:\实例工程\第五章 模型原理与实践\FBXSDK3.8")
```

```
from FbxCommon import *
from fbx import *
#初始化，生成 SDK 管理器和场景实例的对象接口
lSdkManager,lScene = InitializeSdkObjects()
```

2. 子模型构建阶段

与之前的子模型相比，骨骼动画的子模型需要增加子模型的矩阵及骨骼矩阵才能处理骨骼蒙皮信息。在这里，我们基于静态子模型派生出一个骨骼动画子模型，并使用骨骼蒙皮动画的 Shader，使它能够根据相应的时刻计算出骨骼矩阵，并使用这个矩阵来渲染子模型：

```
#骨骼子模型
class SkinSubMesh(SubMesh):
    def __init__(self,subMeshName):
        super().__init__(subMeshName)
        #子模型矩阵
        self.SubMeshMatrix = FbxAMatrix()
        #骨骼索引数组
        self.BoneArray = []
        #骨骼影响顶点矩阵
        self.BoneVertexMatrixArray = {}
        #动画影响骨骼矩阵
        self.BoneAnimationMatrixArray = {}
        #最终的骨骼位置点
        self.FinalBoneXYZArray = []
        #最终输出矩阵数组
        self.FinalShaderMatrixArray = []
        #当前的动画时间
        self.CurrAnimation_CurrTime = 0
        #初始化矩阵
        IdentityMatrix = FbxAMatrix()
        IdentityMatrix.SetIdentity()
        for i in range(64):
            #存储矩阵信息，Fbxsdk 的文档说明了 FbxAMatrix 是行主序矩阵，
            #而 OpenGL 是列主序矩阵，所以按行取一下保持一致
            for r in range(4):
                RowVec4 = IdentityMatrix.GetRow(r)
                for c in range(4):
                    self.FinalShaderMatrixArray.append(RowVec4[c])
```

```python
#设置子模型的矩阵
def SetSubMeshMatrix(self,matrix):
    self.SubMeshMatrix = matrix
#加载对应的骨骼子模型数组
def LoadFBXSkinMeshData(self,subMeshNode):
    submesh_node = subMeshNode.GetNode()
    submesh_name = subMeshNode.GetName()
    self.BoneVertexMatrixArray.clear()
    self.BoneAnimationMatrixArray.clear()
    self.FinalShaderMatrixArray.clear()
    self.FinalBoneXYZArray.clear()
    #一般只有一套蒙皮
    lSkinCount = subMeshNode.GetDeformerCount(FbxDeformer.eSkin)
    if lSkinCount > 1:
        print(str("%s has %d skin"%(submesh_name,lSkinCount)))
    #循环遍历蒙皮
    for lSkinIndex in range(lSkinCount):
        pFBXSkin = subMeshNode.GetDeformer(lSkinIndex, FbxDeformer.eSkin)
        #骨骼数量
        boneCount = pFBXSkin.GetClusterCount()
        for b in range(boneCount):
            #取得骨骼
            lBone = pFBXSkin.GetCluster(b)
            self.BoneArray.append(lBone)
            #取得 Vertex 矩阵, 用来描述当前时刻（初始的映射状态下）Mesh 的
            #变换矩阵（顶点的变换矩阵）
            transform_matrix = FbxAMatrix()
            transform_matrix = lBone.GetTransformMatrix(transform_matrix)
            #取得 Bone 矩阵, 用来描述当前时刻 Bone 的变换矩阵
            transform_link_matrix = FbxAMatrix()
            transform_link_matrix =
lBone.GetTransformLinkMatrix(transform_link_matrix)
            transform_link_matrix_Inv = transform_link_matrix.Inverse()
            #骨骼影响顶点矩阵
            self.BoneVertexMatrixArray[b] = transform_link_matrix_Inv *
transform_matrix
    #取得当前时刻子模型的骨骼矩阵
    def GetFinalBoneMatrixByTime(self,currTime):
        if currTime:
```

```
            BoneCount = len(self.BoneArray)
            self.FinalShaderMatrixArray.clear()
            self.FinalBoneXYZArray.clear()
            CurrFrame = currTime.GetFrameCount()
            print("CurrFrame:"+str(CurrFrame))
            #骨骼
            for b in range(BoneCount):
                lBone = self.BoneArray[b]
                BoneName = lBone.GetName()
                JointNode = lBone.GetLink()
                #动画影响骨骼矩阵
                self.BoneAnimationMatrixArray[b] = JointNode.EvaluateGlobalTrans
form(currTime)
                #Final_BoneMatrix = self.SubMeshMatrix.Inverse() * self.Bone
AnimationMatrixArray[b] * self.BoneVertexMatrixArray[b]
                Final_BoneMatrix = self.BoneAnimationMatrixArray[b] *
self.BoneVertexMatrixArray[b]
                #如果骨骼附属于关联模型，并有自己的矩阵，则要加上影响
                if lBone.GetAssociateModel():
                    lMatrix = FbxAMatrix()
                    lMatrix = lBone.GetTransformAssociateModelMatrix(lMatrix)
                    Final_BoneMatrix = Final_BoneMatrix * lMatrix
                #存储矩阵信息
                for r in range(4):
                    RowVec4 = Final_BoneMatrix.GetRow(r)
                    for c in range(4):
                        self.FinalShaderMatrixArray.append(RowVec4[c])
                #骨骼点位置的保存，用于渲染骨架树，一般骨架树是由骨骼点和父骨骼点进行
                #连线来表示的，所以要取得当前骨骼点和父骨骼点位置
                #先取得当前骨骼点位置
                BoneXYZRow = self.BoneAnimationMatrixArray[b].GetRow(3)
                ParentJointNode = JointNode.GetParent()
                ParentAnimationMatrixArray = ParentJointNode.EvaluateGlobalTrans
form(currTime)
                #再取得父骨骼点位置
                ParentBoneXYZRow = ParentAnimationMatrixArray.GetRow(3)
                self.FinalBoneXYZArray.append([BoneXYZRow[0],BoneXYZRow[1],
BoneXYZRow[2],ParentBoneXYZRow[0],ParentBoneXYZRow[1],ParentBoneXYZRow[2]])
        return self.FinalShaderMatrixArray
```

```
#取得骨骼点位置
def GetBoneXYZList(self):
    return self.FinalBoneXYZArray
#设置当前渲染时间
def SetCurrTime(self,currTime):
    self.CurrAnimation_CurrTime = currTime
#渲染子模型
def RenderSubMesh(self):
    #开始使用材质
    if self.Material:
        self.Material.Begin()
        #取得当前时刻的子模型蒙皮骨骼的矩阵数组
        AnimationFinalMatrix = self.GetFinalBoneMatrixByTime(self.
CurrAnimation_CurrTime)
        self.Material.UpdateBoneMatrix(AnimationFinalMatrix)
    #进行 VB 的顶点数据流绑定
    self.VB.bind()
    #指定顶点数据流的格式
    glInterleavedArrays(self.VertexDec,0,None)
    #进行 IB 的索引数据流绑定
    self.IB.bind()
    #指定索引数据流的格式为 GL_UNSIGNED_SHORT
    glDrawElements(self.ShapeType,self.IndexCount,GL_UNSIGNED_SHORT,None)
    self.IB.unbind()
    self.VB.unbind()
    #结束使用材质
    if self.Material:
        self.Material.End()
```

3. 编写加载 FBX 阶段

有了骨骼动画的子模型，下面我们为模型增加从 FBX 文件中加载并创建子模型的函数，这部分代码可以分为两个部分：（1）加载动画信息；（2）加载模型信息。

首先是加载动画信息，通过 FBX SDK 中的接口，我们可以获取动画的数量、名称，包括时长、帧速率等信息：

```
#从 FBX 模型文件加载模型
def LoadMeshFromFBXFile(self,fbxFile,swapyz = False):
    self.SubMeshDict.clear()
```

```
        self.MaterialDict.clear()
        self.BoneDict.clear()
        self.ActionDict.clear()
        self.BoneTree.clear()
        if os.path.exists(fbxFile) == True:
            try:
                dirname, filename = os.path.split(fbxFile)
                objName, extension = os.path.splitext(filename)
                #加载 FBX 文件
                lResult = LoadScene(lSdkManager,lScene,fbxFile)
                if lResult == True:
                    #取得动画数量
                    lAnimStackCount = lScene.GetSrcObjectCount(FbxCriteria.
ObjectType(FbxAnimStack.ClassId))
                    if lAnimStackCount > 0:
                        #遍历动画并以动画名存入字典
                        for a in range(lAnimStackCount):
                            AnimStack = lScene.GetSrcObject(FbxCriteria.Object
Type(FbxAnimStack.ClassId), a)
                            AnimStackName = AnimStack.GetName()
                            nbAnimLayers = AnimStack.GetSrcObjectCount
(FbxCriteria.ObjectType(FbxAnimLayer.ClassId))
                            for l in range(nbAnimLayers):
                                lAnimLayer = AnimStack.GetSrcObject(FbxCriteria.
ObjectType(FbxAnimLayer.ClassId), l)
                            self.ActionDict[AnimStackName] = AnimStack
                        #设置使用第一个动画
                        FirstAnimStack = lScene.GetSrcObject(FbxCriteria.
ObjectType(FbxAnimStack.ClassId), 0)
                        lScene.SetCurrentAnimationStack(FirstAnimStack)
                        #FBX 动画的速度时间计算是通过 FbxTime 类来实现的
                        #这里设置使用 FBX 文件中的默认时间模式
                        self.FrameDelayTime = FbxTime()
                        self.FrameDelayTime.SetTime(0, 0, 0, 1, 0, lScene.GetGlobal
Settings().GetTimeMode())
```

　　然后是加载模型信息，在 FBX 中场景是以一个树型结构来按层次存储所有的节点信息的，所以我们可以通过场景接口获取根节点，然后编写一个遍历函数来获取所有的子模型节点和骨骼节点树。

```python
#取得根节点
lRootNode = lScene.GetRootNode()
if lRootNode is None:
    print("No find Root")
    return
#根据节点类型获取节点
def getNodeByType(node,node_type,childnode_array):
    childnode_count = node.GetChildCount()
    for i in range(childnode_count):
        child_node = node.GetChild(i)
        #取得节点的属性对象
        node_info = child_node.GetNodeAttribute()
        if node_info:
            if node_info.GetAttributeType() == node_type:
                childnode_array.append(node_info)
            getNodeByType(child_node,node_type,childnode_array)
#获取子模型列表
submeshInfo_list = []
getNodeByType(lRootNode,FbxNodeAttribute.eMesh,submeshInfo_list)
#获取骨骼列表
boneInfo_list = []
getNodeByType(lRootNode,FbxNodeAttribute.eSkeleton,boneInfo_list)
#判断是不是子骨骼
boneChild_list = []
#取得子骨骼树
def getChildBoneTree(node,boneTree,bonenodedict):
    childCount = node.GetChildCount()
    for i in range(childCount):
        child = node.GetChild(i)
        childName = child.GetName()
        print(childName)
        #添加到字典中，这样可以通过字典直接找到子骨骼
        bonenodedict[childName] = child
        childbonelist = []
        getChildBoneTree(child,childbonelist,bonenodedict)
        boneTree.append([childName,childbonelist])
#从第一根骨骼获取整个骨骼树
if len(boneInfo_list) > 0:
    #创建一个骨骼字典，用于判断哪些骨骼是子骨骼
```

```
bonenodedict = {}
for boneInfo in boneInfo_list:
    boneName = boneInfo.GetName()
    boneNode = boneInfo.GetNode()
    #用于处理场景中有多个骨骼树的情况
    if boneName not in bonenodedict.keys():
        print(boneName)
        childbonelist = []
        getChildBoneTree(boneNode,childbonelist,bonenodedict)
        self.BoneTree.append([boneName,childbonelist])
```

在获取所有的子模型节点属性信息对象后，遍历节点属性信息对象并调用接口就可以获取我们需要的信息了。比如通过 GetDeformerCount 接口传入 FbxDeformer.eSkin 可以获取蒙皮动画的数量，然后遍历调用 GetDeformer 获取每一个蒙皮骨架信息，有了骨架信息后，再通过 GetClusterCount 和 GetCluster 来获取骨架上的骨骼数和每个骨骼节点，就可以一点点解析出骨骼与顶点之间的绑定关系、权重信息。

```
#取得模型的蒙皮信息
lSkinCount = submeshInfo.GetDeformerCount(FbxDeformer.eSkin)
#遍历所有蒙皮信息，一般来说只有一个蒙皮信息
for lSkinIndex in range(lSkinCount):
    #取得对应的蒙皮信息
    pFBXSkin = submeshInfo.GetDeformer(lSkinIndex, FbxDeformer.eSkin)
    #取得蒙皮的骨骼数量
    boneCount = pFBXSkin.GetClusterCount()
    #遍历骨骼
    for b in range(boneCount):
        #取得骨骼
        lBone = pFBXSkin.GetCluster(b)
        #当前骨骼影响的顶点
        lIndexCount = lBone.GetControlPointIndicesCount()
        #骨骼影响的顶点索引
        lIndices = lBone.GetControlPointIndices()
        #骨骼影响的顶点权重
        lWeights = lBone.GetControlPointWeights()
        #遍历骨骼影响的顶点
        for w in range(lIndexCount):
            vIndex = lIndices[w]
            fWeight = lWeights[w]
```

```
    if vIndex not in SubMeshBoneInfoArray:
        SubMeshBoneInfoArray[vIndex] = []
    SubMeshBoneInfoArray[vIndex].append([b,fWeight])
    lBoundingBoneCount = len(SubMeshBoneInfoArray[vIndex])
    #一般在项目中每个顶点至多支持 4 根骨骼绑定
    if lBoundingBoneCount > 4:
        print("顶点%d 的绑定骨骼数量大于 4，达到了%d，请注意"%(vIndex,
lBoundingBoneCount))
```

完成骨骼信息的解析后，继续调用 GetControlPointsCount 和 GetControlPoints 获取顶点数量和顶点数组，就可以获取顶点的 x、y、z 信息，如果需要因为坐标系不同做 y 轴、z 轴的交换处理，可以在这里进行。

```
#取得顶点
VertexCount = submeshInfo.GetControlPointsCount()
VertexArray = submeshInfo.GetControlPoints()
for v in range(VertexCount):
    vertex = VertexArray[v]
    x = vertex[0]
    if swapyz:
        y = vertex[2]
        z = vertex[1]
    else:
        y = vertex[1]
        z = vertex[2]
    #w = vertex[3]
    SubMeshVertexArray.append([x,y,z])
```

有了顶点，继续解析出面的顶点索引，一般来说，我们会统一模型使用三角形，但如果有四边形，这里就要报错或处理。

```
#取得多边形数量
PolygonCount = submeshInfo.GetPolygonCount()
for i in range(PolygonCount):
    #取得多边形顶点数量，一般这里为 3，即三角形
    PolygonSize = submeshInfo.GetPolygonSize(i)
    VIndexArray = []
    #取得每个多边形顶点的索引
    for j in range(PolygonSize):
        vIndex = submeshInfo.GetPolygonVertex(i,j)
```

```
#将索引添加到数组中
VIndexArray.append(vIndex)
```

下面要解析出颜色、纹理坐标和法线信息。FBX 在这部分是基于层的概念来进行存储的，所以解析也要按层来进行，下面是简略的代码说明：

```
#遍历 Layer 获取 UV
LayerCount = submeshInfo.GetLayerCount()
for l in range(LayerCount):
    layer = submeshInfo.GetLayer(l)
    Colors = layer.GetVertexColors()
    if Colors:
        withColor = True
        if Colors.GetMappingMode() == FbxLayerElement.eByControlPoint:
            #直接索引方式，这种方式通常用于静态网格
            if Colors.GetReferenceMode() == FbxLayerElement.eDirect:
                rgb = Colors.GetDirectArray().GetAt(i)
                r = rgb[0]
                g = rgb[1]
                b = rgb[2]
                ...
    UVs = layer.GetUVs()
    if UVs:
        if UVs.GetMappingMode() == FbxLayerElement.eByControlPoint:
            if UVs.GetReferenceMode() == FbxLayerElement.eDirect:
                uv = UVs.GetDirectArray().GetAt(vIndex)
                u = uv[0]
                v = uv[1]
                SubMeshTexUVArray[vIndex] = [u,v]
                ...
    Normals = layer .GetNormals()
    if Normals:
        if Normals.GetMappingMode() == FbxLayerElement.eByControlPoint:
            if Normals.GetReferenceMode() == FbxLayerElement.eDirect:
                normal = Normals.GetDirectArray().GetAt(i)
                nx = normal[0]
                if swapyz:
                    ny = normal[2]
                    nz = normal[1]
```

```
        else:
            ny = normal[1]
            nz = normal[2]
        SubMeshNormalArray[vIndex] = [nx,ny,nz]
        ...
```

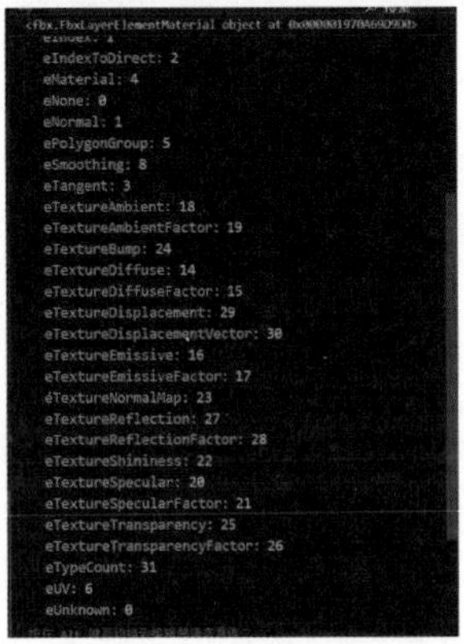

图 5-12　运行时的材质结构变量列表

材质的解析同样比较复杂，因为 FBX 是专业建模工具 3ds Max 导出模型格式，所以支持非常多的纹理贴图类型。我们可以通过相应接口获取每一层每一个纹理贴图的信息，但整个解析过程非常烦琐，图 5-12 展示了 VSCode 运行代码时，材质结构信息中的一些变量，以 eTexture 为前缀的属性名称为各种用途的贴图。

在本节的学习中，我们只解析 eTextureDiffuse，也就是基本的漫反射贴图：

```
#获取材质
LayerCount = submeshInfo.GetLayerCount()
for l in range(LayerCount):
    lLayerMaterial = submeshInfo.GetLayer(l).GetMaterials()
    if lLayerMaterial:
        if lLayerMaterial.GetMappingMode() == FbxLayerElement.eAllSame:
            lMatId = lLayerMaterial.GetIndexArray().GetAt(0)
            lMaterial = submeshInfo.GetNode().GetMaterial(lMatId)
            if lMatId >=0:
                lProperty = lMaterial.FindProperty(FbxSurfaceMaterial.
sDiffuse)

                #获取单一纹理
                lTextureCount = lProperty.GetSrcObjectCount(FbxCriteria.
ObjectType(FbxTexture.ClassId))
                if lTextureCount > 0:
                    for j in range(lTextureCount):
                        lLayeredTexture = lProperty.GetSrcObject
(FbxCriteria.ObjectType(FbxTexture.ClassId), j)
                        if lLayeredTexture:
                            texName = lLayeredTexture.GetName()
                            print(texName)
```

```
                                texFileName = lLayeredTexture.GetFileName()
                                print(texFileName)
                                SubMeshMaterialDict[texName] =
texFileName.replace("/","\\")
```

　　根据获取到的信息来创建相应的材质和子模型对象并设置和填充数据，这部分代码的主要难点是，如何将骨骼索引和权重的信息存储到顶点数据中，因为 OpenGL 在渲染时要指定顶点格式声明和顶点数据流，所以这里要选择一个合适的顶点格式声明。静态模型常见的顶点格式声明有 GL_T2F_N3F_V3F 和 GL_T2F_V3F，这都是显而易见的用于带法线计算和不带法线计算的模型，如果要在这个基础上增加骨骼索引和权重信息，一般来说需要 4 字节和 4 个浮点型值，考虑到 Shader 寄存器能存储的矩阵数量，一般一个子模型骨骼索引值设定以 64 为限，所以每个骨骼索引值在 0 至 63 之间设置，占 1 字节即可，而权重则必须用浮点值。在这种情况下，顶点格式声明可能没有正合适的对应关系，我们就需要去找到能用的顶点格式声明，或定义合适的顶点格式。

　　我们可以用 GL_T4F_C4F_N3F_V4F 作为 GL_T2F_N3F_V3F 带骨骼索引和权重信息的扩展格式，这样就可以以将骨骼索引值存储到多出来的两个 T2F，也就是纹理坐标中，而将权重信息放到 C4F 中。将 4 字节存到 T2F 需要对数据进行组合，浮点值可以拆分为整数部分和小数部分，将 2 字节分别存入到整数部分和小数部分就可以了：

```
#骨骼索引 T2，将第一个索引存入整数部分，将第二个索引存入小数部分
BoneIndexCom2Float1 = BoneIndexBuffer[0] + BoneIndexBuffer[1]*0.01
#将第三个索引存入整数部分，将第四个索引存入小数部分
BoneIndexCom2Float2 = BoneIndexBuffer[2] + BoneIndexBuffer[3]*0.01
```

　　这是一种很酷的技巧，它也说明了顶点格式是可变的，而并非固定的，我们应该多思考如何通过优化的顶点格式，将顶点数据以占用更小的缓冲去表现。当然，在 Shader 中我们也要做相应的处理。

```
        v_texCoord = vec2(gl_MultiTexCoord0.x,gl_MultiTexCoord0.y);
        int     boneIndex1 = int(gl_MultiTexCoord0.z);
        int     boneIndex2 = int((gl_MultiTexCoord0.z-boneIndex1)*100);
        int     boneIndex3 = int(gl_MultiTexCoord0.w);
        int     boneIndex4 = int((gl_MultiTexCoord0.w-boneIndex3)*100);
```

　　加载完所有的信息后，就可以创建出对应的骨骼蒙皮子模型列表。还需要提供一个播放动作的函数，用来设置当前即将播放的动画。在每次渲染时，子模型会通过骨骼接口调取当前动作当前时刻的矩阵进行骨骼矩阵更新：

```
JointNode.EvaluateGlobalTransform(currTime)
```

最终，将矩阵数组传入 Shader，就可以实现骨骼动画效果了。图 5-13 为加载一个小鸡 FBX 文件后播放展翅动画的效果。

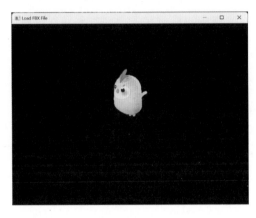

图 5-13　FBX 模型动画效果

5.2.3　加载 PMM 模型

为了更好地讲解模型的构成，在这里我制作了一种更清晰的、更便于 Python 教学和使用的模型格式，即 PMM（PyMe Mesh）模型，它的定义更简单，主要用于更加直观地加载模型数据。它的数据结构如下：

```
Version=模型文件版本号
SubMeshCount=子模型数量
SubMesh=[子模型索引,子模型名称,顶点数量,三角形数量,纹理图片名称]
VertexDecl=['u','v','nx','ny','nz','x','y','z'] 声明顶点格式
VertexArray
=[(u1,v1,x1,y1,z1,nx1,ny1,nz1),(u2,v2,x2,y2,z2,nx2,ny2,nz2),....]
TriangleArray=[(0,1,2),(2,3,0),....]
```

对于 Python 开发者来说，这种模型格式可以更方便地使用和加载。

```python
def LoadMeshFromPMMFile(self,pmmFile,swapyz = False):
    self.SubMeshDict.clear()
    self.MaterialDict.clear()
    #创建材质
    if os.path.exists(pmmFile) == True:
        try:
            dirname, filename = os.path.split(pmmFile)
```

```python
        objName, extension = os.path.splitext(filename)
        obj_submesh_array = {}
        obj_vertex_decl_array = {}
        obj_vertex_array = {}
        obj_triangle_array = {}
        version = "1.0"
        submeshCount = 0
        submeshIndex = 0
        #按行读取
        for line in open(pmmFile, "r"):
            #如果是注释行，则直接略过
            if line.startswith('#'):
                continue
            values = line.split('=')
            #取得版本号
            if values[0] == 'Version':
                version = values[1]
            #取得模型数量
            elif values[0] == 'SubMeshCount':
                submeshCount = int(values[1])
            #取得模型信息
            elif values[0] == 'SubMesh':
                submeshInfo = eval(values[1])
                submeshIndex = submeshInfo[0]
                obj_submesh_array[submeshIndex] = submeshInfo
                obj_vertex_decl_array[submeshIndex] = []
                obj_vertex_array[submeshIndex] = []
                obj_triangle_array[submeshIndex] = []
            #取得顶点的格式
            elif values[0] == 'VertexDecl':
                vertexDecl =
values[1].strip().replace('[','').replace(']','').replace("'",'')
                obj_vertex_decl_array[submeshIndex] = vertexDecl.split(',')
            #取得顶点数组
            elif values[0] == 'VertexArray':
                obj_vertex_array[submeshIndex] =
eval(values[1].strip().replace('(','').replace(')',''))
            #取得三角索引数组
            elif values[0] == 'TriangleArray':
```

```python
            obj_triangle_array[submeshIndex] =
eval(values[1].strip().replace('(','').replace(')',''))
        #创建子模型
        for submeshIndex in obj_submesh_array.keys():
            submeshInfo = obj_submesh_array[submeshIndex]
            subMeshName = str("submesh_%d"%submeshIndex)
            materialName = str("material_%d"%submeshIndex)
            tMaterial = Material(materialName)
            tSubMesh = SubMesh(subMeshName)
            VertexDec = None
            #根据顶点属性，设置使用的 Shader
            if 'nx' in obj_vertex_decl_array[submeshIndex] and 'u' in
obj_vertex_decl_array[submeshIndex]:
                tMaterial.CreateShader_XYZ_Normal_UV()
                VertexDec = GL_T2F_N3F_V3F
            elif 'u' in obj_vertex_decl_array[submeshIndex]:
                tMaterial.CreateShader_XYZ_UV()
                VertexDec = GL_T2F_V3F
            #加载纹理
            if submeshInfo[4] != '':
                textureFile = submeshInfo[4]
                textureFile = os.path.join(dirname,textureFile)
                textureFile = textureFile.replace("\\","/")
                hasAlpha = False
                if textureFile.find(".png") >= 0:
                    hasAlpha = True
                tMaterial.LoadTextureFromFile(0,textureFile,hasAlpha)
                tSubMesh.SetMaterial(tMaterial)
                self.MaterialDict[submeshIndex] = tMaterial
            #生成 VB 和 IB 部分
tSubMesh.BuildVBIB(VertexDec,obj_vertex_array[submeshIndex],obj_triangle_arr
ay[submeshIndex])
            #把子模型和材质放到列表中
            self.SubMeshDict[subMeshName] = tSubMesh
        except Exception as ex:
            print(ex)
            return False
        return True
    return False
```

可以看到，这里使用 eval 对文本数据直接生成顶点和索引数组并对应 PyOpenGL 的顶点格式 GL_T2_N3F_V3F，GL_T2F_V3F，创建子模型会非常方便。尝试加载一棵椰子树，显示结果如图 5-14 所示。

图 5-14　显示结果

5.3　模型观察器

在学习了本章的模型相关知识后，可掌握模型的原理、加载与渲染。这时候，可以尝试开发一个模型观察器来对模型的各方面进行观察和编辑，一方面可以验证模型的数据符合预期，比如面数、顶点数、骨骼绑定点、动画播放等；另一方面可以通过一些编辑和设置，提供给引擎实际场景渲染中所需要的数据，比如编辑模型中碰撞部分的包围盒以方便在场景中处理碰撞判断。下面我们来实际讲解一下模型观察器的开发。

5.3.1　工具界面设计与实现

编辑器类工具软件往往都需要一些界面交互控件对数据进行操作，比如通过菜单打开文件，通过列表控件展现一些列表数据，通过树控件展现层次关系等。如何打造一个图形化的界面，从而对整个工作流进行良好的支持，也是图形引擎工具产品中最重要的工作之一。

一般来说，编辑器工具类软件并不强求使用哪种编程语言，因为编辑器的本质是通过一个工具软件进行数据的输入、编辑查看与输出，只要能提供出良好的功能供开发者用户对数据进行操控就可以，所以这就诞生出了各种技术方案，比如基于某些成熟界面库，如 tkinter 或 PyQT，或者基于 Web 的强大前端框架，甚至可以直接基于图形引擎的高速绘图能力，进行界面库的开发。

本书基于 Python 语言，为了更好地与 Python 结合，并尽可能地降低额外的工作量，我们使用 PyMe 来辅助开发。PyMe 是一款优秀的 Python 界面应用开发工具，提供基于 tkinter 库的可视化界面开发支持，方便我们快速地创建出编辑器的界面工程框架，这样我们就可以把主要精力放在图形化的功能开发上。

在官网下载 PyMe 后，我们可以看到如图 5-15 所示的界面，选择"空界面"后，在项目路径里将工程名命名为"MeshViewer"并单击"确定"，即可创建一个空界面项目。

图 5-15　PyMe v1.4.5.0 版本启动界面

进入项目的主设计视图后，我们可以看到如图 5-16 所示的界面。

图 5-16　主设计视图界面

我们从左边的控件工具条里找到"组件"分类，并将 PyMeGLFrame 拖动到主窗体中，修改为合适的大小，这时我们就可以看到如图 5-17 所示的画面，PyMe 自动创建了一个能够渲染 OpenGL 的 Frame，里面有一个绿色的茶壶。

选中这个 PyMeGLFrame 控件后，我们将它四周的小块拖动到合适的大小，在左边的控件工具条里找到"控件"分类，拖动一个 Label 控件放置到 PyMeGLFrame 控件右边，如

图 5-18 所示，用鼠标右键单击 Label，在弹出的菜单里选择"设置文字内容"，修改文字为"子模型列表"。完成后可在顶部"快捷工具条"中对字体和对齐方式进行修改。

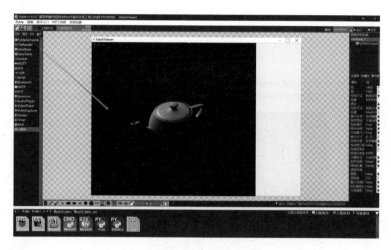

图 5-17　拖动创建一个 PyMeGLFrame 控件

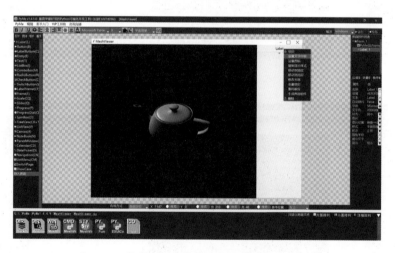

图 5-18　创建 Label 并用右键菜单控制编辑文字

在左边的控件工具条里拖动一个 TreeView 控件放置到 Label 控件下边，用于打开模型后，显示所有子模型的树列表。继续这样的操作，加入 Label "骨骼树"和对应的 TreeView 控件、Label "动作列表"与对应的 ListBox 控件，最后界面如 5-19 所示。

在完成这些控件的创建与摆放后，我们来增加一个菜单以方便使用者打开模型文件。选中"Form_1"窗口，在右边的属性栏找到"窗口菜单"并双击，这时会弹出一个"菜单编辑区"对话框，如图 5-20 所示。我们在对话框的输入文字框里输入"文件"，然后单击"增加顶层菜单项"，这时会增加一个顶层菜单项"文件"，再次选中它，然后在右边输入"打开"，在快捷键下拉列表框中选择"CTRL+O"，然后单击"增加子菜单项"，我们将使用这个菜单项来完成打开模型文件的操作。继续选中"文件"，并输入"退出"，在快捷键下拉列表框中选择"CTRL+Q"，单击"增加子菜单项"，用来作为退出观察器的菜单项操作。完成这两个菜单项后，单击"确定"即可为当前界面设置相应的窗口菜单。

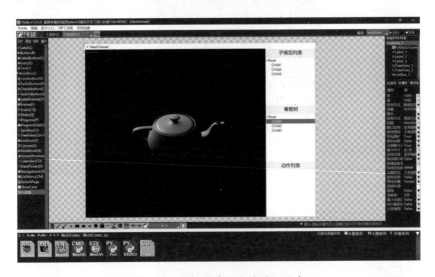

图 5-19　编辑器界面右边的工具条

图 5-20　为编辑器增加窗口菜单

完成上面的所有操作后，我们单击右上角的"运行"按钮来运行模型观察器，就可以看到与设计界面一样的模型观察器工具了，运行效果如图 5-21 所示。

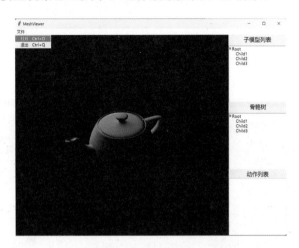

图 5-21　编辑器界面运行效果

5.3.2　模型的加载处理

在上一节的模型观察器中，我们完成了一个简单的界面框架，它有一些基本的交互控件，并在启动后会有一个绿色的茶壶。下面我们来一步步完善它的功能。首先通过菜单项"打开"来加载一个自定义的模型。

双击工程文件列表区中的"CMD"文件"MeshView"，这时就会进入图 5-22 所示的界面事件函数代码文件，在 PyMe 中每一个界面都会有一个对应的 CMD 文件用于界面的事件处理。

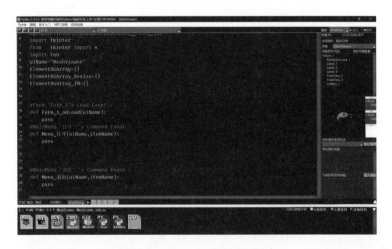

图 5-22　进入界面的逻辑文件

双击进入文件后，可以打开了一个代码编辑器，PyMe 创建了两个菜单项"打开"和"退出"的单击响应函数。我们只需要在函数中填入相应的逻辑就可以了。

在"Menu_打开"函数里删除"pass"，然后单击鼠标右键，会弹出一个菜单，如图 5-23 所示。我们选择"系统函数"，在子菜单项里找到"调用打开文件框"，单击它，这样就可以帮助我们创建出相应的打开文件对话框的代码段。

图 5-23 通过右键弹出菜单找到打开文件框函数

我们将要打开的文件格式修改为 OBJ、FBX 和 PMM，让模型观察器支持从文件中打开创建模型，将之前加载 OBJ 模型的文件复制一份到当前工程下，重命名为 Mesh.py，并将其中 OpenGLWindow 相关的函数删除，只保留 Material、SubMesh、Mesh，然后在当前 MeshViewer_cmd.py 文件中引入：

```
import Mesh
#设置一个全局的模型实例变量
g_CurrentMesh = None
```

然后是打开文件部分的处理：

```
def Menu_打开(uiName,itemName):
    global g_CurrentMesh
    openGLFrame = Fun.GetElement(uiName,"PyMeGLFrame_1")
```

```
    if openGLFrame and g_CurrentMesh:
        openPath = Fun.OpenFile(title="打开模型文件",filetypes=[('OBJ
File','.obj'),('FBX File','.fbx'),('PMM File','.pmm')],initDir =
os.path.abspath('.'))
        if openPath and len(openPath) > 0:
            tempName,extension = os.path.splitext(openPath)
            extension = extension.lower()
            if extension == ".obj":
                #加载一个 OBJ 文件
                g_CurrentMesh.LoadMeshFromOBJFile(openPath)
            elif extension == ".fbx":
                #加载一个 FBX 文件
                if g_CurrentMesh.LoadMeshFromFBXFile(openPath) == True:
                    g_CurrentMesh.PlayAction(0)
            elif extension == ".pmm":
                #加载一个 PMM 文件
                g_CurrentMesh.LoadMeshFromPMMFile(openPath)
```

不过现在还需要做一些处理才能渲染出来，找到 Form_1_onLoad 函数，也就是当前窗体在创建好之后由 PyMe 调用的函数中，输入以下代码：

```
def Form_1_onLoad(uiName):
    #取得 GLFrame
    openGLFrame = Fun.GetElement(uiName,"PyMeGLFrame_1")
    if openGLFrame:
        #设置 GLFrame 的初始化和渲染回调函数为我们指定的函数
        openGLFrame.SetInitCallBack(InitMesh)
        openGLFrame.SetFrameCallBack(RenderMesh)
```

然后在函数上方加入两个函数：

```
#初始化模型的回调函数
def InitMesh():
    global g_CurrentMesh
    g_CurrentMesh = Mesh.Mesh()
    #在这里我们可以默认创建一个球体方便观察
    g_CurrentMesh.CreateSphere()
    #设置摄像机位置和观察目标点位置
    openGLFrame = Fun.GetElement("MeshViewer","PyMeGLFrame_1")
    if openGLFrame:
```

```
        openGLFrame.SetEyePosition(0.0,0.0,20.0)
        openGLFrame.SetLookAtPosition(0.0,0.0,0.0)
#渲染模型的回调函数
def RenderMesh():
    global g_CurrentMesh
    g_CurrentMesh.Render()
```

这样就可以通过菜单项"打开"命令将指定模型加载到窗体中了。

5.3.3　观察摄像机控制

在上一节的模型观察器中，我们使用 PyMeGLFrame 创建出一个渲染 OpenGL 物体的窗口，但是要对模型进行良好的观察，需要有一个可以方便 360° 自由操作的摄像机功能。一般来说这个摄像机默认位于一个以观察模型为中心点，以观察距离为半径的球面上，可以通过鼠标滚轮来拉近拉远，并且可以通过鼠标拖曳来旋转模型物体，效果如图 5-24 所示。

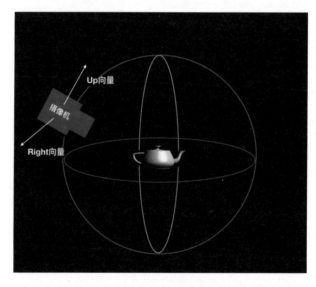

图 5-24　球形摄像机对物体的观察

在 PyMeGLFrame 控件上单击鼠标右键，然后在弹出菜单中选择"事件响应"菜单项，这时会弹出事件响应编辑区对话框，在左边列表中找到"MouseWheel"事件，单击"编辑函数代码"按钮，就会进入响应事件的回调函数代码区域。

在对应函数中输入代码：

```
def PyMeGLFrame_1_onMouseWheel(event,uiName,widgetName):
    openGLFrame = Fun.GetElement(uiName,"PyMeGLFrame_1")
```

```
if openGLFrame:
    #event.delta 为鼠标的滚动指向，120 和-120 分别代表向前向后滚动
    if event.delta > 0:
        #如果是向前滚动，我们让摄像机向观察点移动 0.5 单位距离
        openGLFrame.CloseToLookAt(0.5)
    else:
        #如果是向后滚动，我们让摄像机远离观察点 0.5 单位距离
        openGLFrame.FarAWayLookAt(0.5)
```

在上面这段代码中，调用了 PyMeGLFrame 控件封装的函数来移动摄像机与观察目标点的距离，那么具体是如何现实的呢？我们可以找到 EXUIControl.py 文件，查看 PyMeGLFrame 类的具体实现，这里就不赘述了。

通过鼠标拖动来旋转模型，也需要对 PyMeGLFrame 控件的鼠标拖动事件进行处理，这里就涉及在鼠标按下时记录一下鼠标位置点，并在鼠标移动时处理鼠标偏移值。按 ESC 键返回设计视图后，在 PyMeGLFrame 控件单击鼠标右键，在弹出菜单中选择"事件响应"，然后在弹出的对话框中找到"Button-1"事件，在右边单击"编辑函数代码"按钮，为其创建事件函数，再次返回并执行同样的操作为 PyMeGLFrame 控件绑定"B1-Motion"事件。图 5-25 展示了 PyMeGLFrame 控件上绑定的事件列表。

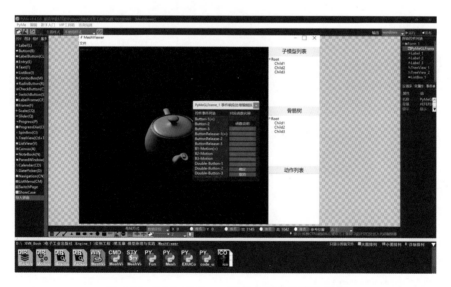

图 5-25　PyMeGLFrame 控件上绑定的事件列表

事件函数创建好之后，我们可以在 Form_1_onLoad 函数的最后创建一个用户变量，用于记录鼠标的上一次位置。

```
def Form_1_onLoad(uiName):
...
#这里创建一个坐标位置用于在鼠标拖动时记录上一次的位置点
    Fun.AddUserData(uiName,'Form_1',dataName='LastCursorPos',datatype='list',
datavalue=[0,0],isMapToText=0)
```

然后在 **PyMeGLFrame_1** 的鼠标相关事件中加入代码：

```
#鼠标左键按下
def PyMeGLFrame_1_onButton1(event,uiName,widgetName):
    #记录鼠标左键按下时的位置作为上一次的位置
    Fun.SetUserData(uiName,'Form_1','LastCursorPos',[event.x,event.y])
#鼠标按下状态拖动
def PyMeGLFrame_1_onButton1Motion(event,uiName,widgetName):
    #取得上一次的位置
    LastCursorPos = Fun.GetUserData(uiName,'Form_1','LastCursorPos')
    #计算 x 和 y 方向的偏移
    offsetx = event.x - LastCursorPos[0]
    offsety = event.y - LastCursorPos[1]
    #取得 PyMeGLFrame_1 并调用横向和纵向的旋转
    openGLFrame = Fun.GetElement(uiName,"PyMeGLFrame_1")
    if openGLFrame:
        openGLFrame.RotateH(offsetx * 0.1)
        openGLFrame.RotateV(offsety * 0.1)
    #最后将本次鼠标位置后记录为上一次的位置
    Fun.SetUserData(uiName,'Form_1','LastCursorPos',[event.x,event.y])
```

再次运行，我们可以通过鼠标拖动对观察模型进行旋转，来方便地察看多个角度的模型表现，还可以根据需要拉近观察细节。

5.3.4 模型材质编辑

在完成模型的加载后，我们应该罗列模型的材质列表，在 cmd 文件顶部加入代码：

```
#列出子模型及材质、纹理信息
def UpdateMeshInfoTree():
    global g_CurrentMesh
    if g_CurrentMesh:
        uiNmae = "MeshViewer"
        treeName = "TreeView_1"
        #先清空一下树控件
```

```
    Fun.DelAllTreeItem(uiNmae,treeName)
    #遍历所有子模型
    for subMeshName in g_CurrentMesh.SubMeshDict.keys():
        subMeshItem = Fun.AddTreeItem(uiNmae,treeName,"","end",
subMeshName,"子模型:"+subMeshName)
        subMesh = g_CurrentMesh.SubMeshDict[subMeshName]
        #查询是否有材质
        if subMesh.Material:
            materialName = subMesh.Material.MaterialName
            materialItem = Fun.AddTreeItem(uiNmae,treeName,subMeshItem,
"end",materialName,"材质:"+materialName)
            #遍历材质的贴图
            for TextureIndex in subMesh.Material.TextureDict.keys():
                TextureInfo = subMesh.Material.TextureDict[TextureIndex]
                imagePath = TextureInfo[0]
                PathName,FileName = os.path.split(imagePath)
                Fun.AddTreeItem(uiNmae,treeName,materialItem,
"end",FileName,"纹理:"+FileName,(imagePath))
        TreeView_1 = Fun.GetElement(uiNmae,treeName)
        #展开树控件
        Fun.ExpandAllTreeItem(TreeView_1,1)
```

在用"InitMesh"函数创建模型时及"Menu_打开"函数打开模型文件后调用这个函数即可。图 5-26 展示了使用"MeshViewer"打开模型时右边子模型列表树的展开效果。

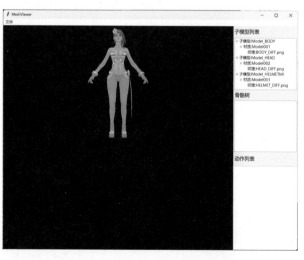

图 5-26　子模型列表树的展开效果

可以看到，在模型创建后，右上角的树控件中罗列了相关模型信息，在这里我们可以对模型材质的贴图进行编辑。比如双击某个图片，可以弹出打开图片文件并更换纹理，这时可以用鼠标右键单击"TreeView_1"，在弹出菜单中点选"事件响应"，如图 5-27 所示，然后在弹出的对话框中找到"Double-Button-1"事件，单击右边"编辑函数代码"按钮，就可以进入双击事件的响应函数了。

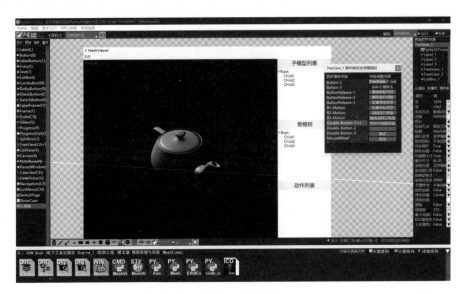

图 5-27　为子模型列表树的双击事件绑定函数

在双击事件响应函数中，用鼠标右键在函数中单击，在弹出菜单中的"界面函数"下找到"TreeView"控件下的"TreeView_1"，这时会罗列出一些可用的函数，选择"判断当前单击的节点项"，会调用函数判断单击位置取得的树项，将 event.x 和 event.y 作为参数：

```
pickedItem = Fun.CheckPickedTreeItem(uiName,"TreeView_1",event.x,event.y)
```

然后对返回的树项做一个有效性判断，并继续用鼠标右键单击要插入的代码位置，在"系统函数"菜单项下，选择"调用打开文件框"，然后修改文件类型为 PNG 和 JPG。

```
def TreeView_1_onDoubleButton1(event,uiName,widgetName):
    global g_CurrentMesh
    pickedItem = Fun.CheckPickedTreeItem(uiName,"TreeView_1",event.x,event.y)
    if pickedItem:
        oldItemText = Fun.GetTreeItemText(uiName,'TreeView_1',pickedItem)
        oldItemValue = Fun.GetTreeItemValues(uiName,'TreeView_1',pickedItem)
        if oldItemText.find("纹理:") == 0:
            itemFileName = oldItemText.partition("纹理:")[2]
```

```
            newImagePath = Fun.OpenFile(title="打开图片文件",filetypes=[('PNG
File','*.png'),('JPG File','*.png')],initDir = os.path.abspath('.'))
        if newImagePath:
            #遍历所有子模型
            for materialName in g_CurrentMesh.MaterialDict.keys():
                materialInfo = g_CurrentMesh.MaterialDict[materialName]
                #遍历材质的贴图
                for TextureIndex in materialInfo.TextureDict.keys():
                    TextureInfo = materialInfo.TextureDict[TextureIndex]
                    imagePath = TextureInfo[0]
                    oldPathName,oldFileName = os.path.split(imagePath)
                    if itemFileName == oldFileName:
                        if True == materialInfo.LoadTextureFromFile
(TextureIndex,newImagePath,True):
                            newPathName,newFileName = os.path.split
(newImagePath)
                            newItemText = "纹理:" + newFileName
                            Fun.SetTreeItemText(uiName,'TreeView_1',
pickedItem,newItemText)
                            return
```

将模型贴图复制一份，并将泳装部分的红色改为蓝色后保存，作为要替换的目标纹理图，运行后双击树项中的纹理节点，选择蓝色的纹理图，显示效果如图 5-28 所示。

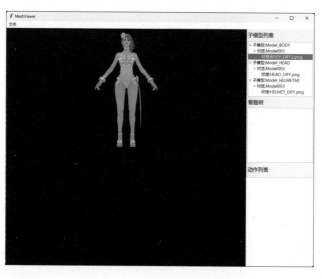

图 5-28　为模型更换纹理图

5.3.5 骨骼与动画

在介绍完子模型树控件的处理后，下面介绍一下骨骼树控件，进入 UpdateMeshInfoTree 函数增加如下代码：

```python
#更新骨骼列表
treeName = "TreeView_2"
#先清空一下树控件
Fun.DelAllTreeItem(uiName,treeName)
#遍历所有子模型
TreeView_2 = Fun.GetElement(uiName,treeName)
BoneTree = g_CurrentMesh.GetBoneTree()
#取得骨骼数量
BoneCount = g_CurrentMesh.GetBoneCount()
Fun.SetText(uiName,"Label_2","骨骼树:"+str(BoneCount)+"个")
#构建骨骼树控件
def BuildBoneTree(uiName,treeName,BoneTree,parentItem):
    for BoneInfo in BoneTree:
        BoneName = BoneInfo[0]
        BoneItem = Fun.AddTreeItem(uiName,treeName,parentItem,
"end",BoneName,BoneName)
        ChildBoneTree = BoneInfo[1]
        BuildBoneTree(uiName,treeName,ChildBoneTree,BoneItem)
BuildBoneTree(uiName,treeName,BoneTree,"")
#将树控件全部展开
Fun.ExpandAllTreeItem(TreeView_2,1)
```

这里通过编写一个递归函数来层层创建出所有的骨骼树项，就可以将整个骨骼树控件创建出来了。最后，我们再对动作列表进行填充：

```python
#更新动作列表
#先清空一下列表控件
Fun.DelAllLines(uiName,"ListBox_1")
for actionName in g_CurrentMesh.ActionDict.keys():
    Fun.AddLineText(uiName,"ListBox_1",actionName,lineIndex="end")
#取得动画数量
ActionCount = g_CurrentMesh.GetActionCount()
Fun.SetText(uiName,"Label_3","动作列表:"+str(ActionCount)+"个")
```

运行一下，打开一个 FBX 骨骼动画模型时，观察右边面板则会显示出如图 5-29 所示骨骼树和动作列表。

我们希望在单击动作列表名称时，能够播放对应动作，此时可以用鼠标右键单击"ListBox_1"，在弹出菜单中点选"事件响应"，然后在弹出的对话框中找到"ListboxSelect"事件，单击右边"编辑函数代码"按钮进入选中列表项事件的响应函数并编写如下代码。

```
#ListBox 'ListBox_1's ListboxSelect Event :
def ListBox_1_onSelect(event,uiName,widgetName):
    global g_CurrentMesh
    actionIndex = Fun.GetCurrentIndex(uiName,widgetName)
    if g_CurrentMesh:
        g_CurrentMesh.PlayAction(actionIndex)
```

完成后，再次运行，可以在加载 FBX 骨骼动画后，通过单击动作列表项来切换动作，如图 5-30 所示。

图 5-29　显示骨骼树和动作列表　　　　　图 5-30　选择动作时，模型会切换到相应动作

不过，并不是所有的 FBX 骨骼动画模型都可以正常显示出对应的信息，这跟模型的制作方式有关，有一些 FBX 模型的解析方式也有所不同，在这里就不再深究了。此外，因为游戏中一般一个顶点最多受四根骨骼影响，所以如果模型本身存在顶点受大于四根骨骼影响的情况，就可根据权重对参与计算的骨骼进行处理，最终与原效果也会有细微的差别。

第6章　认识光和影

在前面的章节中，我们掌握了基本的图形和模型的渲染，但我们手动加载的这些图形和模型，看起来立体感不明显，更像 2D 画面，这是为什么呢？这是因为缺少了光照处理，模型表面只有纹理色，而没有明暗变化，因而失去了立体感。本章将重点学习一下光和影，提升模型的真实感表现。

6.1　光照原理入门

谈起 3D 光照，开发者一般首先从最基本的光照模型来入门。基础光照模型并不是按照真实世界的复杂光照理论建立的，而是由一系列简单的公式来模拟常见的一些光照效果。虽然看起来不是很真实，但算法简单，效率较高。近些年，随着图形学理论的发展和显卡性能的持续提升，在光影效果上越来越趋向于真实感，技术上也越来越复杂，但在相当长的一段时间内，基础光照模型的使用和优化始终是游戏引擎最主要的技术体现。本节将从基础光照模型入手，然后分别针对它在使用中的问题，扩展到延迟光照和全局光照，讲述其主要的原理。

6.1.1　基础光照模型

基础光照模型又称冯氏光照模型，所涉及的知识主要包括对环境光、漫反射光和镜面反射光的模拟。环境光很简单，直接在 PS 中将渲染的模型乘以当前环境光颜色即可：

```
#version 330 core        //GLSL 中 PS 的版本
varying vec2 v_texCoord;    //定义由 VS 输出给 PS 的数据流，首先是纹理坐标值分量(u,v)
varying vec3 v_color;      //定义由 VS 输出给 PS 的数据流，然后是颜色值分量(r,g,b)
uniform sampler2D texture0; //定义使用 0 号纹理
uniform vec3 ambientColor; //环境光颜色
uniform float ambientStrength ;   //环境光强度
out vec4    outColor;       //定义输出到屏幕光栅化位置的像素颜色值
void main ()
{
    vec4 texColor = texture2D( texture0, v_texCoord.xy );
    //由 0 号纹理按照传入的纹理坐标进行采样，取得基础纹理图片对应的颜色值
    outColor = texColor * vec4(v_color.xyz,1.0) * vec4(ambientColor *
ambientStrength,1.0);
    //将最终纹理颜色与传入的顶点颜色值、环境光颜色相乘，作为最终的像素颜色
}
```

以地球模型为例，分别设置环境光颜色为红、绿、蓝，环境光强度为1.0，效果如图6-1所示。

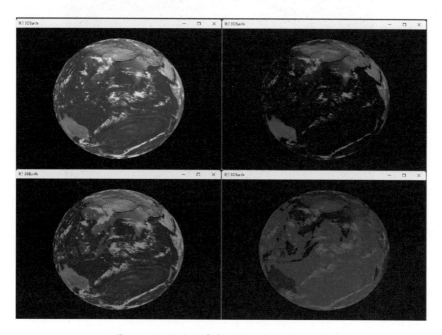

图6-1 不同的环境光照下的地球模型效果

从图中可以看到，环境光本身对模型的渲染是"一刀切"式的直接染色，这种处理虽然简单，但主要是表现环境的主基调，如白天到黑夜对场景的影响。而漫反射光则可以使模型表面对光线的照射有一个明暗面的处理，就像许多美术生在初学绘画时，总是先通过对类似图6-2中石膏像的绘制，让学生掌握物体表面在简单的平行光下的明暗关系。

首要，我们要理解明暗产生的原理。简单来说，就是物体表面朝向光的角度和是否被遮挡决定了表面的明暗，如果简化为计算公式，则是根据点积公式 dot(N,L) 来基于顶点的法向量和光线反映顶点或像素的光照强弱，因为法线代表了表面的方向，与光线入射光方向的夹角越小，则光照越强，反之越弱。基于这个方法，在 Shader 中传入光照方向和光的颜色值，并与法线进行计算。图6-3演示了地球模型受到平行光照射后的效果，通过漫反射的处理，3D 模型的立体感大大增强了。

图6-2 绘制石膏像

图 6-3 地球模型的漫反射光照效果

漫反射计算首先需要给模型的顶点属性中增加法向量（Normal）属性，这时要注意的是顶点流格式的设置，需要使用 GL_T2F_N3F_V3F，代表每个顶点的属性包括了（1）纹理坐标 u,v；（2）法线向量 nx,ny,nz；（3）位置向量 x,y,z。注意，法线向量只是一个单位向量，并没有具体长度。

```python
# 初始化 VBO,IBO
def InitVBOIBO(self):
    self.VertexDec = GL_T2F_N3F_V3F
    VertexArray = []
    IndexArray = []
    #将从北极到南极的经线分割成 N 份，每份的角度
    angleH = PI/self.statckY
    angleZ = (2*PI)/self.statckX #纵向每份的角度，算出弧度值
    radius = 5.0    #半径
    for row in range(0,self.statckY+1):
        for col in range(0,self.statckX+1):
            u = col / self.statckX
            v = row / self.statckY

            NumAngleH = angleH * row - PI * 0.5 #当前横向角度
            NumAngleZ = angleZ * col            #当前纵向角度

            #法向量需要是单位向量（0～1）间
```

```
            nx = math.cos(NumAngleH)*math.cos(NumAngleZ)
            ny = math.sin(NumAngleH)
            nz = math.cos(NumAngleH)*math.sin(NumAngleZ)

            #位置
            x = radius*nx
            y = radius*ny
            z = radius*nz

            #按照GL_T2F_N3F_V3F把顶点数据填充到列表中
            VertexArray.extend([u, v])
            VertexArray.extend([nx,ny,nz])
            VertexArray.extend([x,y,z])

    for row in range(0,self.statckY):
        for col in range(0,self.statckX):
            #格子的顶点索引
            vIndex1 = row * (self.statckX+1) + col
            vIndex2 = vIndex1 + 1
            vIndex3 = vIndex1 + (self.statckX+1)
            vIndex4 = vIndex3 + 1
            IndexArray.extend([vIndex1, vIndex2,vIndex3])
            IndexArray.extend([vIndex2, vIndex3,vIndex4])

    self.VB = vbo.VBO(np.array(VertexArray,'f'))
    self.IB = vbo.VBO(np.array(IndexArray,'H'),target =
GL_ELEMENT_ARRAY_BUFFER)
    self.useVBOIBO = True
```

对应的 Shader 代码如下：

```
vsCode =  """ #version 120   //GLSL 中 VS 的版本
            varying    vec2 v_texCoord;
            //定义输出给 PS 的数据流，首先是纹理坐标值分量(u,v)
            varying    vec3 v_Normal;
            //定义输出给 PS 的数据流，然后是法向量分量(nx,ny,nz)
            uniform    mat4 uModelMatrix; //定义由代码转入的模型矩阵
            void main()   //入口函数固定为 main()
            {
```

```
            gl_Position = gl_ModelViewProjectionMatrix * vec4(gl_Vertex.
xyz,1.0);
            v_texCoord = vec2(gl_MultiTexCoord0.x,gl_MultiTexCoord0.y);
            //取内置变量第一个纹理坐标作为输出到屏幕相应坐标点的纹理坐标
            v_Normal = mat3(uModelMatrix) * gl_Normal.xyz; //计算法向量
        }
        """
psCode = """ #version 330 core          //GLSL 中 PS 的版本
        varying vec2 v_texCoord;
        //定义由 VS 输出给 PS 的数据流，首先是纹理坐标值分量(u,v)
        varying vec3 v_Normal;
        //定义由 VS 输出给 PS 的数据流，然后是法向量分量(nx,ny,nz)
        uniform sampler2D texture0; //定义使用 0 号纹理
        uniform vec3  ambientColor;  //环境光颜色
        uniform float ambientStrength ;   //环境光强度
        uniform vec3  uSunLightDir;      //太阳光方向
        uniform vec3  uSunLightColor;     //太阳光颜色
        out vec4    outColor;           //定义输出到屏幕光栅化位置的像素颜色值


        void main()
        {
            #使用点积来计算法向量与光照反方向的夹角对明暗的影响值
            float   fDotNL = dot(vec3(v_Normal.x,v_Normal.y,v_Normal.z),
-uSunLightDir);
            vec4 texColor = texture2D( texture0, v_texCoord.xy );
            //由 0 号纹理按照传入的纹理坐标进行采样，取得基础纹理图片对应的颜色值
            outColor = texColor * vec4(ambientColor * ambientStrength,1.0) *
vec4(fDotNL * uSunLightColor,1.0);
            //将最终纹理颜色与传入的顶点颜色值、环境光颜色、漫反射光相乘，作为最终的像素颜色
        }
        """
```

在这段代码中，我们加入了平行光参数 uSunLightDir 和 uSunLightColor 来表示太阳光照的方向和颜色，但要注意的是，在进行法向量 N 和光源方向 L 的点积计算时，这里填入的 uSunLightDir 值是光照射入的方向，但实际上应该使用物体表面上被照射的位置点朝向光源的方向来计算，所以这里做了一个取反操作，图 6-4 中的红色箭头代表了计算时的光照方向。

最后我们来看一下镜面反射光的使用。当光线照射
到物体亮面后，如果物体亮面比较光滑（特别是一些金
属类物体，在光线反射时，就会有更多的反射光进入到
我们的眼睛），我们就会看到，有一块区域内产生强烈
的高光，这就是镜面反射光。

如何找到这个区域呢？

首先，这个区域和漫反射区一样，属于亮面的区域，
其次，它是光线反射最强的区域。在 GLSL 中，提供了
一个反射计算函数 reflect(I,N)，用于计算入射光线 I 以
N 为法向量的反射值，它的基本实现思想还是通过 dot
对 I 和 N 进行处理。

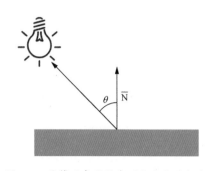

图 6-4　计算时表面的光照方向使用朝向
灯光的方向

```
vec3 reflect(vec3 I,vec3 N)
{
  float cos_theta = dot(-I,N);
  vec3  R = 2 * n * cos_theta + I;
  return (cos_theta > 0 ? normalize(R) : vec3(0.0));
}
```

在获取到这个镜面反射光线后，对它做归一化处理，得到反射光线的方向，再将反射光
线与观察方向进行计算，得出反射光线与观察方向反方向夹角的程度。

```
vsCode = """ #version 120   //GLSL 中 VS 的版本
  varying   float v_Specular;        //由 VS 计算后给 PS 的镜面反射光的强度结果
  uniform  float uSpecularPower;    //由外传入的镜面反射光的 pow 次方数
  //其他的处理略······
  void main()    //入口函数固定为 main()
  {
  //根据世界矩阵算出当前的顶点世界空间的位置
  vec3   vWorldPos = (uModelMatrix * gl_Vertex).xyz;
  //计算镜面反射光线的方向
  vec3   vReflect = reflect(-uSunLightDir,v_Normal);
  vReflect  = normalize(vReflect);
  //计算镜面反射光线的强度
  //从图像顶点减摄像机观察点位置，再进行归一化处理，计算出观察方向的反方向
  vec3   viewDir = normalize(vWorldPos.xyz-uCameraPosition);
  viewDir  = normalize(viewDir);
```

```
//通过 dot 对两个方向进行计算，得出结果后使用 clamp 限制到 0～1 之间，然后再通过 pow 函数
//取结果的 uSpecularStrength 次方数进行缩放，使其尽量在较小的范围内形成较高的数值
v_Specular = pow(clamp(dot(viewDir,vReflect),0.0,1.0),uSpecularPower);
```

在 PS 的部分，则需要加上镜面光的高光颜色。

```
psCode = """ #version 330 core          //GLSL 中 PS 的版本
    varying  float  v_Specular;         //镜面反射光的强度
    uniform  vec3  uSpecularColor;      //镜面反射光颜色
    //其他的处理略......
    //计算需要加上镜面光的高光颜色，因为是加法，所以这里的 w 值填 0 即可
    vec4  specColor = vec4(uSpecularColor.xyz * v_Specular,0.0);
    //最终颜色 = 纹理颜色 * 环境光颜色 * 漫反射 + 镜面反射高光
    outColor = texColor * vec4(ambientColor * ambientStrength,1.0) * vec4(fDotNL
* uSunLightColor,1.0) + specColor;
    }
    """
```

为了更好地观察镜面高光的效果，我们可以通过鼠标按键单击对 uSpecularStrength 进行增减来观察不同的镜面高光变化。

初始化调用函数 glutMouseFunc(self.MouseFunc)为当前应用窗口类指定一个鼠标处理回调函数：

```
def MouseFunc(self,btn,state,x,y):
    print('MOUSE:%s,%s'%(x,y))
    print('Btn:%s,%s'%(btn,state))
    #如果是左键
    if btn == 0:
        #如果是按下状态
        if GLUT_DOWN == state:
            #次方数+1
            self.SpecularPower = self.SpecularPower + 1.0
    #如果是右键
    if btn == 2:
        #如果是按下状态
        if GLUT_DOWN == state:
            #次方数-1
            self.SpecularPower = self.SpecularPower - 1.0
```

现在我们可以把本节的漫反射光和镜面反射光这两部分的内容整合成一个文件，使用 vec4 的颜色中最后一个值来作为漫反射光强度参数或镜面高光的强度参数，当然，这也比较好理解，毕竟 Alpha 值本身也反映了颜色的浓度。运行效果如图 6-5 所示。

图 6-5　运行效果

本节我们认识了光线照射物体的基本效果，这里使用的是平行光，但在实际的现实模拟中，灯光有许多的种类，比如在夜晚场景中主要的光源为点光源和聚光灯。

所谓点光源，最容易理解的就是灯泡，它可以照亮一定范围内的物体。与平行光的计算方式不同，点光源会有一个衰减距离，物体表面的受光亮度根据这个距离逐渐衰减而减弱，图 6-6 展示了这种效果。

图 6-6　P 点受灯光与 Q 点的受光亮度随着距离趋远而逐渐衰减

要模拟点光源，关键是计算出点光源与模型顶点的距离，因为光照强度和距离成反比，所以只要有了距离，根据光照的衰减范围求出光照强度，再和颜色相乘得出点光源的光照颜色值即可。不过在实际场景开发中，你也需要根据情况考虑是否计算遮挡关系，避免室内物体被室外的光源影响。

```
vsCode = """ #version 120    //GLSL 中 VS 的版本
    varying  vec3  v_Normal;           //定义输出给 PS 的数据流，然后是法向量分量
(nx,ny,nz)
    varying  vec3  v_PTLightColor;     //定义输出给 PS 的点光源的颜色
    uniform  mat4  uModelMatrix;       //定义由代码转入的模型矩阵
    uniform  vec4  uPointLightPosition; //点光的位置信息，衰减范围值存入 w
```

```
uniform  vec3  uPointLightColor;        //点光的颜色信息 R,G,B
void main()      //入口函数固定为 main()
{
    //根据世界矩阵算出当前的顶点世界空间的位置
    vec3   vWorldPos = (uModelMatrix * gl_Vertex).xyz;
    //其他代码略
    //计算顶点与点光源的距离
    float    fLength = length(uPointLightPosition.xyz - vWorldPos);
    //用距离与灯光衰减范围值做比值，得出颜色的影响率
    float    fLerp  = 1.0 - clamp(fLength / uPointLightPosition.w,0.0,1.0);
    //累加当前灯光的颜色贡献
    vec3  vLightColor += uPointLightColor * fLerp ;
    }
    v_PTLightColor = vLightColor;
}
"""
```

因为点光源的位置、衰减范围和颜色值都是通过 Shader 传进来的值进行实时计算的，所以这种方式的点光源，也常被称为"动态点光源"。"动态点光源"对场景动态表现力虽然很强，但显而易见，位于点光源衰减范围内的所有物体，都应该参与计算，这无疑会大大增加场景 Shader 的计算量，也就是说，每增加一个点光源，计算的开销将大大增加，"延迟光照"技术的诞生，很好地解决了这个问题。

6.1.2 延迟光照原理

"延迟光照"技术主要就是为了解决动态点光源数量过多时，计算量过于复杂的问题，它通过创建一些图像缓冲区，先将场景中的信息（位置，法线朝向、漫反射结果、颜色）绘制到缓冲区中，再使用这些图像缓冲区与点光源进行计算得出最后的结果。这样一来，对每一个模型都需要进行所有灯光计算的复杂处理，就降维变成了几张纹理图采样后与所有灯光一次性计算的简单处理。

图 6-7 演示了"延迟光照"下，场景中同时渲染了 64 个动态点光源。在以（0.0，0.0,0.0）为中心点的平面网格上放置了一只青蛙，在地上有一个球体，而围绕这个球体有 64 个点光源在旋转，窗口顶部显示了位置，法线朝向、漫反射、颜色的图像缓冲区。

在位置图中，红色代表了平面网格中 x 方向为正，y 为零，z 方向为负的区域，因为 x,y,z 在直接转化为 R,G,B 后，数值被截取在 0~1 之间，所以该区域就变成红色了，只不过在 x 在 0~1 范围内时，R 值也在 0~1 范围内。除此之外，R 都为 1，G 和 B 都为 0。理解了位置

与颜色的对应关系后，就明白位置图中网格平面为什么渲染出来是一个相交的四色区域了。

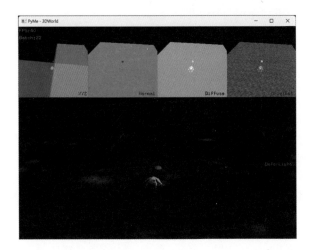

图 6-7　使用延迟光照在场景中渲染 64 个点光源

在法线图中，因为平面网格都是法线朝上的，所以平面网格的 R,G,B 都是（0.0,1.0,0.0），也就是绿色。只是青蛙和球体的法线是不同的。

在漫反射图中展示了方向光照射后的漫反射结果，因为平面网格的所有顶点的法线一致，所以是同一种灰色，但青蛙和球的表面因为有曲面，所以有明显的明暗变化。

最后是原始的颜色图，直接渲染模型的纹理色。

具体的 Shader 代码如下：

```
//XYZ
uniform sampler2D texture0;
//Normal
uniform sampler2D texture1;
//Diffse
uniform sampler2D texture2;
//Original
uniform sampler2D texture3;
//主摄像机观察矩阵
uniform mat4    uViewMatrix;
//主摄像机投影矩阵
uniform mat4    uProjMatrix;
//灯光数量
uniform int     uPointLightCount = 0;
```

```
//灯光位置及范围
uniform vec4    uPointLightXYZRangeArray[64];
//灯光颜色
uniform vec3    uPointLightColorArray[64];
//纹理大小
varying vec2    vOutTexcoords;
//输出的结果
out vec4        outColor;
//函数
void main()
{
   //根据当前的纹理坐标从 Gbuffer 中获取信息
   //位置图
   vec3  modelXYZ = texture2D(texture0, vOutTexcoords.xy).xyz;
   //法线图
   vec3  normal = texture2D(texture1, vOutTexcoords.xy).xyz;
   //光照图
   vec3  diffuse = texture2D(texture2, vOutTexcoords.xy).xyz;
   //原始颜色
   vec3  original = texture2D(texture3, vOutTexcoords.xy).xyz;
   vec3  LightColor = vec3(0.0,0.0,0.0);
   for(int i = 0; i < uPointLightCount ; i++)
   {
      vec3   tempPos = uPointLightXYZRangeArray[i].xyz - modelXYZ;
      float  fLerp  = 1.0 - clamp(length(tempPos) /
uPointLightXYZRangeArray[i].w,0.0,1.0);
      LightColor += uPointLightColorArray[i] * fLerp ;
   }
   outColor = vec4(original * diffuse * LightColor,1.0);
}
```

　　"延迟光照"是一个技巧性的方案，它通过一些简单的流程，达到了原本硬件条件下不可实现的光照效果。

6.2　光照编程实践

　　在前面的学习中，我们学习了基本的光照理论模型，也了解了点光源和"延迟光照"原理，本节将通过完整代码实现动态点光源效果。

在这个实例中，构建了一个旋转的三角锥面，并放置了三个围绕它不停旋转运动的点光源，为了能更加直观地看到点光源，在点光源的位置放置了一个小球表示点光源，并通过鼠标左键/右键单击对小球的衰减进行变化控制，运行效果如图 6-8 所示。

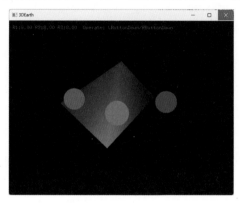

图 6-8　运行效果

为了同时对三个点光源进行计算，在渲染模型的 VS 代码中需要传入两个向量数组 uPointLightPosition 和 uPointLightColor，分别存储所有点光源的位置和颜色，并通过 for 循环来计算每一个光源影响的贡献：

```glsl
#version 120    //GLSL 中 VS 的版本
varying  vec3  v_Normal;              //定义输出给 PS 的数据流，然后是法向量分量
(nx,ny,nz)
varying  vec3  v_PTLightColor;        //定义输出给 PS 的点光源的颜色
uniform  mat4  uModelMatrix;          //定义由代码转入的模型矩阵
uniform  vec4  uPointLightPosition[3]; //三个灯光的位置信息
uniform  vec3  uPointLightColor[3];    //三个灯光的颜色信息
void main()    //入口函数固定为 main()
{
    vec3  vWorldPos = (uModelMatrix * gl_Vertex).xyz;
    gl_Position = gl_ModelViewProjectionMatrix * vec4(vWorldPos.xyz,1.0);
    v_Normal = mat3(uModelMatrix) * gl_Normal.xyz; //计算法向量

    //计算所有点光源颜色累加值的结果
    vec3  vLightColor = vec3(0.0,0.0,0.0);
    //遍历 3 个灯光
    for(int i = 0; i < 3 ; i++)
    {
        //计算顶点与点光源的距离
```

```
    float    fLength = length(uPointLightPosition[i].xyz - vWorldPos);
    //用距离与灯光衰减范围值做比值，得出颜色的影响率
    float    fLerp  = 1.0 - clamp(fLength /
uPointLightPosition[i].w,0.0,1.0);
    //累加当前灯光的颜色贡献
    vLightColor += uPointLightColor[i] * fLerp ;
    }
    v_PTLightColor = vLightColor;
}
```

场景绘制部分的代码如下：

```
# 绘制场景
def Draw(self):
    #清除屏幕和深度缓存
    glClear(GL_COLOR_BUFFER_BIT | GL_DEPTH_BUFFER_BIT)
    #动画时间持续增加
    self.AniTime = self.AniTime + self.RotateSpeed
    #灯光绕 y 轴旋转运动的半径范围
    radius = 5.0
    #灯光 1 （红）
    #先重置为单位矩阵
    glLoadIdentity()
    #计算绕 y 轴旋转运动时的当前 x,z 位置
    x = math.sin(self.AniTime) * radius
    z = math.cos(self.AniTime) * radius
    #设置向量数组中的第 x,z 分量
    self.PointLightPosition[0][0] = x
    self.PointLightPosition[0][2] = z
    #进行矩阵偏移操作，为实体渲染小球提供正确的位置和状态

glTranslate(self.PointLightPosition[0][0],self.PointLightPosition[0][1],self
.PointLightPosition[0][2])
    #绘制一个对应灯光颜色的小球

glColor3f(self.PointLightColor[0][0],self.PointLightColor[0][1],self.PointLi
ghtColor[0][2])
    #绘制一个半径为 1.0 的实体小球
    glutSolidSphere(1.0,20,20)
```

```
#灯光2（绿）
glLoadIdentity()
x = math.sin(self.AniTime+PI * 0.33333) * radius
z = math.cos(self.AniTime+PI.* 0.33333) * radius
self.PointLightPosition[1][0] = x
self.PointLightPosition[1][2] = z

glTranslate(self.PointLightPosition[1][0],self.PointLightPosition[1][1],self
.PointLightPosition[1][2])

glColor3f(self.PointLightColor[1][0],self.PointLightColor[1][1],self.PointLi
ghtColor[1][2])
glutSolidSphere(1.0,20,20)

#灯光3（蓝）
glLoadIdentity()
x = math.sin(self.AniTime+PI * 0.66666) * radius
z = math.cos(self.AniTime+PI * 0.66666) * radius
self.PointLightPosition[2][0] = x
self.PointLightPosition[2][2] = z

glTranslate(self.PointLightPosition[2][0],self.PointLightPosition[2][1],self
.PointLightPosition[2][2])

glColor3f(self.PointLightColor[2][0],self.PointLightColor[2][1],self.PointLi
ghtColor[2][2])
glutSolidSphere(1.0,20,20)

#重置为单位矩阵
glLoadIdentity()
#计算世界矩阵
T = FbxVector4(0.0,0.0,0.0,0.0)
R = FbxVector4(0.0,-self.AniTime*2.0,0.0,0.0)
S = FbxVector4(1.0,1.0,1.0,1.0)
self.WorldMatrix = FbxAMatrix(T,R,S)

#启用Shader
glUseProgram(self.Shader_Program)
```

```
    #环境光颜色(R,G,B,强度)
    ambientColorLocation =
glGetUniformLocation(self.Shader_Program,"ambientColor")
    if ambientColorLocation >= 0:
        glUniform4fv(ambientColorLocation,1,self.AmbientColor)


    #模型矩阵
    modelMatLocation =
glGetUniformLocation(self.Shader_Program,"uModelMatrix")
    if modelMatLocation >= 0:
        ShaderMatrixFloatList = self.MatrixToFloatList(self.WorldMatrix)
        glUniformMatrix4fv(modelMatLocation,1,False,ShaderMatrixFloatList)


    #三个灯光的位置信息
    uPointLightPosition =
glGetUniformLocation(self.Shader_Program,"uPointLightPosition")
    if uPointLightPosition >= 0:
        glUniform4fv(uPointLightPosition, 3, self.PointLightPosition)


    #三个灯光的颜色信息
    uPointLightColor =
glGetUniformLocation(self.Shader_Program,"uPointLightColor")
    if uPointLightColor >= 0:
        glUniform3fv(uPointLightColor, 3, self.PointLightColor)


    if self.useVBOIBO == False:
        glBegin(GL_TRIANGLES)

        glNormal3f(-1.0, 1.0, 1.0)
        glVertex3f(0.0,0.0,5.0)
        glNormal3f(-1.0, 1.0, 1.0)
        glVertex3f(-5.0,0.0,-5.0)
        glNormal3f(-1.0, 1.0, 1.0)
        glVertex3f(0.0,5.0,0.0)

        glNormal3f(1.0, 1.0, 1.0)
```

```
        glVertex3f(0.0,0.0,5.0)
        glNormal3f(1.0, 1.0, 1.0)
        glVertex3f(5.0,0.0,-5.0)
        glNormal3f(1.0, 1.0, 1.0)
        glVertex3f(0.0,5.0,0.0)

        glNormal3f(1.0, 1.0, 1.0)
        glVertex3f(-5.0,0.0,-5.0)
        glNormal3f(1.0, 1.0, 1.0)
        glVertex3f(5.0,0.0,-5.0)
        glNormal3f(1.0, 1.0, 1.0)
        glVertex3f(0.0,5.0,0.0)

        glEnd()
    else:
        #进行 VB 的顶点数据流绑定
        self.VB.bind()
        #指定顶点数据流的格式为 GL_N3F_V3F(相当于 nxnynz_xyz)
        glInterleavedArrays(GL_N3F_V3F,0,None)
        #进行 IB 的索引数据流绑定
        self.IB.bind()
        #指定索引数据流的格式为 GL_UNSIGNED_SHORT
        glDrawElements(GL_TRIANGLES,9,GL_UNSIGNED_SHORT,None)
        self.IB.unbind()
        self.VB.unbind()
    glUseProgram(0)


    self.InfoText = str("R1:%.2f R2:%.2f R3:%.2f  Operate:
LButtonDown/RButtonDown" %(self.PointLightPosition[0][3],self.PointLightPosi
tion[1][3],self.PointLightPosition[2][3]))


    if len(self.InfoText) > 0:
        glColor3f(1.0,0.0,0.0)
        glWindowPos2f(10,self.WinHeight - self.InfoFont[1]- 10)
        for ch in self.InfoText:
            glutBitmapCharacter(self.InfoFont[0],ctypes.c_int(ord(ch)))
    #交换缓存
glutSwapBuffers()
```

通过鼠标事件对点光源的衰减范围控制操作的代码如下：

```
#鼠标事件
def MouseFunc(self,btn,state,x,y):
    print('MOUSE:%s,%s'%(x,y))
    print('Btn:%s,%s'%(btn,state))
    #如果是左键
    if btn == 0:
        #如果是按下状态
        if GLUT_DOWN == state:
            for i in range(3):
                self.PointLightPosition[i][3] = self.PointLightPosition[i][3] +
1.0
    #如果是右键
    if btn == 2:
        #如果是按下状态
        if GLUT_DOWN == state:
            for i in range(3):
                self.PointLightPosition[i][3] = self.PointLightPosition[i][3] -
1.0
                if self.PointLightPosition[i][3] < 0.0:
                    self.PointLightPosition[i][3] = 0.0
```

6.3 影子原理入门

有阳就有阴，有光就有影，前面学习了光照的原理，本节来学习如何给模型增加影子。影子可以增加大大图像世界的真实感和可信度，但影子的实现并不简单。对于场景中的固定光照的静态模型，美术人员即可提供出带阴影的纹理贴图，开发者只需要加载渲染即可，但这种方式的阴子是固化在模型上的，只适用于光源效果固定的模型。而动态光源或模型在产生光照阴影时的复杂度从低到高包括了面片影子、ShadowMap（阴影映射图）和体积阴影，效果也会有许多种，下面逐一介绍。

6.3.1 面片影子

面片影子是一种最简单的阴子表现方式，它使用一个面片来表现影子，最简单的莫过于在模型脚下放置一个黑色的圆片，加上一定的 Alpha 半透明纹理。对于很多非真实感的游戏来说，这种处理简单高效，所以也比较流行。

一般来说，可以直接通过一张如图 6-9 所示的黑色圆形渐变的纹理图贴在一个正方形的面片上，然后通过颜色值判断对像素进行裁剪，最终显示为一个圆形。

图 6-9 黑色圆形渐变的纹理图

对应 Shader：

```
vsCode = """ #version 120    //GLSL 中 VS 的版本
    varying  vec2  v_texCoord;
    uniform  mat4  uModelMatrix;        //定义由代码转入的模型矩阵
    void main()      //入口函数固定为 main()
    {
        vec3   vWorldPos = (uModelMatrix * gl_Vertex).xyz;
        gl_Position = gl_ModelViewProjectionMatrix * vec4(vWorldPos.xyz,1.0);
        v_texCoord = vec2(gl_MultiTexCoord0.x,gl_MultiTexCoord0.y);
    }
    """
psCode = """ #version 330 core     //GLSL 中 PS 的版本
    varying  vec2   v_texCoord;
    //定义由 VS 输出给 PS 的数据流，首先是纹理坐标值分量(u,v)
    uniform sampler2D texture0;        //定义使用 0 号纹理
    out vec4     outColor;            //定义输出到屏幕光栅化位置的像素颜色值

    void main()
    {
        vec4   texColor = texture2D( texture0, v_texCoord.xy );
        //由 0 号纹理按照传入的纹理坐标进行采样，取得基础纹理图片对应的颜色值
        //如果 R 值大于 0.5，则丢弃掉像素输出
        if (texColor.x > 0.5)
            discard;
        outColor = texColor;          //最终颜色 = 纹理颜色
    }
    """
```

运行效果如图 6-10 所示。

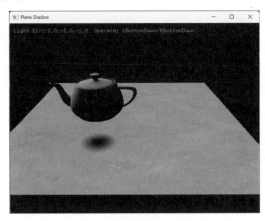

图 6-10　运行效果

这种方式很简单，但看起来比较简陋。除此之外，还有一种方式，即将模型压扁成一个片充当影子放置在模型的下方，比如对当前模型矩阵进行影子的渲染前调用 glScalef(1.0,0.001,1.0)，采用这种方式的运行效果如图 6-11 所示。

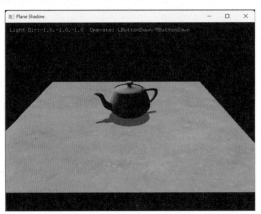

图 6-11　运行效果

采用这种方式实现的影子效果看起来也很不错，不过要多渲染一次模型，从而带来更多的渲染批次，但面片影子部分的渲染可以省去纹理采样和顶点法线这些无关紧要的计算，只保留一个纯灰色。另外着色也可以做一些优化，对于模型数量较少的简单的场景来说，可以根据实际情况采用这种方式。

6.3.2　ShadowMap

面片影子使用一个面片模型来生成影子，所以在遇到有高低起伏的地方时，就会穿帮。

而 ShadpMap 是一种更贴近认知的实现方法，通过
Shader 逐像素地对模型表面计算光照遮挡光系，并将
被遮挡的像素设置为暗色来形成影子。图 6-12 展示了
物体被光照射时的遮挡关系及亮面与暗面关系。

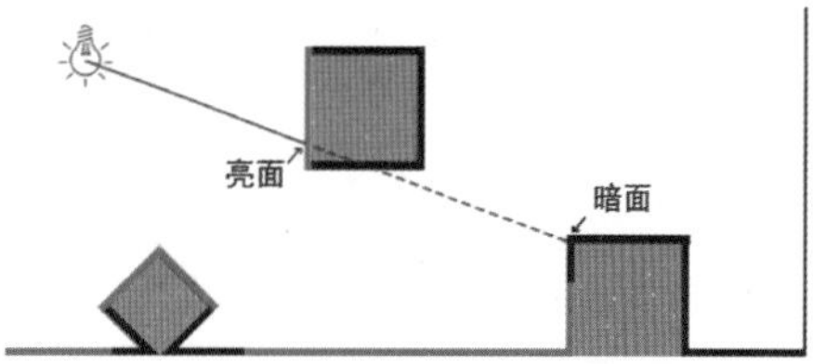

图 6-12　灯光照射下模型的亮面与暗面

这个过程的实现原理分为三步。

第一步：将光源位置作为摄像机位置，从光源照
射的方向观察拍一张深度图，将这张深度图作为模型
用于计算光照的对比数据源，并保存光源摄像机的观察和投影矩阵 LightVPM。

第二步：在渲染模型时，在模型的 Vertex Shader 中通过对表面位置点与光源摄像机观察
投影矩阵 LightVPM 的反向计算，推算出位置点在深度图上的坐标位置，以及在矩阵对应视
锥中的计算深度值。

第三步：在 Pixel Shader 中使用深度图的坐标与深度图进行采样，得出相应像素的深度值，
并与计算深度值进行对比，如果像素深度值 < 计算深度值，说明像素被离光源更近的物体遮
挡，然后将这部分像素填充为黑色。

以上只是最简化版本的基本原理，是一种易于理解的光线遮挡思路，但在实际应用中，
这么做会生成很硬的黑色块影子。为了拥有更柔和的影子，会增加许多处理。

实际的处理版本可能会是下面这样。

第一步：不考虑影子处理，将场景先渲染一遍，输出到一个渲染目标纹理 BaseTexture 中。

第二步：从光源位置向光照方向拍摄深度图。

第三步：对场景模型使用"深度对比 Shader"把所有模型再绘制一遍，并输出到一个单
独的渲染目标纹理 ShadowTexture 中。

第四步：将 ShadowTexture 作为纹理，使用模糊处理 Shader 与 BaseTexture 颜色相乘，贴
到屏幕上，最终屏幕上显示的结果，实际上是 BaseTexture 的颜色 x 模糊处理后的
ShadowTexture。

ShadowMap 这种影子渲染技术在实时游戏中比较常用，对动态模型的影子表现效果非常
好。不过当场景比较大时，受制于纹理图的大小限制，只使用一张图无法很好地展现精细的
阴影效果，这时就产生了多级 ShadowMap。将场景根据与摄像机位置的距离划分为多个区域，
然后再分别拍摄不同精度的深度图，处理各自区域的影子，可以实现精细度由近及远逐步下
降，表现效果更好。

6.3.3 体积阴影

体积阴影是一种复杂的影子算法，它通过一种实时的区域构建算法生成模型，向光线方向发散所形成的区域并反复渲染，结合模板缓冲对像素积累值加减操作，最后留下影子区域遮罩，最后在屏幕上画一张黑色图来填充遮罩区域形成影子。下面通过图 6-13 来解释一下体积阴影的渲染原理。

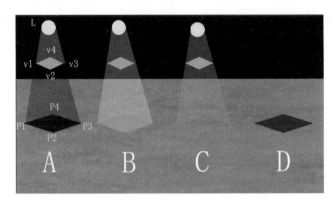

图 6-13　体积阴影的渲染原理

在图片中，有 A、B、C、D 四种情况。

A：展示了一个黄色向下的光源对一个四边形阻挡物照射，最后映射在草地上形成一个四边形阴影的情况。灯光位置为 L，四边形阻挡物有四个顶点，分别为 v1,v2,v3,v4，阴影区域的四边形的四个顶点为 P1,P2,P3,P4。

B：使用逆时针方向渲染，并设置模板缓冲的加 1 操作。从灯光位置向阻挡物模型四边形所有的三角形顶点发射光线，并以每个三角形的每两个相邻顶点沿着光线出射到顶点的方向延伸较长的距离，与当前光源位置顶点构成一个新三角形（比如 L,v1,v2 三角形延伸到比 L,P1,P2 更远的距离），最终将所有三角形都绘制完。

C：使用顺时针方向渲染，并设置模板缓冲的减 1 操作。再重复 B 的三角形构建与渲染。

D：经过两次构建和绘制，现在模板缓冲经过 B、C，留下大于 0 的地方，就是影子区域了，再使用屏幕 2D 绘图，把一个屏幕大小的黑色图形绘制到屏幕上。设置只允许缓冲值大于 0 的像素可以通过，这样留下来的就是黑色影子了。

体积阴影需要实时地对模型体进行计算和三角模型构建，并需要多次渲染最后得出有影子的区域。这种方式得出的影子很精确，但是计算过程复杂，相较于其他的影子处理方式性能压力较大，对场景的构成也会有一些要求，所以不是太流行。约翰·卡马克在 *DOOM3* 游戏中曾使用了这项技术，算是一个比较经典的使用案例，效果如图 6-14 所示。

图 6-14　*DOOM3* 中的体积阴影效果

6.4　影子编程实践

游戏中比较常用的阴影技术还是 ShadowMap，本节将实现这个过程，并通过案例体现纹理图分辨率与精细度之间的关系。

前面讲述了原理，在实践部分将具体实现这个过程。在这里，我们搭建了一个简单的场景，将一个茶壶放在一个贴有草地纹理的四边形上方，然后让茶壶缓缓地旋转，展现光从上方照下来后，在草地上形成阴影。为了体现深度图分辨率与阴影精细度之间的关系，在右上方绘制一个四边形显示出阴影图。场景渲染如图 6-15 如示。

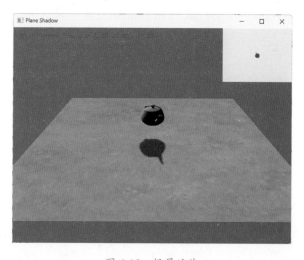

图 6-15　场景渲染

实现代码中阴影的实现主要分为三部分，第一部分是初始化部分，包括了深度图的创建，草地和深度图显示四边形的创建代码：

```python
#OpenGL 初始化函数
def InitGL(self, width, height):
    #窗口大小
    self.WinWidth = width
    self.WinHeight = height
    #环境光颜色 R,G,B,强度)
    self.AmbientColor = [1.0,1.0,1.0,1.0]
    #摄像的位置
    self.CameraPosition = [0.0,10.0,-20.0]
    #观察目标的位置
    self.LookAtPosition = [0.0,0.0,0.0]
    #摄像机上方向
    self.UpDir = [0.0,1.0,0.0]
    #创建草地和对应 Shader
    self.CreateGrass()
    #创建深度渲染目标纹理和 Shader
    self.CreateDepthRenderTarget()
    #创建用于显示深度渲染目标的 2D 矩形区域的 Shader
    self.Create2DRectShader()
    ...略
```

其中最主要的是创建深度渲染目标纹理和 Shader 的部分：

```python
#创建一个渲染目标纹理
def CreateDepthRenderTarget(self):
    #颜色
    self.FrameBuffer = glGenFramebuffers(1)
    glBindFramebuffer(GL_FRAMEBUFFER,self.FrameBuffer)
    #纹理
    self.FrameBuffer_Texture = glGenTextures(1)
    glBindTexture(GL_TEXTURE_2D, self.FrameBuffer_Texture)
    glTexImage2D(GL_TEXTURE_2D, 0, GL_RGB, self.WinWidth, self.WinHeight, 0,
GL_RGB, GL_UNSIGNED_BYTE, None)
    glTexParameterf(GL_TEXTURE_2D,GL_TEXTURE_MAG_FILTER, GL_LINEAR)
    glTexParameterf(GL_TEXTURE_2D,GL_TEXTURE_MIN_FILTER, GL_LINEAR)
    glTexParameterf(GL_TEXTURE_2D,GL_TEXTURE_WRAP_S, GL_CLAMP_TO_BORDER)
```

```
        glTexParameterf(GL_TEXTURE_2D,GL_TEXTURE_WRAP_T, GL_CLAMP_TO_BORDER)
        glFramebufferTexture2D(GL_FRAMEBUFFER, GL_COLOR_ATTACHMENT0,
GL_TEXTURE_2D, self.FrameBuffer_Texture, 0)
     #解除绑定，再次绑定到默认 FBO
     #一旦默认 FBO 被绑定，那么读取和写入就都再次绑定到了窗口的帧缓冲区
     glBindFramebuffer(GL_FRAMEBUFFER, 0)
     glBindTexture(GL_TEXTURE_2D, 0)
     #深度
     vsCode = """ #version 120   //GLSL 中 VS 的版本
             varying vec2   v_texCoord;
             //定义输出给 PS 的数据流，首先是纹理坐标值分量(u,v)
             varying  float   v_Depth;
             //定义输出给 PS 的数据流，纹理坐标后面是浮点数深度值
             void main()    //入口函数固定为 main()
             {
                 gl_Position = gl_ModelViewProjectionMatrix *
vec4(gl_Vertex.xyz,1.0);
                 v_texCoord = vec2(gl_MultiTexCoord0.x,gl_MultiTexCoord0.
y); //取内置变量第一个纹理坐标作为输出到屏幕相应坐标点的纹理坐标
                 v_Depth = gl_Position.z;  //用 v_Depth 记录当前视锥空间的 z 值
             }
             """

     psCode = """ #version 330 core
             varying  float   v_Depth;
             out vec4  outColor;
             void main()
             {
                 //以计算后的 z 值再比上视锥最远的距离 100，得出 0～1 的深度缓冲值
                 float  fRed = v_Depth/100.0;
                 outColor = vec4(fRed,fRed,fRed,1.0);
             }
             """
     #创建 GLSL 程序对话
     self.Shader_Program_Depth = glCreateProgram()
     #创建 VS 对象
     vsObj = glCreateShader( GL_VERTEX_SHADER )
     #指定 VS 的代码片段
     glShaderSource(vsObj , vsCode)
```

```
#编译 VS 对象代码
glCompileShader(vsObj)
#将 VS 对象附加到 GLSL 程序对象
glAttachShader(self.Shader_Program_Depth, vsObj)
#创建 PS 对象
psObj = glCreateShader( GL_FRAGMENT_SHADER )
#指定 PS 对象的代码
glShaderSource(psObj , psCode)
#编译 PS 对象代码
glCompileShader(psObj)
#将 PS 对象附加到 GLSL 程序对象
glAttachShader(self.Shader_Program_Depth, psObj)
#将 VS 与 PS 对象链接为完整的 Shader 程序
glLinkProgram(self.Shader_Program_Depth)
#当前深度图所处摄像机位置点
self.DepthCameraPosition = [0.0,20.0,20.0]
#存储当前拍摄深度图的投影矩阵
self.DepthCameraProjMatrix = []
#存储当前拍摄深度图的观察矩阵
self.DepthCameraViewMatrix = []
```

第二部分主要是在场景渲染时先使用深度摄像机对场景进行一次渲染，把场景深度渲染到深度图中。这里因为要把阴影显示在草地上，所以只渲染茶壶即可，省去草地与深度图中自身部分的深度对比。

```
# 使用深度图作为渲染目标，将模型深度渲染到深度图中
def Step1_MakeDepthImage(self):
    #使用自定义的图像缓冲作为渲染目标
    glBindFramebuffer(GL_FRAMEBUFFER,self.FrameBuffer)
    #清空深度为 1.0
    glClearDepth(1.0)
    #清空屏幕颜色
    glClearColor(1.0, 1.0, 0.0, 0.0)
    #清空屏幕的缓冲，可以清空颜色/深度/模板缓冲
    glClear(GL_COLOR_BUFFER_BIT | GL_DEPTH_BUFFER_BIT | GL_STENCIL_BUFFER_BIT)
    #设置观察矩阵
    glMatrixMode(GL_PROJECTION)
    #重置观察矩阵
```

```
glLoadIdentity()
#设置屏幕宽、高比
gluPerspective(45.0, float(self.WinWidth) / float(self.WinHeight), 0.1,
100.0)
#glOrtho(-320,320,-240,240,-400,400)
#设置观察点位置、目标位置，以及上方向
gluLookAt(self.DepthCameraPosition[0],self.DepthCameraPosition[1],self.Depth
CameraPosition[2],0.0,2.0,0.0,0.0,1.0,0.0)
#获取投影矩阵
MatrixArray = glGetFloatv( GL_PROJECTION_MATRIX )
self.DepthCameraProjMatrix.clear()
for Row in MatrixArray:
    for Col in Row:
        self.DepthCameraProjMatrix.append(Col)
#获取观察矩阵
MatrixArray = glGetFloatv( GL_MODELVIEW_MATRIX )
self.DepthCameraViewMatrix.clear()
for Row in MatrixArray:
    for Col in Row:
        self.DepthCameraViewMatrix.append(Col)
#设置观察矩阵
glMatrixMode(GL_MODELVIEW)
#重置模型矩阵
glLoadIdentity()
#启用 Shader
glUseProgram(self.Shader_Program_Depth)
glRotatef(self.AniTime,0.0,1.0,0.0)
glTranslate(0.0,2.0,0.0)
#只渲染照向当前观察方向的面
#glEnable(GL_CULL_FACE)
#glCullFace(GL_BACK)
#渲染茶壶
glutSolidTeapot(1.0)
#省略草地渲染
#glDisable(GL_CULL_FACE)
glUseProgram(0)
```

```
#恢复到原本的图像缓冲作为渲染目标
glBindFramebuffer(GL_FRAMEBUFFER, 0)
```

第三部分是在有了深度图之后的场景重绘，将深度图作为对比数据图传入模型的 Shader，然后进行对比计算，得出带阴影效果的模型。

```
def Step2_DrawGrass(self):
    #启用 Shader
    glUseProgram(self.Shader_Program_Grass)
    #环境光颜色(R,G,B,强度)
    ambientColorLocation =
glGetUniformLocation(self.Shader_Program_Grass,"ambientColor")
    if ambientColorLocation >= 0:
        glUniform4fv(ambientColorLocation,1,self.AmbientColor)
    #使用草地的纹理图
    glActiveTexture(GL_TEXTURE0)
    glBindTexture(GL_TEXTURE_2D, 0)
    tex0Location = glGetUniformLocation(self.Shader_Program_Grass,"texture0")
    if tex0Location >= 0:
        glUniform1i(tex0Location, 0)
    #使用茶壶的深度图
    glActiveTexture(GL_TEXTURE1)
    glBindTexture(GL_TEXTURE_2D, self.FrameBuffer_Texture)
    tex1Location = glGetUniformLocation(self.Shader_Program_Grass,"texture1")
    if tex1Location >= 0:
        glUniform1i(tex1Location, 1)
    #取得投影矩阵
    shadowMapViewProjectMatrixLocation =
glGetUniformLocation(self.Shader_Program_Grass,"uShadowMapViewProjectMatrix"
)
    if shadowMapViewProjectMatrixLocation >= 0:
        projectMatrixFloatList = self.DepthCameraProjMatrix
        viewMatrixFloatList = self.DepthCameraViewMatrix
        if projectMatrixFloatList and viewMatrixFloatList:
            projectMatrix = FbxMatrix()
            viewMatrix = FbxMatrix()
            for i in range(4):
                for j in range(4):
```

```
            FIndex = i * 4 + j
            projectMatrix.Set(j,i,projectMatrixFloatList[FIndex])
            viewMatrix.Set(j,i,viewMatrixFloatList[FIndex])
    ViewProjectMatrix = viewMatrix * projectMatrix
    ViewProjectMatrixFloatList = []
    #序列成 FLOAT
    for r in range(4):
        RowVec4 = ViewProjectMatrix.GetRow(r)
        for c in range(4):
            ViewProjectMatrixFloatList.append(RowVec4[c])
    glUniformMatrix4fv(shadowMapViewProjectMatrixLocation,1,False,
ViewProjectMatrixFloatList)


#深度图的大小
depthTexSizeLocation = glGetUniformLocation(self.Shader_Program_Grass,
"uDepthTexSize")
if depthTexSizeLocation >= 0:
    TexSizeList = [self.WinWidth, self.WinHeight]
    glUniform2fv(depthTexSizeLocation,1,TexSizeList)
#进行 VB 的顶点数据流绑定
self.VB.bind()
#指定顶点数据流的格式为 GL_T2F_N3F_V3F(相当于 uv_nxnynz_xyz)
glInterleavedArrays(GL_T2F_N3F_V3F,0,None)
#进行 IB 的索引数据流绑定
self.IB.bind()
#指定索引数据流的格式为 GL_UNSIGNED_SHORT
glDrawElements(GL_TRIANGLES,6 * self.Rows *
self.Cols,GL_UNSIGNED_SHORT,None)
self.IB.unbind()
self.VB.unbind()
glUseProgram(0)
```

　　除此之外的代码，主要包括将深度纹理图贴到四边形上绘制到右上角，以及通过鼠标左、右键的单击，使深度摄像机拉近或拉远以感受深度图中模型深度的精度变化对影子的影响，当把深度摄像机拉得很近的时候，可以看到草地上茶壶的影子非常精细，但会出现一圈如图 6-16 所示边缘，你知道是什么原因吗？

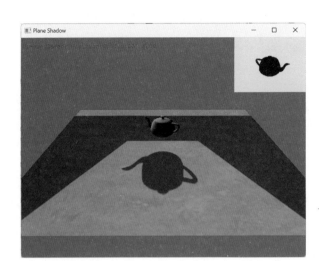

图 6-16　ShadowMap 的阴影图边缘显示黑边

这是因为深度纹理设置包装模式为为 GL_TEXTURE_BORDER_COLOR，也就是"使用边界颜色填充边界"，当 U,V 值在 0～1 之外时就使用了默认值 0.0，0.0 就是视锥的近截面深度，造成了所有模型与其对比都会被遮住，这时只需要将 Border 颜色值都设为远截面深度 1.0 就可以了。

```
BorderColor = [1.0,1.0,1.0,1.0]
glTexParameterfv(GL_TEXTURE_2D,GL_TEXTURE_BORDER_COLOR, BorderColor)
```

再次运行，可以看到在图 6-17 中，边缘的黑影被去除了。

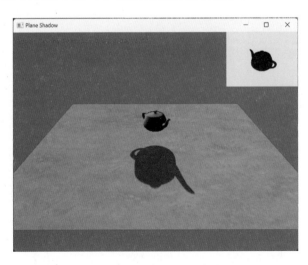

图 6-17　ShadowMap 的阴影图边缘修正后的效果

第 7 章　粒子系统入门

粒子系统的主要特点是通过大量的同类图形或模型表现场景或技能的效果，比如喷泉时水柱在落下时散落的水花，或者火焰燃烧时升起的一团一团的烟雾，下雪天飞舞的雪花以及夜空绚烂的烟花。粒子系统通过微观物的各自运动变化达到了宏观上模型难表现的结果。

7.1　粒子系统原理

粒子系统是一堆有自身属性和运动规则的物体，这些物体可以是基本的点、线、面，也可以是模型，甚至自身也可以是一个粒子系统。通过赋予物体属性值和运行规则，让每个物体持续地按照运行规则来改变属性，直到达到消失条件。很多时候，当我们看到一个效果时，很容易分辨它是否是粒子效果，但容易被局限于只是表现一些特定的效果。其实粒子系统的思想，可以被灵活地使用在许多方面，需要通过一定数量的物体表现整体效果的就可以被认为是粒子系统。在引擎编程实现中，粒子系统一般是由粒子和发射器两部分构成的。

7.1.1　粒子的基本结构

在图形编程中，粒子往往是一个拥有大量属性的结构体或类，这些属性包括了位置、大小、颜色、速度、加速度、自旋转角度等许多影响图形显示状态的因素。在粒子从产生到消失的整个生命周期内，它有一个生命值的属性，作为时间流逝的倒计时变量因子，在每一帧更新时跟随生命值的流逝不断地对这些属性按照变化规则进行更新。下面是一个简单的粒子类示例：

```python
#粒子
class Particle():
    def __init__(self,emitter,life = 100):
        #所依附的粒子发射器
        self.emitter = emitter
        #初始属性
        self.pos = self.emitter.GetNewParticleXYZ()
        self.speed = self.emitter.GetNewParticleDirSpeed()
        self.acspeed = self.emitter.GetNewParticleAccSpeed()
        self.color = self.emitter.GetNewParticleColor()
        self.colorSpeed = self.emitter.GetNewParticleColorSpeed()
        self.size = self.emitter.GetNewParticleSize()
        self.sizeSpeed = self.emitter.GetNewParticleSizeSpeed()
```

```python
        self.life = life
#设置位置
def SetPosition(self,x,y,z):
    self.pos = [x,y,z]
#取得位置
def GetPosition(self):
    return self.pos
#设置颜色
def SetColor(self,r=1.0,g=1.0,b=1.0,a=1.0):
    self.color = [r,g,b,a]
#取得颜色
def GetColor(self):
    return self.color
#设置大小
def SetSize(self,size):
    self.size = size
#取得大小
def GetSize(self):
    return self.size
#是否死亡
def IsDead(self):
    if self.life <= 0:
        return True
    return False
#约束
def Clamp(self,value,min,max):
    if value < min:
        return min
    elif value > max:
        return max
    return value
#更新
def update(self,delay):
    if self.life > 0 and self.emitter:
        #通过发射器设置的时间流逝速度计算当前粒子随时间变化后的生命值
        self.life = self.life - self.emitter.EmitterAttenuation * delay
        #通过运动速度值更新速度
        self.speed[0] = self.speed[0] + self.acspeed[0] * delay
        self.speed[1] = self.speed[1] + self.acspeed[1] * delay
```

```
            self.speed[2] - self.speed[2] + self.acspeed[2] * delay
            #通过速度更新位置
            self.pos[0] = self.pos[0] + self.speed[0]*delay
            self.pos[1] = self.pos[1] + self.speed[1]*delay
            self.pos[2] = self.pos[2] + self.speed[2]*delay
            #通过颜色变化速度更新颜色结果
            self.color[0] = self.Clamp(self.color[0] +
self.colorSpeed[0]*delay,0.0,1.0)
            self.color[1] = self.Clamp(self.color[1] +
self.colorSpeed[1]*delay,0.0,1.0)
            self.color[2] = self.Clamp(self.color[2] +
self.colorSpeed[2]*delay,0.0,1.0)
            self.color[3] = self.Clamp(self.color[3] +
self.colorSpeed[3]*delay,0.0,1.0)
            #通过大小变化速度更新大小
            self.size = self.size + self.sizeSpeed*delay
    #渲染，这里使用点精灵，所以只需要渲染一个点
    def draw(self):
        if self.life > 0:
            glColor3f(self.color[0],self.color[1],self.color[3])
            #这里使用 gl_Vertex.w 值来设置点精灵的大小,然后在 Shader 中设置 gl_PointSize
            glVertex4f(self.pos[0],self.pos[1],self.pos[2],self.size)
```

　　粒子类在产生实例时，需要有一个被称为粒子发射器的东西来指定粒子的初始属性，除此之外最重要的事情就是随着时间的流逝来更新当前粒子的各属性值了。

7.1.2　粒子发射器

　　粒子发射器决定了粒子产生的数量和运行规则，所以粒子发射器才是关键。不同的特效需要不同的粒子发射器，比如喷泉的粒子发射器，一般会指定粒子从一个点产生，向 y 轴的上方向上随机运动，但指定 y 轴的加速度为向下，颜色由蓝变浅。而下雪效果的粒子发射器，一般会指定在一个区域内不断地产生粒子，速度向下较慢地移动，颜色由黄变红再变黑。有时也会设计一些环形的粒子效果或者曲线变化的粒子效果，来实现一些特定的技能，所以粒子发射器一般会根据粒子表现效果的需求，来设定粒子属性的变化算法规则。

　　下面展示了一个简单的粒子发射器示例：

```
#粒子发射器
class ParticleEmitter():
    #初始化
```

```python
    def __init__(self,x = 0,y = 0,z = 0):
        self.x = x
        self.y = y
        self.z = z
        self.ParticleMode ='Gravity'
        self.ParticleTotal = 500
        self.ParticleCount = 0
        self.ParticleArray = []
        self.EmissionRate = 20
        self.EmitterArea = [(0.0,0.0), (0.0,0.0), (0.0,0.0)]
        self.EmitterSize = (10.0,20.0)
        self.EmitterSizeSpeed = (0.0,1.0)
        self.EmitterDirSpeed = [(-0.5,0.5), (1.0,1.0), (-0.5,0.5)]
        self.EmitterAccSpeed = [(0.0,0.0), (0.0,-2.0), (0.0,0.0)]
        self.EmitterColor = [(0.0,1.0), (0.0,1.0), (0.0,1.0), (0.0,1.0)]
        self.EmitterColorSpeed = [(0.1,0.1), (0.1,0.1), (0.1,0.1), (0.1,0.1)]
        self.EmitterAttenuation = 10.0
        self.EmitterTime = 0
        self.UseTexture = False
    #创建指定数量的粒子
    def CreateParticleEmitter(self,particleTotal=200,particleMode='Gravity'):
        self.ParticleTotal = particleTotal
        self.ParticleMode = particleMode
    #从图片中加载纹理
    def LoadTextureFromFile(self,fileName):
        ...略
    #随机产生一个a,b间的数值
    def RandomAB(self,a,b):
        return a + (b-a)*random.random()
    #调整发射器区域在一个设定的随机区域
    def SetEmitterArea(self,minX=0.0,maxX=0.0,minY=0.0,maxY=0.0,minZ=0.0,
maxZ=0.0):
        self.EmitterArea = [(minX,maxX),(minY,maxY),(minZ,maxZ)]
    #取得发射器区域内的随机位置
    def GetNewParticleXYZ(self):
        return
[self.x+self.RandomAB(self.EmitterArea[0][0],self.EmitterArea[0][1]),self.y+
self.RandomAB(self.EmitterArea[1][0],self.EmitterArea[1][1]),self.z+self.Ran
domAB(self.EmitterArea[2][0],self.EmitterArea[2][1])]
```

```python
    #调整发射器初始粒子大小随机区域
    def SetEmitterSize(self,minSize=0.0,maxSize=1.0):
        self.EmitterSize =(minSize,maxSize)
    #取得发射器区域内的粒子大小
    def GetNewParticleSize(self):
        return self.RandomAB(self.EmitterSize[0],self.EmitterSize[1])
    #调整发射器的朝向和大小的变化速度
    def SetEmitterSizeSpeed(self,minSpeed=0.0,maxSpeed=0.0):
        self.EmitterSizeSpeed = [minSpeed,maxSpeed]
    #取得发射器区域内的初始朝向速度
    def GetNewParticleSizeSpeed(self):
        return
self.RandomAB(self.EmitterSizeSpeed[0],self.EmitterSizeSpeed[1])
    #调整发射器的初始朝向速度随机区域
    def
SetEmitterDirSpeed(self,minDirX=0.0,maxDirX=0.0,minDirY=0.0,maxDirY=0.0,minD
irZ=0.0,maxDirZ=0.0):
        self.EmitterDirSpeed =
[(minDirX,maxDirX),(minDirY,maxDirY),(minDirZ,maxDirZ)]
    #取得发射器区域内的初始朝向速度
    def GetNewParticleDirSpeed(self):
        return
[self.RandomAB(self.EmitterDirSpeed[0][0],self.EmitterDirSpeed[0][1]),self.R
andomAB(self.EmitterDirSpeed[1][0],self.EmitterDirSpeed[1][1]),self.RandomAB
(self.EmitterDirSpeed[2][0],self.EmitterDirSpeed[2][1])]
    #这里略去其余的属性设置和获取代码
    #增加一个粒子
    def AddParticle(self):
        lifeTime = 100 * random.random()
        newParticle = Particle(self,lifeTime)
        self.ParticleArray.append(newParticle)
    #当前粒子数量
    def GetParticleCount(self):
        return len(self.ParticleArray)
    #更新粒子
    def update(self,delay):
        self.ParticleCount = 0
        for particle in self.ParticleArray:
            particle.update(delay)
```

```python
            if particle.IsDead() == False:
                self.ParticleCount = self.ParticleCount + 1
            else:
                self.ParticleArray.pop(self.ParticleCount)
        if self.ParticleCount < self.ParticleTotal:
            self.EmitterTime = self.EmitterTime + delay
            createCount = int(self.EmitterTime * self.EmissionRate)
            if createCount == 0:
                return
            self.EmitterTime = 0
            if (self.ParticleCount + createCount) > self.ParticleTotal:
                createCount = self.ParticleTotal - self.ParticleCount
            for i in range(createCount):
                self.AddParticle()
#显示粒子
def draw(self):
    glEnable(GL_TEXTURE_2D)
    #使用纹理贴图
    if self.UseTexture == True:
        glActiveTexture(GL_TEXTURE0)
        glBindTexture(GL_TEXTURE_2D, 0)
        #使用点精灵的纹理寻址模式，采用这种模式，会自动计算点大小的四边形的纹理坐标，
        #使图像正好填充四边形
        glTexEnvi(GL_POINT_SPRITE, GL_COORD_REPLACE, GL_TRUE)
        #开启 Alpha 混合状态
        glEnable(GL_BLEND)
        #设置使用 Alpha 混合
        glBlendFunc(GL_SRC_ALPHA, GL_ONE_MINUS_SRC_ALPHA)
    #启用点精灵
    glEnable(GL_POINT_SPRITE)
    #开启点平滑、抗锯齿处理
    glEnable(GL_POINT_SMOOTH)
    #开启可设置点精灵大小
    glEnable(GL_PROGRAM_POINT_SIZE)
    #开始点的绘制
    glBegin(GL_POINTS)
    for particle in self.ParticleArray:
        particle.draw()
    glEnd()
```

```
if self.UseTexture == True:
    glBindTexture(GL_TEXTURE_2D, 0)
    glDisable(GL_BLEND)
```

在这个例子中，我们使用了一种被称为"点精灵"的特殊图形，它在 OpenGL 中被支持，可以仅通过点的渲染达到四边形的效果，省去了时顶点中纹理坐标的设置。因为它可以自动计算贴图的纹理坐标，使贴图填充图形并保持图片正对摄像机，所以很便于表现类似 2D 精灵的效果。在 Shader 中可以通过 gl_PointSize = gl_Vertex.w;来实现从顶点的 w 值中设置不同的粒子大小。

图 7-1 展示了上述算法所生成的点精灵粒子效果，在整个运行阶段，从原点不断地向上产生出五彩粒子，随后它们快速地落下。

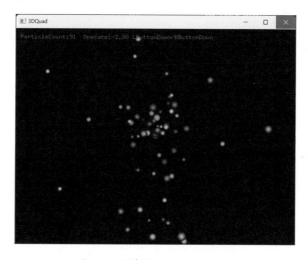

图 7-1　点精灵的粒子效果展示

7.2　粒子系统编程实践

下面我们通过两个小案例来演示如何使用粒子模拟具体的效果。

7.2.1　点精灵粒子：下雪啦！

在游戏场景中，经常使用粒子系统来模拟一些天气，比如雨、雪天。在本节中，我们将尝试着开发一个雪天的效果。

首先需要准备一张图 7-2 所示的雪花纹理图片，然后设定粒子数量、产生的空间区域、粒子大小、运动方向和速度。

图 7-2　雪花纹理图片

我们准备了一张边缘透明的雪花图片，仍然使用点精灵，设定雪花产生的范围为 10×10×10 的空间，粒子大小为 1～2 间，运动方向为 y 轴向下，即 y 的初始速度为-0.1～-0.2 之间，可以略加一点点 x 轴、z 轴的随机方向变化。我们将对雪花的属性设置编写成一个函数，如下所示：

```python
#粒子发射器
class ParticleEmitter():
    #初始化
    def __init__(self,x = 0,y = 0,z = 0):
        self.x = x
        self.y = y
        self.z = z
        #...略
    #创建雪花粒子发射器
    def CreateParticleEmitter_Snow(self):
        self.ParticleMode ='Gravity'
        self.ParticleTotal = 200
        self.ParticleCount = 0
        self.ParticleArray = []
        self.EmissionRate = 10
        #产生雪花区域的 x 在-10～10 随机，y 在 0～10 随机，z 在-10～10 随机
```

```
self.EmitterArea = [(-10.0,10.0), (0.0,10.0), (-10.0,10.0)]
#雪花粒子的初始大小在 10.0～20.0 随机
self.EmitterSize = (10.0,20.0)
#雪花粒子大小在运动中不做变化
self.EmitterSizeSpeed = (0.0,0.0)
#雪花粒子的运动方向按照 x 在-0.1～0.1 随机，y 在-0.1～-0.2 随机，z 在-0.1～0.1
#随机的方式
self.EmitterDirSpeed = [(-0.1,0.1), (-0.1,-0.2), (-0.1,0.1)]
#雪花比较轻，忽略重力加速度
self.EmitterAccSpeed = [(0.0,0.0), (0.0,0.0), (0.0,0.0)]
#雪花始终为白色，所以颜色值 R,G,B,A 都为 1.0 且不做颜色变化
self.EmitterColor = [(1.0,1.0), (1.0,1.0), (1.0,1.0), (1.0,1.0)]
self.EmitterColorSpeed = [(0.0,0.0), (0.0,0.0), (0.0,0.0), (0.0,0.0)]
#生命值下降速度 1.0
self.EmitterAttenuation = 1.0
self.EmitterTime = 0
self.LoadTextureFromFile("snow.png")
```

运行效果如图 7-3 所示。

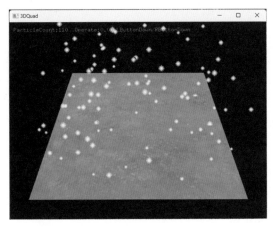

图 7-3　运行效果

7.2.2　模型粒子：彩球发射器

除做一些 2D 精灵图片类的粒子外，我们也可以使用模型作为粒子，比如本书使用彩色球体来作为粒子。

一般来说，模型粒子会带来巨大的渲染压力，所以模型粒子的优化非常重要。如果按照点粒子的方法，则需要在粒子的绘制函数中通过绘制三角面，指定每一个顶点的位置、颜色、

纹理，这样就会造成巨大的处理压力。这里我们通过顶点缓冲结合 Shader 传入颜色和位置的方式来处理，就能够省去对每一个球体的顶点属性进行设置的过程，大大提升渲染效率。

下面是创建球体粒子发射器的代码：

```python
#创建球体粒子发射器
def CreateParticleEmitter_Ball(self):
    self.ParticleMode ='Gravity'
    self.ParticleTotal = 20
    self.ParticleCount = 0
    self.ParticleArray = []
    self.EmissionRate = 2
    #产生雪花区域的 x 在-10～10 随机，y 在 0～10 随机，z 在-10～10 随机
    self.EmitterArea = [(0.0,0.0), (0.2,0.2), (0.0,0.0)]
    #雪花粒子的初始大小在 1.0～2.0 随机
    self.EmitterSize = (1.0,2.0)
    #雪花粒子大小在运动中不做变化
    self.EmitterSizeSpeed = (0.0,0.0)
    #雪花粒子的运动方向按照 x 在-0.1～0.1 随机，y 在-0.1～-0.2 随机，
    #z 在-0.1～0.1 随机的方式
    self.EmitterDirSpeed = [(-2.0,2.0), (5.0,5.0), (-2.0,2.0)]
    #雪花比较轻，忽略重力加速度
    self.EmitterAccSpeed = [(0.0,0.0), (0.0,-9.0), (0.0,0.0)]
    #雪花始终为白色，所以颜色值 R,G,B,A 都为 1.0 且不做颜色变化
    self.EmitterColor = [(0.0,1.0), (0.0,1.0), (0.0,1.0), (1.0,1.0)]
    self.EmitterColorSpeed = [(0.0,0.0), (0.0,0.0), (0.0,0.0), (0.0,0.0)]
    #生命值下降速度 1.0
    self.EmitterAttenuation = 5.0
    self.EmitterTime = 0
    self.ShapeType="Sphere"
    self.LoadTextureFromFile("ball.png")
    #创建 Shader
    vsCode =  """ #version 120
                attribute  vec3 a_color;
                attribute  vec3 a_position;
                varying    vec2 v_texCoord;
                varying    vec3 v_color;
                uniform    vec3 customXYZ;
                void main()
```

```
                {
                    gl_Position = gl_ModelViewProjectionMatrix *
vec4(gl_Vertex.xyz+customXYZ.xyz,1.0);
                    v_color = gl_Color.xyz;
                    v_texCoord = vec2(gl_MultiTexCoord0.x,gl_MultiTexCoord0.y);
                }
                """
    psCode = """ #version 330 core
                varying vec2 v_texCoord;
                varying vec3 v_color;
                uniform sampler2D texture0;
                uniform vec4 customColor;
                out vec4 outColor;
                void main()
                {
                    //在这里使用模型的 UV 值作为 UV 值
                    vec4 texColor = texture2D( texture0, v_texCoord );
                    if(texColor.a < 0.1)
                        discard;
                    outColor = texColor * vec4(v_color,1.0) * vec4(customColor.xyz
* customColor.w,1.0);
                }
                """
    self.CreateShader(vsCode,psCode)

    #创建模型
    self.VertexDec = GL_T2F_C3F_V3F
    VertexArray = []
    IndexArray = []
    #将从北极到南极的经线分割成 N 份，每份的角度
    statckX = 10
    statckY = 10
    angleH = PI/statckY
    angleZ = (2*PI)/statckX #根据纵向每份的角度算出弧度值
    radius = 0.5    #半径
    for row in range(0,statckY+1):
        for col in range(0,statckX+1):
            u = col / statckX
            v = row / statckY
```

```
            VertexArray.extend([u, v])
            VertexArray.extend([1.0, 1.0, 1.0])

            NumAngleH = angleH * row - PI * 0.5 #当前横向角度
            NumAngleZ = angleZ * col            #当前纵向角度
            x = radius*math.cos(NumAngleH)*math.cos(NumAngleZ)
            y = radius*math.sin(NumAngleH)
            z = radius*math.cos(NumAngleH)*math.sin(NumAngleZ)
            VertexArray.extend([x,y,z])


    for row in range(0,statckY):
        for col in range(0,statckX):
            #格子的顶点索引
            vIndex1 = row * (statckX+1) + col
            vIndex2 = vIndex1 + 1
            vIndex3 = vIndex1 + (statckX+1)
            vIndex4 = vIndex3 + 1
            IndexArray.extend([vIndex1, vIndex2,vIndex3])
            IndexArray.extend([vIndex2, vIndex3,vIndex4])

    self.VB = vbo.VBO(np.array(VertexArray,'f'))
    self.IB = vbo.VBO(np.array(IndexArray,'H'),target =
GL_ELEMENT_ARRAY_BUFFER)
    self.triangleIndices = 6 * statckX * statckY
    self.useVBOIBO = True
```

运行效果如图 7-4 所示。

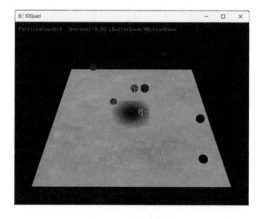

图 7-4　运行效果

7.3　粒子编辑器入门

前面介绍了粒子效果的原理与开发，对于种类繁多的粒子效果需求，通过手动数值指定的方式很难快速达到目标效果，这时就需要有相应的可视化数值编辑器来方便、快速化地进行编辑。本节将介绍如何开发自己的粒子编辑器。

7.3.1　编辑器的界面实现

与前面的模型观察器相比，粒子编辑器的编辑功能比较单一，主要是能够对粒子发射器中的各个参数进行调整，这些参数包括发射器类型、纹理贴图，以及发射器的区域、粒子随机属性和变化属性等。

我们仍然使用 PyMe 来搭建工具界面。创建空白新工程 "PSEditor"，然后从左边工具条的 "组件" 分类下创建一个 PyMeGLFrame，并在右边创建一个下拉列表框用于选择不同的粒子发射器，放置 Button 和 Entry 用于设置纹理图片文件，再放置一个 Label 控件用于显示纹理图片。右下方是一个 Frame，用于放置数值调整控件，界面效果如图 7-5 所示。

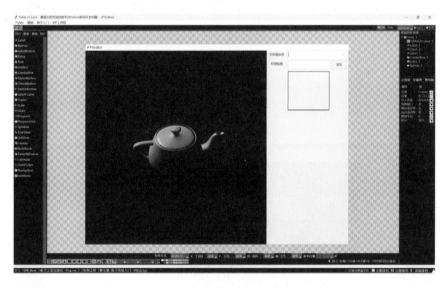

图 7-5　粒子编辑器的界面效果

为了在 Frame 中容纳下大量的数值调整控件，手动增加控件比较麻烦，在这里我们可以使用在 Frame 中嵌入一个界面的方案，在下部文件资源栏单击鼠标右键，在弹出菜单中选择 "新建窗体"，然后输入 "AttribEditBar"，双击进入 AttribEditBar 窗口，并将窗口调整成长条形。

在左边工具条中找到 "控件" 分类，拖动一些 Label，Entry 和 Slider，按图 7-6 所示来排列，这代表对每一个属性的设置和调整。在这个创建控件操作中，可以多使用按下 Ctrl 键同时进行拖动的方法来提高效率。

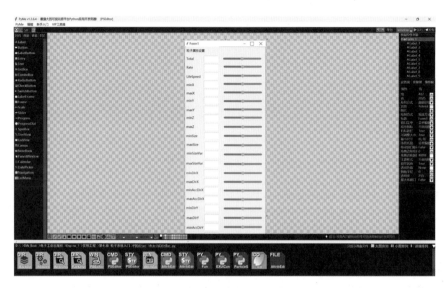

图 7-6　粒子编辑器的属性调整工具条

处理完后，保存一下，双击下方文件栏的"PSEditor"图标返回粒子编辑器的界面设计视图，然后选中"Frame_1"，在右边属性栏双击"导入界面"属性栏，选择"AttribEditBar"界面文件，将其嵌入"Frame_1"内，并设置使用纵向滚动条，效果如图 7-7 所示。

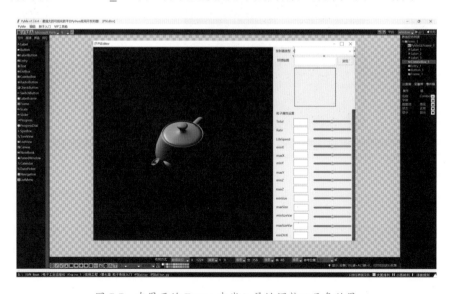

图 7-7　在界面的 Frame 中嵌入属性调整工具条效果

选中右上角"界面控件列表"中的"Form_1",然后单击下部的"事件响应"页,双击"Load"事件栏进入界面的初始化函数。将上一节的雪花粒子实践中的代码复制到当前工程目录中,去掉窗口类的部分,然后重命名为"ParticleSystem.py"。然后在当前的 PSEditor_cmd.py 文件中参考之前模型观察器的实现编写如下代码。

```python
import ParticleSystem
g_CurrparticleEmitter= None
#初始化粒子系统
def InitParticleSystem():
    global g_CurrparticleEmitter
    #创建雪花粒子发射器
    g_CurrparticleEmitter = ParticleSystem.ParticleEmitter(0,0,0)
    g_CurrparticleEmitter.CreateParticleEmitter_Snow()
    #将创建的粒子发射器保存起来,以方便其他界面调用


Fun.AddUserData('PSEditor','Form_1',dataName='PEmitter',datatype='PEmitter'
,datavalue=g_CurrparticleEmitter,isMapToText=0)
    #初始化视窗摄像机,并显示网格
    openGLFrame = Fun.GetElement("PSEditor","PyMeGLFrame_2")
    if openGLFrame:
        openGLFrame.SetEyePosition(0.0,0.0,20.0)
        openGLFrame.SetLookAtPosition(0.0,0.0,0.0)
        openGLFrame.ShowPanel(20,20)
    pass#渲染粒子系统
def RenderParticleSystem():
    global g_CurrparticleEmitter
     #更新粒子发射器
    g_CurrparticleEmitter.update(0.01)
    #渲染粒子发射器
    g_CurrparticleEmitter.draw()
    pass
def Form_1_onLoad(uiName):
    #取得GLFrame
    openGLFrame = Fun.GetElement(uiName,"PyMeGLFrame_2")
    if openGLFrame:
        #设置GLFrame 的初始化和渲染回调函数为指定的函数
```

```
        openGLFrame.SetInitCallBack(InitParticleSystem)
        openGLFrame.SetFrameCallBack(RenderParticleSystem)
    #这里创建一个坐标位置用于在鼠标拖动时记录上一次的位置点
    Fun.AddUserData(uiName,'Form_1',dataName='LastCursorPos',datatype='list',
datavalue=[0,0],isMapToText=0)
    pass
#鼠标滚轮操作
def PyMeGLFrame_2_onMouseWheel(event,uiName,widgetName):
    openGLFrame = Fun.GetElement(uiName,"PyMeGLFrame_2")
    if openGLFrame:
        if event.delta > 0:
            openGLFrame.CloseToLookAt(0.5)
        else:
            openGLFrame.FarAWayLookAt(0.5)
#视角拖动
def PyMeGLFrame_2_onButton1(event,uiName,widgetName):
    Fun.SetUserData(uiName,'Form_1','LastCursorPos',[event.x,event.y])
    pass
def PyMeGLFrame_2_onButtonRelease1(event,uiName,widgetName):
    pass
def PyMeGLFrame_2_onButton1Motion(event,uiName,widgetName):
    LastCursorPos = Fun.GetUserData(uiName,'Form_1','LastCursorPos')
    offsetx = event.x - LastCursorPos[0]
    offsety = event.y - LastCursorPos[1]
    openGLFrame = Fun.GetElement(uiName,"PyMeGLFrame_2")
    if openGLFrame:
        openGLFrame.RotateH(offsetx * 0.1)
        openGLFrame.RotateV(offsety * 0.1)
    Fun.SetUserData(uiName,'Form_1','LastCursorPos',[event.x,event.y])
    pass
```

下面实现粒子的各项编辑功能。返回粒子编辑器的界面设计视图，首先选择"发射器类型"对应的下拉列表框，然后在右边属性栏双击"数据项"栏，在弹出的"数据编辑区"对话框中加入两个数据项"雪花"和"喷泉"，作为预设的一些粒子发射器模板，效果如图 7-8 所示。

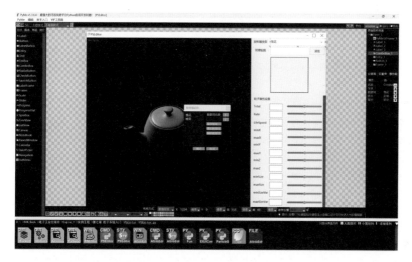

图 7-8　效果

选择"发射器类型"对应的下拉列表框，然后在右边"事件响应"页，双击"ComboboxSelected"事件栏进入列表项被选中时的响应函数，并通过 Fun.GetText 函数获取当前界面上下拉列表框对应的文本，从而切换相应的预设粒子效果。

```python
def ComboBox_1_onComboboxSelected(event,uiName,widgetName):
    global g_CurrparticleEmitter
    EmitterType = Fun.GetText(uiName,'ComboBox_1')
    if EmitterType == "雪花":
        g_CurrparticleEmitter.CreateParticleEmitter_Snow()
    if EmitterType == "喷泉":
        g_CurrparticleEmitter.CreateParticleEmitter_Fountain()
```

完成这部分代码后，就可以切换不同的粒子发射器了，但这时还需要根据新的粒子发射器设置将属性值反映到属性面板的所有属性控件上。所以还需要在下面加入以下代码：

```python
#取得纹理贴图
imageFile = g_CurrparticleEmitter.GetImageFile()
PathName,FileName = os.path.split(imageFile)
Fun.SetText(uiName,'Entry_1',textValue=FileName)
Fun.SetImage(uiName,'Label_3',FileName)
Fun.SetBGColor(uiName,'Label_3',RGBColor='#000000')

#取得空间的 x,y,z 坐标
AreaX = g_CurrparticleEmitter.EmitterArea[0]
Fun.SetText('AttribEditBar','Entry_1',textValue=str(AreaX[0]))
```

```
    Fun.SetSlider('AttribEditBar','Slider_1',-20,20,AreaX[0])
    Fun.SetText('AttribEditBar','Entry_2',textValue=str(AreaX[1]))
    Fun.SetSlider('AttribEditBar','Slider_2',-20,20,AreaX[1])

    AreaY = g_CurrparticleEmitter.EmitterArea[1]
    Fun.SetText('AttribEditBar','Entry_3',textValue=str(AreaY[0]))
    Fun.SetSlider('AttribEditBar','Slider_3',-20,20,AreaY[0])
    Fun.SetText('AttribEditBar','Entry_4',textValue=str(AreaY[1]))
Fun.SetSlider('AttribEditBar','Slider_4',-20,20,AreaY[1])

...略
```

完成后在右边的助手框里上方的界面控件列表中选中"Button_1"，如图 7-9 所示，在下面的"控件事件类型列表"中选择"按钮单击"并单击"绑定/解绑"按钮，为按钮增加相应的事件单击响应函数：

```
#Button '浏览's Event :Command
def Button_1_onCommand(uiName,widgetName):
    global g_CurrparticleEmitter
    openPath = Fun.OpenFile(title="打开 PNG 文件",filetypes=[('PNG
File','*.png'),('JPG File','*.jpg')],initDir = Fun.G_ResDir)
    if openPath:
        #将图片导入资源目录
        Fun.ImportResources(openPath,True)
        #取得图片的文件名
        PathName,FileName = os.path.split(openPath)
        #设置文件名并显示到编辑框中
        Fun.SetText(uiName,'Entry_1',textValue=FileName)
        #设置图片并显示到对应的 Label 中
        Fun.SetImage(uiName,'Label_3',FileName)
        #图片是透明色，为了看清楚，可以将背景色改为黑色
        Fun.SetBGColor(uiName,'Label_3',RGBColor='#000000')
        #给粒子设置相应的纹理贴图
        g_CurrparticleEmitter.LoadTextureFromFile(FileName)
pass
```

通过这段代码，可以将加载的图片显示在 Label_3 上，接下来要做的就是对每个粒子属性进行编辑和调整了。

图 7-9 在按钮单击事件函数中加入设置纹理图片代码

7.3.2 粒子效果编辑

在下部的资源栏里双击"AttribEditBar"文件图标,进入属性编辑面板,如图 7-10 所示。在控件"Slider_1"上单击鼠标右键,在弹出的"Slider_1 绑定数据编辑区"对话框中选中左边的"ValueChanged"事件,单击"编辑函数代码",进入代码编辑器。

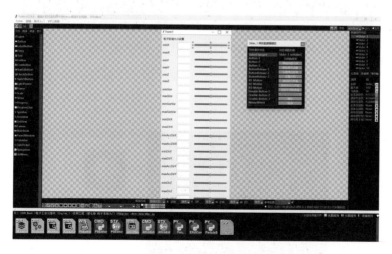

图 7-10 属性编辑面板

在相应的函数中加入代码:

```
def Slider_1_onValueChanged(uiName,widgetName,value):
    #设置对应编辑框显示数值
    Fun.SetText(uiName,'Entry_1',str(value))
```

```
#从'PSEditor'界面的用户变量中获取粒子发射器
PEmitter = Fun.GetUserData('PSEditor','Form_1','PEmitter')
#设置对应的区域最小 x 值为 value
PEmitter.EmitterArea[0][0] = value
```

这样就可以让鼠标通过对 Slider_1 的调整而改变粒子发射器的属性数值。这时可以如图 7-11 所示，直接单击右边面板控件树中的相应 Slider 控件，选择控件事件"当前值改变"，再单击"绑定/解绑"按钮，这样可以快速地依次为所有的 Slider 创建出相应的响应函数。

图 7-11　为所有 Slider 创建相应的响应函数

把所有的相应逻辑代码编写完后，就可以完成对粒子发射器的属性调整了。我们运行一下，加载一个喜欢的模板，并对参数进行调整，就可以制作出如图 7-12 所示的粒子效果。

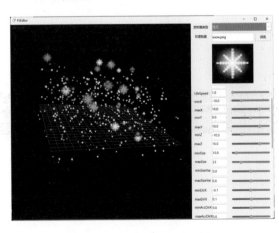

图 7-12　运行后的粒子效果

7.3.3　效果加载与保存

在编辑器中编辑好粒子效果后，还需要加上加载与保存的功能才能使用，下面实现这部分功能。

在粒子发射器中加入加载与保存的函数，加入如下代码：

```
#从文件中打开粒子效果
def LoadFromFile(self,fileName):
    if os.path.exists(fileName) == True:
        f = open(fileName,encoding='utf-8')
    while True:
        line = f.readline()
        if not line:
            break
        text = line.strip().replace('\n','')
        if not text:
            continue
        SplitArray = text.split('=')
        if SplitArray[0] == 'Total':
            self.ParticleTotal = int(SplitArray[1])
        elif SplitArray[0] == 'EmissionRate':
            self.EmissionRate = int(SplitArray[1])
        elif SplitArray[0] == 'EmitterArea':
            self.EmitterArea = eval(SplitArray[1])
        elif SplitArray[0] == 'EmitterSize':
            self.EmitterSize = eval(SplitArray[1])
        elif SplitArray[0] == 'EmitterSizeSpeed':
            self.EmitterSizeSpeed = eval(SplitArray[1])
        elif SplitArray[0] == 'EmitterDirSpeed':
            self.EmitterDirSpeed = eval(SplitArray[1])
        elif SplitArray[0] == 'EmitterAccSpeed':
            self.EmitterAccSpeed = eval(SplitArray[1])
        elif SplitArray[0] == 'EmitterColor':
            self.EmitterColor = eval(SplitArray[1])
        elif SplitArray[0] == 'EmitterColorSpeed':
            self.EmitterColorSpeed = eval(SplitArray[1])
        elif SplitArray[0] == 'EmitterAttenuation':
            self.EmitterAttenuation = eval(SplitArray[1])
        elif SplitArray[0] == 'imageFile':
            self.LoadTextureFromFile(SplitArray[1])
    f.close()
```

```
    return False
#把粒子效果保存到文件中
def SaveToFile(self,fileName):
    f = open(fileName,mode='w',encoding='utf-8')
    f.write("Total="+str(self.ParticleTotal)+'\n')
    f.write("EmissionRate="+str(self.EmissionRate)+'\n')
    f.write("EmitterArea="+str(self.EmitterArea)+'\n')
    f.write("EmitterSize="+str(self.EmitterSize)+'\n')
    f.write("EmitterSizeSpeed="+str(self.EmitterSizeSpeed)+'\n')
    f.write("EmitterDirSpeed="+str(self.EmitterDirSpeed)+'\n')
    f.write("EmitterAccSpeed="+str(self.EmitterAccSpeed)+'\n')
    f.write("EmitterColor="+str(self.EmitterColor)+'\n')
    f.write("EmitterColorSpeed="+str(self.EmitterColorSpeed)+'\n')
    f.write("EmitterAttenuation="+str(self.EmitterAttenuation)+'\n')
    if self.imageFile:
        f.write("imageFile="+str(self.imageFile)+'\n')
    f.close()
```

　　然后在"PSEditor"界面中选择"Form_1"，在右边的属性栏双击"窗口菜单"，并增加顶层菜单项"文件"，再在"文件"菜单项下增加"打开"、"保存"、"另存为"及"退出"等子菜单项，菜单操作对话框如图 7-13 所示。

图 7-13　菜单操作对话框

　　完成菜单编辑后进入代码文件"PSEditor_cmd.py"中，可以看到四个子菜单项的响应回调函数。我们在代码光标处单击右键，在弹出菜单中选择"系统函数"的"调用打开文件框"和"调用保存文件框"，增加相应的逻辑处理，就可以了。

```
def Menu_打开(uiName,itemName):
    global g_CurrparticleEmitter
    openPath = Fun.OpenFile(title="打开粒子文件",filetypes=[('ParticleSystem
File','*.ps'),('All files','*')],initDir = Fun.ResDir)
    if openPath:
        #调用粒子发射器从文件加载粒子
        g_CurrparticleEmitter.LoadFromFile(openPath)
        #将打开的文件保存到 Fun 提供的一个用户字典中，方便记录是否可以直接保存
        Fun.G_UserVarDict['CurrFile'] = openPath
def Menu_保存(uiName,itemName):
    if 'CurrFile' in Fun.G_UserVarDict:
        g_CurrparticleEmitter.SaveToFile(Fun.G_UserVarDict['CurrFile'])
        Fun.MessageBox(text='保存完成',title='info',type='info',parent=None)
    else:
        Menu_另存为(uiName,"另存为")
def Menu_另存为(uiName,itemName):
    global g_CurrparticleEmitter
    savePath = Fun.SaveFile(title="保存粒子文件",filetypes=[('ParticleSystem
File','*.ps'),('All files','*')],initDir = Fun.ResDir,defaultextension='ps')
    if savePath:
        g_CurrparticleEmitter.SaveToFile(savePath)
        Fun.G_UserVarDict['CurrFile'] = openPath
        Fun.MessageBox(text='保存完成',title='info',type='info',parent=None)
def Menu_退出(uiName,itemName):
    Fun.DestroyUI(uiName)
```

运行效果如图 7-14 所示。

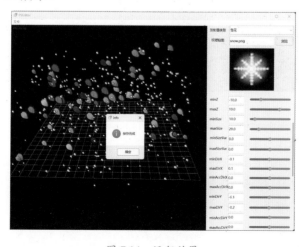

图 7.14　运行效果

第 8 章　场景渲染入门

在学习基本图形、模型和粒子效果之后，本章进一步介绍 3D 世界场景的构成。3D 场景一般分为室内和室外场景，室内一般使用室内的模型来表现，导入游戏中即可，相对比较简单，而室外场景则包括了大量的元素，如天空、地表、水体、植被、场景动画和雾效等。

8.1　天空渲染

天空渲染一般包括天空盒和云、大气雾效的处理，在本节中，我们介绍一下经典的天空盒的原理和实现，以及公告板云、雾效的实现。

8.1.1　天空盒

所谓天空盒（或天空球），指的是采用一个立方盒子（或一个球体）的内部渲染来模拟场景环境，并不特指天空，也可以包括陆地和海洋，通过这种方式，可以方便地搭建出一个场景。

比如要尝试使用一个放大的球体，贴上一个如图 8-1 所示的宽场景贴图，来模拟处于山中的景象。

图 8-1　用于表现四周环境的宽场景贴图

我们将这个贴图贴在一个"巨大"的球体上，比如让它的半径和我们的摄像机的远截面距离一样（这里有个小窍门：你可以完全不用理会半径，只需要在 VS 中加一句 gl_Position.z=1.0; 代表顶点在远截面位置），并将摄像机位置放置到原点，将观察目标点设置为向前方，就可以看到这个球体天空盒的效果了。

不过，要注意的是，在纹理左右两端的交界处，一定要注意做好边缘接缝处的连接，比如图 8-2 中，接缝位置的云被生硬地截断。

在实际的项目中，直接加载美术人员提供的单面天空盒穹顶其实更方便，直接放置在当前场景上空即可，效果也比较可控。比如图 8-3 所示就是一个 3D 的天空盒模型从下往上看的效果，它只有一个半球状，设置为只显示内部面。

图 8-2　天空球的纹理接缝处左右不一致　　　　图 8-3　只显示内部面的半球状天空穹顶模型

天空盒使用一个立方体来展现所在的场景远景，最简单的想法，莫过于直接准备一个当前场景在前、后、左、右、上、下方向的远景纹理，并将它们如天空球纹理一样贴到一个立方体盒子上，图 8-4 展示了这种效果。

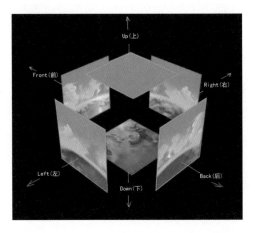

图 8-4　使用六个方向的纹理组成的天空盒

在配书代码中，我放置了如图 8-5 所示的这样的六张纹理图片，并依次命名为 left,right,front,back,top,bottom。

图 8-5　六张纹理图片

运行效果如图 8-6 所示。

图 8-6　运行效果

8.1.2　公告板云

在前面的章节中，我们只使用纹理天空球/盒，就能够做出一个漂亮的天空效果，但这种方式的云都在一个纹理上，表现效果比较刻板。为了使天空更加生动和逼真，我们可以做一些如图 8-7 所示的半透明效果的云纹理图片，并使它们能够展示于天空上。

图 8-7　半透明效果的云纹理图片

这时需要一个技术处理，使得这些云图能够正对着观察者的视角，这样才能显示为饱满的云，而不是一些薄片，这种技术被称为"公告板"技术，就是在 3D 空间指定位置，显示一个 2D 的公告板。

公告板技术在 3D 场景中可以起到用图片替代模型的作用，因为硬件渲染一张四边形的压

力远远小于模型，所以这种技术的使用非常广泛，特别是在渲染大量的植被、人群时。图 8-8
展示了使用公告板技术所渲染的树木。

图 8-8　使用公告板技术渲染的树木

有时也直接使用交叉片的形式来表现树木，比如图 8-9 中，（b）为两张（a）纹理图片绕
y 轴交叉 90° 形成的模型。这样就不用考虑视角计算问题，从而提高了渲染性能，立体感也更
强一点。

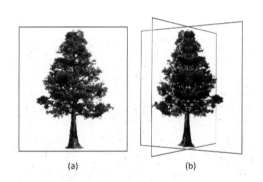

(a)　　　　　(b)

图 8-9　使用两张树图片形成的交叉片树模型

8.1.3　场景雾的渲染

在场景中，如果我们直接使用之前的雾算法，不对场景模型加以区分，就会因为距离太
远、浓度值太大，看不到天空球/盒。如果我们只对模型做雾处理，不对天空球/盒做雾处理，
交界处就会非常不真实。在这种情况下，最简单的方式是在使用天空球/盒图片纹理时，让接
近地表处的纹理图像内容体现远处雾效，如图 8-1 所示，并在场景中使用与其雾效颜色和浓
度较切合的参数来设置雾。

另一种做法是，让天空球/盒按照与地表高度的差值计算出一个雾浓度值，使得离地面越
近时雾浓度越大，越远时雾浓度越小，这种雾就是高度雾，可以在一个高度区间形成一段浓
度变化的雾效。具体的处理方式可以参考线性雾与指数平方雾的计算，只要将距离的计算部

分改为根据顶点 Y 值与当前地表高度值的距离来调整即可。要注意的是，线性雾是指数平方雾，距离越远浓度越大，这里要改成距离越近浓度越大。

8.1.4　风、雨、雪

场景的天气环境对于场景气氛的烘托很重要，风、雨、雪等天气，往往是通过动画和粒子效果和环境光照等综合搭配来实现的。比如风，可以通过摆放一些落叶动画或者飘动的物体来衬托，而雨和雪则可以通过粒子效果来实现。

在前面粒子动画的实践部分，我们实现了下雪的粒子效果，这种效果对于雨滴来说也是可行的，但因为雨滴效果更像是一条条快速下落的小线段，用粒子显示的效果并不是很好，所以，大道至简，本节我们将使用纹理动画的方式展现下雨，这将会用到更少的顶点，带来更好的效果。

简单来说，就是将一个巨大的圆锥放在摄像机的上空，贴上一张如图 8-10 所示的雨滴线条纹理图，在渲染时让圆锥的纹理 V 坐标不断地向下移动来形成雨不断落下的效果。这个圆锥的顶部也可以和底部一样是一个圆形，这样顶部和底部的纹理坐标分别在纹理中进行匹配，就可以方便地对应雨的纹理。

图 8-10　用于表现下雨效果的纹理图

创建圆锥的代码如下：

```python
def BuildRainCone(self,uScale = 4.0,vScale = 4.0):
    self.VertexDec = GL_T2F_V3F
    VertexArray = []
    IndexArray = []
    TopVertexHeight = 50.0
    #顶部也是一个圆，圆的半径
    radius1 = 30.0
```

```
#底部圆的半径
radius2 = 100.0
self.RainVIndexCount = 0
#创建圆锥顶部和底部环形的顶点数组
for i in range(0,360):
    rad = math.radians(i)
    #底部
    x2 = radius2 * math.cos(rad)
    y2 = 0.0
    z2 = radius2 * math.sin(rad)
    u2 = i/360 * uScale
    v2 = 0.0
    VertexArray.extend([u2,v2])
    VertexArray.extend([x2,y2,z2])
    #顶部
    x1 = radius1 * math.cos(rad)
    y1 = TopVertexHeight
    z1 = radius1 * math.sin(rad)
    u1 = i/360 * uScale
    v1 = 1.0 * vScale
    VertexArray.extend([u1,v1])
    VertexArray.extend([x1,y1,z1])
#创建圆锥顶部和底部环形的三角形索引数组，注意顶部并不是一个顶点，而是一个圆，
#用两个三角形连续环绕
for i in range(0,360):
    #
    vertex_index1 = i*2
    vertex_index2 = vertex_index1 + 1
    vertex_index3 = vertex_index2 + 1
    if i == 359:
        vertex_index3 = 0
    IndexArray.extend([vertex_index1,vertex_index2,vertex_index3])
    vertex_index1 = vertex_index3
    vertex_index3 = vertex_index3 + 1
    if i == 359:
        vertex_index3 = 1
    IndexArray.extend([vertex_index1,vertex_index2,vertex_index3])
self.RainVB = vbo.VBO(np.array(VertexArray,'f'))
```

```
self.RainIB = vbo.VBO(np.array(IndexArray,'H'),target =
GL_ELEMENT_ARRAY_BUFFER)
略...
```

这里指定了两个函数参数，用来调整纹理的密度，也就是雨的密度，完成顶点和索引缓冲的创建后，我们将可以生成一个如图 8-11 所示的锥体。

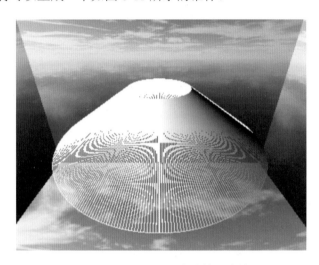

图 8-11　用于下雨区域的椎体建模

Shader 的功能如下：

```
#对应的雨水纹理动画 Shader
vsCode = """ #version 130        //GLSL 中 VS 的版本
    varying  vec2      v_texCoord; //定义输出给 PS 的数据流，首先是纹理坐标值分量(u,v)
    uniform  float     u_AniTime = 0.0;    //动画时间
    void main()      //入口函数固定为 main()
    {
        gl_Position = gl_ModelViewProjectionMatrix * vec4(gl_Vertex.xyz,1.0);
        v_texCoord = vec2(gl_MultiTexCoord0.x,gl_MultiTexCoord0.y+u_AniTime);
//取内置变量第一个纹理的坐标作为输出到屏幕相应坐标点的纹理坐标
    }
    """
psCode = """ #version 330 core            //GLSL 中 PS 的版本
    varying vec2       v_texCoord;
    //定义由 VS 输出给 PS 的数据流，首先是纹理坐标值分量(u,v)
    uniform sampler2D  texture0;           //定义使用 0 号纹理
    uniform vec4       ambientColor;       //环境光颜色
```

```
out vec4              outColor;              //定义输出到屏幕光栅化位置的像素颜色值
void main()
{
    vec4   texColor0 = texture2D( texture0, v_texCoord.xy );
    //由 0 号纹理按照传入的纹理坐标进行采样，取得基础纹理图对应的颜色值
    outColor = texColor0 * vec4(ambientColor.xyz ,texColor0.r) ;
    //最终颜色 = 纹理颜色 * 环境光颜色，这里如果用的是黑底图，可以直接用 r 值代表 Alpha
}
"""
```

在渲染时，我们将这个圆锥放在当前摄像机的头顶，然后做相应的纹理动画就可以实现图 8-12 展示的雨水下落效果，这个做法比采用粒子方法的效率要高许多。

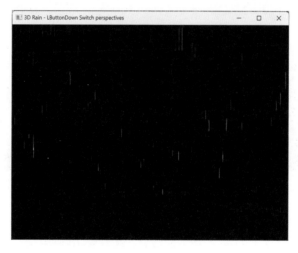

图 8-12　雨水下落效果

8.2　地表渲染

在野外场景的渲染中，地表部分的渲染是一个非常重要且复杂的模块。地表涉及地形与地貌的渲染。地形指的是地表的形态，关注点在于顶点的位置，涉及地表网格的生成和优化，以及高度图的使用。地貌指的是地表的样貌，关注点在于顶点的颜色和材质，涉及多纹理混合。下面我们从原理到实践系统地学习一下。

8.2.1　认识地表网格

对于较小的地表，可以直接使用模型文件进行加载渲染，但对于较大的野外空间，如果也使用模型来展现，则在有限的渲染机能条件下很难表现丰富细致的地貌，这时就需要使用

地表网格来进行处理了。

　　一般来说，我们会将场景中的地表划分成多个大小一致的网格模型，这样可以保证每个网格模型渲染压力相对均衡，将它们排列在一起，就可以形成一个较大的场景地表。

　　图 8-13 展示了这样一个场景，我使用了 100 个（10×10）地表网格，每个地表网格有 20×20 个格子，这样就可以组成一个较大的地表。

图 8-13　地表块的网格渲染

　　在图 8-13 中，每个地表块会创建一个顶点缓冲和一个索引缓冲，顶点缓冲共有 441（21×21）个顶点，所以理论上要渲染所有的地表，就需要 100×441 个顶点。显存、内存的压力就会很大。那么有什么好的办法吗？

　　因为地表中涉及大量的顶点处理，所以在处理地表网格时，我们要对顶点、索引的构成有深入的理解。一般来说，在制作野外场景时，首先要有好的设计方案，因为可以看到的场景总是在有限的范围内，所以这个有限的范围，以及与之匹配的模型种类、数量、风格、精细度都是要考虑的因素。在本实例中，我们单纯地计算如何加速一个平整的地表，方法就有许多种，下面由简单到复杂为大家一一解释。

　　最简单的平整地表，就是直接用一个四边形加上贴图技术来表现地貌，比如上面的草地，如果每一个地表块的纹理都是同样的草地贴图，就可以直接使用"重复纹理坐标"的方式，将一个四边形的四个顶点设置纹理坐标为(0,0)，(Cols,0)，(0,Rows)，(Cols,Rows)，其中 Cols 代表地表块的 x 方向数值，Rows 代表地表块的 z 方向数值，均为 10，这样也可以实现同样的地表效果，但却只需要四个顶点。

在野外地形总是有起伏的，顶点的 y 值不同。在这种情况下，可以考虑每个地表块使用相同的一套 x 值和 z 值顶点数据，只使用不同的 y 值，该如何做呢？

我们可以给 x 和 z 值加一个外部传入的偏移值，然后 y 值由外部传入或者通过高度纹理图采样来取得。比如我们传入一个高度值数组，这个高度值数组是一个和当前地表块大小相同的浮点值数组，通过算法让数组以中心点为圆心，画出一个高度值为 5.0 的圆圈，然后将这个数组传入 VS 代码中作为顶点的 y 值。

```python
# 创建地表
def CreateTerrain(self):
    #网格的行列数量
    self.Rows = 20
    self.Cols = 20
    self.TileSize = 2.0
    self.VertexDec = GL_T2F_N3F_V3F
    #初始化 VBO,IBO
    VertexArray = []
    IndexArray = []
    beginX = -self.Cols * self.TileSize * 0.5
    beginZ = -self.Rows * self.TileSize * 0.5
    for row in range(0,self.Rows+1):
        for col in range(0,self.Cols+1):
            u = col / self.Cols
            v = row / self.Rows
            VertexArray.extend([u, v])
            VertexArray.extend([0.0, 1.0, 0.0])
            VertexArray.extend([beginX + col * self.TileSize , 0.0, beginZ + row
 * self.TileSize])
    for row in range(0,self.Rows):
        for col in range(0,self.Cols):
            #格子的顶点索引
            vIndex1 = row * (self.Cols+1) + col
            vIndex2 = vIndex1 + 1
            vIndex3 = vIndex1 + (self.Cols+1)
            vIndex4 = vIndex3 + 1
            IndexArray.extend([vIndex1, vIndex3,vIndex2])
            IndexArray.extend([vIndex2, vIndex3,vIndex4])

    self.VB = vbo.VBO(np.array(VertexArray,'f'))
```

```python
        self.IB = vbo.VBO(np.array(IndexArray,'H'),target =
GL_ELEMENT_ARRAY_BUFFER)

        #地形高度数组
        self.TileHeightArray = []
        self.TileHeightArray = [0.0]*(self.Rows+1) * (self.Cols+1)
        #画一个圆圈
        angle_pi = PI/180
        radius = 8
        centerx = (self.Cols+1)*0.5
        centerz = (self.Rows+1)*0.5
        for angle in range(0,360):
            x = radius * math.cos(angle * angle_pi) + centerz
            z = radius * math.sin(angle * angle_pi) + centerx
            index = int(z) * (self.Cols+1) + int(x)
            self.TileHeightArray[index] = 5.0
        #对应的草地 Shader
        vsCode = """ #version 130      //GLSL 中 VS 的版本
                varying vec2     v_texCoord;
                //定义输出给 PS 的数据流，首先是纹理坐标值分量(u,v)
                uniform  float    u_XZScale;
                //1/每个格子的大小，即 x,z 的缩放值
                uniform  vec2     u_XZOffset;
                //用于在 x,z 方向上进行位置偏移
                uniform  float    u_YOffset[441];   //顶点的 y 值高度
                void main()    //入口函数固定为 main()
                {
                    int   x = int(gl_Vertex.x*u_XZScale+10);
                    int   z = int(gl_Vertex.z*u_XZScale+10);
                    float YOffset = 0.0;
                    if(x >= 0 && z >= 0)
                    {
                        YOffset = u_YOffset[z*21+x];
                    }
                    gl_Position = gl_ModelViewProjectionMatrix * vec4(gl_Vertex.
x+u_XZOffset.x,gl_Vertex.y+YOffset,gl_Vertex.z+u_XZOffset.y,1.0);
                    v_texCoord = vec2(gl_MultiTexCoord0.x,gl_MultiTexCoord0.y);
                }
                """
```

```
psCode = """ #version 330 core              //GLSL 中 PS 的版本
        varying vec2        v_texCoord;      //定义由 VS 输出给 PS 的数据流，首先是
                                             //纹理坐标值分量(u,v)
        uniform sampler2D   texture0;        //定义使用 0 号纹理
        uniform vec4        ambientColor;    //环境光颜色
        out vec4            outColor;        //定义输出到屏幕光栅化位置的像素颜色值
        void main()
        {
            vec4   texColor0 = texture2D( texture0, v_texCoord.xy );
            //由 0 号纹理按照传入的纹理坐标进行采样，取得基础纹理图对应的颜色值
            outColor = texColor0 * vec4(ambientColor.xyz * ambientColor.
w,1.0) ;        //最终颜色 = 纹理颜色 * 环境光颜色
        }
        """
    ...略
```

渲染部分的代码：

```
#渲染草地
def DrawTerrain(self):
    #把矩阵压栈
    glPushMatrix()
    #是否使用线框模型
    if self.FillMode == GL_FILL:
        glPolygonMode(GL_FRONT, GL_FILL)
        glPolygonMode(GL_BACK, GL_FILL)
    else:
        glPolygonMode(GL_FRONT, GL_LINE)
        glPolygonMode(GL_BACK, GL_LINE)
    #启用 Shader
    glUseProgram(self.Shader_Program_Terrain)
    # 10 x 10 个地表块
    TerrainBlockRows = 10
    TerrainBlockCols = 10
    # 400 x 400 地表块大小
    TerrainSize_X = self.Cols*self.TileSize
    TerrainSize_Z = self.Rows*self.TileSize
    # 如果大地表处于原点(0,0,0)，则需要对地表块做偏移，计算偏移起点
    Terrain_BeginX= -TerrainBlockCols * TerrainSize_X * 0.5
```

```python
    Terrain_BeginZ = -TerrainBlockRows * TerrainSize_Z * 0.5
    #循环遍历渲染每一个地表块
    for rowIndex in range(0,TerrainBlockRows):
        for colIndex in range(0,TerrainBlockCols):
            #环境光颜色(R,G,B,强度)
            ambientColorLocation = glGetUniformLocation(self.Shader_Program_
Terrain,"ambientColor")
            if ambientColorLocation >= 0:
                glUniform4fv(ambientColorLocation,1,self.AmbientColor)
            #在 x 和 z 方向上进行位置偏移
            xzOffsetLocation = glGetUniformLocation(self.Shader_Program_
Terrain,"u_XZOffset")
            if xzOffsetLocation >= 0:
                TerrainX = Terrain_BeginX + colIndex*TerrainSize_X
                TerrainZ = Terrain_BeginZ + rowIndex*TerrainSize_Z
                glUniform2fv(xzOffsetLocation,1,[TerrainX,TerrainZ])
            #x,z 值转换到高度图数组的行列时需要做缩放对应
            xzScaleLocation = glGetUniformLocation(self.Shader_Program_Terrain,
"u_XZScale")
            if xzScaleLocation >= 0:
                glUniform1f(xzScaleLocation,1.0/self.TileSize)

            #y 值数组
            yOffsetLocation =
glGetUniformLocation(self.Shader_Program_Terrain,"u_YOffset")
            if yOffsetLocation >= 0:
                glUniform1fv(yOffsetLocation,len(self.TileHeightArray),
self.TileHeightArray)

            #使用草地的纹理图
            glActiveTexture(GL_TEXTURE0)
            glBindTexture(GL_TEXTURE_2D, self.textureID)
            tex0Location = glGetUniformLocation(self.Shader_Program_Terrain,
"texture0")
            if tex0Location >= 0:
                glUniform1i(tex0Location, 0)
```

```
        #进行 VB 的顶点数据流绑定
        self.VB.bind()
        #指定顶点数据流的格式为 GL_T2F_N3F_V3F(相当于 uv_nxnynz_xyz)
        glInterleavedArrays(GL_T2F_N3F_V3F,0,None)
        #进行 IB 的索引数据流绑定
        self.IB.bind()
        #指定索引数据流的格式为 GL_UNSIGNED_SHORT
        glDrawElements(GL_TRIANGLES,6 * self.Rows * self.Cols,GL_UNSIGNED_
SHORT,None)
        self.IB.unbind()
        self.VB.unbind()
    glUseProgram(0)
    #恢复
    glPopMatrix()
    glPolygonMode(GL_FRONT, GL_FILL)
    glPolygonMode(GL_BACK, GL_FILL)
```

运行效果如图 8-14 所示。

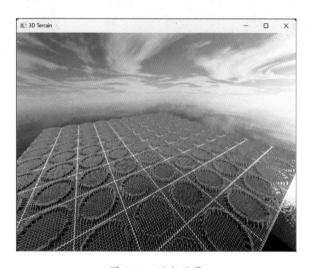

图 8-14　运行效果

本节演示了如何通过 y 值数组来生成不平整的地形。显而易见，你可以把这个圆圈用一个更加实际的大地形高度数组中的区域来替代。于是为了方便，我们直接从一张纹理图中通过像素值来取得这个高度值，这样高度与图片之间就形成了对应关系，美术人员可以通过对纹理图的观察，快速制作出地形。下面我们来学习一下高度图的制作和使用。

8.2.2　高度图

高度图主要反映一个地形的高度值，它的每一个像素位置与地表格子顶点位置相对应，像素的颜色值存储了高度信息。一般来说，我们使用 8 位色的图片来制作高度图。

如图 8-15 所示，打开 Photoshop，我们创建一个宽 512 像素、高 512 像素的图片，设置使用 8 位色的灰度图，背景内容设置为黑色，即像素填充为 0。

然后如图 8-16 所示，我们随意地用硬度柔和一点的画笔在图片中画一些线条，并保存为"height.jpg"。

图 8-15　在 Photoshop 中创建高度图

图 8-16　使用画笔画出"Py"字母作为高度图的内容

有了高度图后，我们在代码中实现对这张高度图进行高度值的获取和设置。首先读取高度图的像素值，因为我们使用的是 8 位色的图片，所以在读取的时候与 RGB 格式略有不同。

```
#打开高度图片
image = Image.open("height.jpg")
#取得图片宽、高
width, height = image.size
#取得图像的高度数据，这里使用 L 而不是'RGB'，代表只是一个 8 位通道
heightImageData = image.tobytes('raw', 'L', 0, -1)
#创建纹理
self.textureID = glGenTextures(1)
#GPU 的内部格式，代表亮度，对应灰度图
textureFormat = GL_LUMINANCE
#根据对应纹理索引，激活所用的纹理通道
```

```
glActiveTexture(GL_TEXTURE0)
#绑定纹理
glBindTexture(GL_TEXTURE_2D,self.textureID)
glPixelStorei(GL_UNPACK_ALIGNMENT, 1)
glTexImage2D(GL_TEXTURE_2D, 0, textureFormat, width, height, 0, GL_LUMINANCE,
GL_UNSIGNED_BYTE, heightImageData)
...
```

实际上可以更进一步地对地形顶点数据进行优化，在这里我们只用顶点的 x 和 z 两个值属性，由高度图采样来获取 y 值。要注意的是，这个高度值因为只是 8 位（1 字节），所以只能表示 0～255 的整数，在实际开发中并不能表示出精确的地表高度，这时可以考虑使用 16 位的浮点数纹理，或者通过一种缩放映射关系来反映 256 级的高度，在这里，我们采用第二种方式。

```
#创建地表
def CreateTerrain(self):
    #网格的行列数量
    self.Rows = 20
    self.Cols = 20
    #每个格子的大小为 2
    self.TileSize = 2.0
    self.VertexDec = GL_V2F
    #初始化 VBO,IBO
    VertexArray = []
    IndexArray = []
    beginX = -self.Cols * self.TileSize * 0.5
    beginZ = -self.Rows * self.TileSize * 0.5
    #只存储 x,z 顶点位置
    for row in range(0,self.Rows+1):
        for col in range(0,self.Cols+1):
            VertexArray.extend([beginX + col * self.TileSize , beginZ + row *
self.TileSize])
    #索引值
    for row in range(0,self.Rows):
        for col in range(0,self.Cols):
            #格子的顶点索引
            vIndex1 = row * (self.Cols+1) + col
            vIndex2 = vIndex1 + 1
            vIndex3 = vIndex1 + (self.Cols+1)
```

```
        vIndex4 = vIndex3 + 1
        IndexArray.extend([vIndex1, vIndex3,vIndex2])
        IndexArray.extend([vIndex2, vIndex3,vIndex4])
    self.VB = vbo.VBO(np.array(VertexArray,'f'))
self.IB = vbo.VBO(np.array(IndexArray,'H'),target = GL_ELEMENT_ARRAY_BUFFER)
...
```

Shader 代码如下：

```
#对应的草地 Shader
vsCode = """ #version 130      //GLSL 中 VS 的版本
    varying  vec2  v_texCoord;//定义输出给 PS 的纹理坐标(u,v)
    uniform  float  u_HScale;//高度图的 r 值在 0～1，这里做缩放
    uniform  vec2   u_BeginXZ;//在 x,z 方向上的起始偏移
    uniform  vec2   u_XZOffset;//用于在 x,z 方向上进行位置偏移
    uniform sampler2D   texture0;//定义使用 0 号纹理
    void main()     //入口函数固定为 main()
    {
        //计算 x,z 在整个地表中的位置
        float x = gl_Vertex.x + u_XZOffset.x;
        float z = gl_Vertex.y + u_XZOffset.y;
        //计算出整个地表的宽和长
        float h = -u_BeginXZ.x*2.0;
        float v = -u_BeginXZ.y*2.0;
        //计算出当前顶点 x,z 在整个地表中的 u,v 对应值
        vec2  uv = vec2((x - u_BeginXZ.x)/h,1.0 - (z - u_BeginXZ.y)/v);
        //取得高度图的像素颜色
        vec4  texColor1 = texture2D( texture0, uv);
        //高度值计算 = r 值 * 高度缩放
        float YOffset = texColor1.r*u_HScale;
        gl_Position = gl_ModelViewProjectionMatrix * vec4(x,YOffset,z,1.0);
        v_texCoord = uv;
    }
    """
psCode = """ #version 330 core          //GLSL 中 PS 的版本
    varying vec2        v_texCoord;      //定义由 VS 输出给 PS 的数据流，首先是纹理坐
                                         //标值分量(u,v)
    uniform sampler2D   texture0;        //定义使用 0 号纹理
    uniform vec4        ambientColor;    //环境光颜色
```

```
    out vec4      outColor;              //定义输出到屏幕光栅化位置的像素颜色值
    void main()
    {
        vec4   texColor0 = texture2D( texture0, v_texCoord.xy );
        //由 0 号纹理按照传入的纹理坐标进行采样，取得基础纹理图片对应的颜色值
        outColor = texColor0 * vec4(ambientColor.xyz * ambientColor.w,1.0) ;
        //最终颜色 = 纹理颜色 * 环境光颜色
    }
    """
```

在渲染时的处理代码为：

```
#启用 Shader
glUseProgram(self.Shader_Program_Terrain)
#10 × 10 个地表块
TerrainBlockRows = 10
TerrainBlockCols = 10
#400 × 400 地表块大小
TerrainSize_X = self.Cols*self.TileSize
TerrainSize_Z = self.Rows*self.TileSize
#如果大地表处于原点(0,0,0)，则需要对地表块做偏移，计算偏移起点
Terrain_BeginX= - TerrainBlockCols * TerrainSize_X * 0.5
Terrain_BeginZ = -TerrainBlockRows * TerrainSize_Z * 0.5
#循环遍历渲染每一个地表块
for rowIndex in range(0,TerrainBlockRows):
    for colIndex in range(0,TerrainBlockCols):
        #环境光颜色(R,G,B,强度)
        ambientColorLocation = glGetUniformLocation(self.Shader_Program_
Terrain,"ambientColor")
        if ambientColorLocation >= 0:
            glUniform4fv(ambientColorLocation,1,self.AmbientColor)
        #设 x 和 z 位置上的起始偏移
        beginXZLocation = glGetUniformLocation(self.Shader_Program_Terrain,
"u_BeginXZ")
        if beginXZLocation >= 0:
            glUniform2fv(beginXZLocation,1,[Terrain_BeginX,Terrain_BeginZ])
        #在 x 和 z 方向上进行位置偏移
```

```
        xzOffsetLocation = glGetUniformLocation(self.Shader_Program_Terrain,
"u_XZOffset")
        if xzOffsetLocation >= 0:
            TerrainX = Terrain_BeginX + colIndex*TerrainSize_X
            TerrainZ = Terrain_BeginZ + rowIndex*TerrainSize_Z
            glUniform2fv(xzOffsetLocation,1,[TerrainX,TerrainZ])
        #高度值的缩放
        heightScaleLocation = glGetUniformLocation(self.Shader_Program_
Terrain,"u_HScale")
        if heightScaleLocation >= 0:
            #这里设置一个高度缩放值 50，因为在 VS 中，0～255 的高度值也会转变成 0～1 的浮
            #点值，这里乘以 50 后，就可以表示 0～50 高度的范围
            glUniform1f(heightScaleLocation,50.0)
        #使用草地的纹理图
        glBindTexture(GL_TEXTURE_2D, self.textureID)
        tex0Location = glGetUniformLocation(self.Shader_Program_Terrain,
"texture0")
        if tex0Location >= 0:
            glUniform1i(tex0Location, 0)
        #进行 VB 的顶点数据流绑定
        self.VB.bind()
        #指定顶点数据流的格式为 GL_V2FF(相当于 xz)
        glInterleavedArrays(GL_V2F,0,None)
        #进行 IB 的索引数据流绑定
        self.IB.bind()
        #指定索引数据流的格式为 GL_UNSIGNED_SHORT
        glDrawElements(GL_TRIANGLES,6 * self.Rows * self.Cols,GL_UNSIGNED_
SHORT,None)
        self.IB.unbind()
        self.VB.unbind()
glUseProgram(0)
```

运行一下，显示效果如图 8-17 所示，在地表中出现 "PY" 字样的白色字体隆起，实际上高度图纯白色的位置，高度值就等于高度缩放值 50，而黑色的部分为 0，中间渐变过渡色就在 0～50 之间变化。通过这样的方式，就可以通过笔刷来进行地形的制作，所以，这种方式也称为 "地形笔刷"。

图 8-17　显示效果

8.2.3　多纹理混合

在理解基本的高度图地形处理方法之后，我们就可以使用单纹理来做一些简单的小场景地表了，场景一旦扩大，每个地表块如果都使用一张纹理，就会带来巨大的纹理显存、内存压力，在这种情况下，可以采用多纹理混合技术来表现地貌。

一般来说，在一片有限的小区域内地貌的基本特征是相似的，比如草地场景，地貌主要以草皮、石子、泥土和道路为主；沙漠场景，地貌主要以沙子、杂草为主；而森林地貌则主要以花草、泥土、苔藓为主。对于每一个地图块来说，我们可以设定几张纹理图，然后对每个地表的像素进行相应的地貌特征权重采样，得出最终的纹理效果。图 8-18 展示了某游戏场景中的地表多纹理混合效果。

图 8-18　某游戏场景中的地表多纹理混合效果

地表多纹理混合的原理，类似于调色板，通过一个调色处理，使得每个特征纹理以调色权重作为采样结果的权重，这个过程和之前的骨骼动画一节中的骨骼权重混合一样，可以在 Shader 中非常轻易地处理，关键是怎么设置和处理混合权重的值。这时就需要一张混合图，一张混合图一般有 RGB888 和 RGBA8888 两种像素格式，使用 RGB888 格式，可以表示 4 个混合权重，使用 RGBA8888 格式则可以表示 5 个混合权重，这是因为一个像素的颜色值的总混合权重为 1.0，RGB888 包括了 3 个混合权重，用 1.0 减去 3 个混合权重之和的剩余数值可以再表示一个混合权重。

我们准备四张纹理图 1～4.jpg 和一张混合图 blend.jpg，如图 8-19 所示，把它们放到一个文件夹下，用于加载相应地貌。

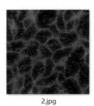

1.jpg　　　　2.jpg　　　　3.jpg　　　　4.jpg　　　　blend.jpg

图 8-19　地貌纹理图和混合图

在上一节的地形代码基础上，我们编写一个从文件夹加载这些纹理图的函数：

```python
#从指定文件夹加载地貌混合图
def LoadBlendTexture(self,dirName):
    dimaoPath = os.path.join(os.getcwd(), dirName)
    if os.path.exists(dimaoPath):
        self.TerrainTextureIDList = []
        faceImageList = ["1.jpg","2.jpg","3.jpg","4.jpg","blend.jpg"]
        TextIDList =
[GL_TEXTURE1,GL_TEXTURE2,GL_TEXTURE3,GL_TEXTURE4,GL_TEXTURE5]
        for i in range(5):
            imagePath = os.path.join(dimaoPath, faceImageList[i])
            if os.path.exists(imagePath) == True:
                img = Image.open(imagePath)
                width, height = img.size
                ImageData = img.tobytes('raw', 'RGB', 0, -1)
                textureID = glGenTextures(1)
                glActiveTexture(TextIDList[i])
                glBindTexture(GL_TEXTURE_2D, textureID)
                self.TerrainTextureIDList.append(textureID)
```

```
                glPixelStorei(GL_UNPACK_ALIGNMENT, 1)
                glTexImage2D(GL_TEXTURE_2D, 0, GL_RGB, width, height, 0,
GL_RGB,GL_UNSIGNED_BYTE, ImageData)
                glTexParameterf(GL_TEXTURE_2D,GL_TEXTURE_WRAP_S, GL_CLAMP)
                glTexParameterf(GL_TEXTURE_2D,GL_TEXTURE_WRAP_T, GL_CLAMP)
                glTexParameterf(GL_TEXTURE_2D,GL_TEXTURE_MAG_FILTER, GL_LINEAR)
                glTexParameterf(GL_TEXTURE_2D,GL_TEXTURE_MIN_FILTER, GL_LINEAR)
                glTexEnvf(GL_TEXTURE_ENV, GL_TEXTURE_ENV_MODE, GL_DECAL)
```

编写 Shader 代码如下：

```
vsCode = """ #version 130        //GLSL 中 VS 的版本
    varying  vec2       v_texCoord; //定义输出给 PS 的纹理坐标值分量
    uniform  float      u_HScale;      //高度图的缩放处理
    uniform  vec2       u_BeginXZ;  //在 x,z 方向上的起始偏移
    uniform  vec2       u_XZOffset;    //用于在 x,z 方向上进行位置偏移
    uniform sampler2D   texture_h;    //定义使用 0 号纹理作为高度图
    void main()       //入口函数固定为 main()
    {
        //计算 x,z 在整个地表中的位置
        float x = gl_Vertex.x + u_XZOffset.x;
        float z = gl_Vertex.y + u_XZOffset.y;
        //计算出整个地表的宽和长
        float h = -u_BeginXZ.x*2.0;
        float v = -u_BeginXZ.y*2.0;
        //计算出当前顶点 x,z 在整个地表中的 u,v 对应值
        vec2  uv = vec2((x - u_BeginXZ.x)/h,1.0 - (z - u_BeginXZ.y)/v);
        //取得高度图的像素颜色
        vec4  texColor1 = texture2D( texture_h, uv);
        //高度值计算 = r 值 * 高度缩放
        float YOffset = texColor1.r*u_HScale;
        gl_Position = gl_ModelViewProjectionMatrix * vec4(x,YOffset,z,1.0);
        v_texCoord = uv;
    }
    """
psCode = """ #version 330 core          //GLSL 中 PS 的版本
    varying vec2        v_texCoord;     //VS 传入的纹理坐标值分量(u,v)
    uniform sampler2D   texture_1;      //采样图 1
    uniform sampler2D   texture_2;      //采样图 2
```

```
    uniform sampler2D    texture_3;      //采样图3
    uniform sampler2D    texture_4;      //采样图4
    uniform sampler2D    texture_b;      //混合图
    uniform vec4         ambientColor;   //环境光颜色
    out vec4             outColor;        //定义输出的像素颜色值
    void main()
    {
        vec4   blendColor = texture2D( texture_b, v_texCoord.xy );
        //由0号纹理按照传入的纹理坐标进行采样，取得基础纹理图片对应的颜色值
        vec4   texColor = vec4(0.0,0.0,0.0,1.0);
        texColor += texture2D( texture_1, v_texCoord.xy ) * blendColor.r;
        //使用混合图的r值作为权重，将采样图1的颜色值加到最终颜色上
        texColor += texture2D( texture_2, v_texCoord.xy ) * blendColor.g;
        //使用混合图的g值作为权重，将采样图2的颜色值加到最终颜色上
        texColor += texture2D( texture_3, v_texCoord.xy ) * blendColor.b;
        //使用混合图的b值作为权重，将采样图3的颜色值加到最终颜色上
        texColor += texture2D( texture_4, v_texCoord.xy ) * (1.0-blendColor.
r-blendColor.g-blendColor.b);  //取得剩余权重，将采样图4的颜色值加到最终颜色上
        outColor = texColor * vec4(ambientColor.xyz * ambientColor.w,1.0) ;
        //最终颜色 = 纹理颜色 * 环境光颜色
    }
    """
```

在应用 Shader 进行渲染时，我们增加如下代码：

```
#使用高度纹理图
glBindTexture(GL_TEXTURE_2D, self.textureID)
texthLocation = glGetUniformLocation(self.Shader_Program_Terrain,"texture_h")
if texthLocation >= 0:
    glUniform1i(texthLocation, 0)

#使用混合纹理图
TerrainTextureCount = len(self.TerrainTextureIDList)
for index in range(TerrainTextureCount):
    BlendTextureID = self.TerrainTextureIDList[index]
    glBindTexture(GL_TEXTURE_2D,BlendTextureID)
    if index < 4:
        TextureName = str("texture_%d"%(index+1))
    else:
        TextureName = str("texture_b")
```

```
    texLocation =
glGetUniformLocation(self.Shader_Program_Terrain,TextureName)
    if texLocation >= 0:
        glUniform1i(texLocation,(index+1))
```

运行效果如图 8-20 所示。

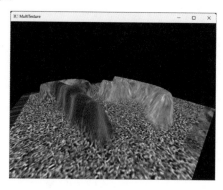

图 8-20　运行效果

混合图 blend.jpg 中黑色像素位置，因为 r,g,b 都为 0，所以经过 Shader 计算后，使用的是草地 4.jpg 的像素，而红色 r 通道值大于 0 的位置，显示出泥地 1.jpg 的像素，绿色 g 通道值大于 0 的位置，显示出熔岩 2.jpg 的像素，蓝色通道值大于 0 的位置，显示出土地 3.jpg 的像素，而红色渐变位置，则逐渐显现出泥土。

在实际场景开发中，通过笔刷在混合图上进行绘制从而影响地貌的方式，称为"地貌笔刷"，为了控件地貌稀疏细节，还需要对纹理做可缩放的调整，使得纹理密度有所变化，这时可以通过传入相应混合纹理的坐标缩放参数来调整，这可作为一个小练习留给各位开发者。

8.2.4　地表 LOD

在表现一些比较广阔的野外场景时，地表块会比较多，顶点数量非常多，这时如果对每一个地表块都做多层次的纹理混合，整体的渲染处理压力就会很大，所以，一般会进行一定的算法处理，使得降低远处地表渲染细节，进而减小远处的渲染压力。这就是地表 LOD。

地表块的经典 LOD 算法，是实时地根据观察方向减小远处的网格密度，顶点会随之迅速地减少，从而大大减小地表的渲染压力，再结合雾效的使用，使得在肉眼观察情况下，精细度下降可控。

LOD 算法在实现上其实也有多种方案，比如实时根据摄像机和观察方向、距离，对地表块中的网格进行动态合并。不过基于 Python 的计算性能，在这里我推荐不做动态合并，而采用直接读取预设 LOD 地表块索引缓冲的方案，这种方案需要预先将地表块根据精细度划分为若干个索引缓冲，但使用同一个顶点缓冲，好处是不需要动态计算合并，基本没有什么 CPU 负担。

首先要对地表的顶点做索引缓冲的预设处理，在这里按照一个网格间隔作为 LOD 纹理密度列表来进行索引缓冲的生成，代码如下：

```python
#根据 LOD 值来进行索引缓冲的创建
self.IB = []
self.IndexCount = []
#设定对应 LOD 纹理密度列表
LodDensityList = [1,4,10]
for lod in range(0,3):
    IndexArray = []
    for row in range(0,self.Rows,LodDensityList[lod]):
        for col in range(0,self.Cols,LodDensityList[lod]):
            #格子的顶点索引
            vIndex1 = row * (self.Cols+1) + col
            vIndex2 = vIndex1 + LodDensityList[lod]
            vIndex3 = vIndex1 + (self.Cols+1) * LodDensityList[lod]
            vIndex4 = vIndex3 + LodDensityList[lod]
            IndexArray.extend([vIndex1, vIndex3,vIndex2])
            IndexArray.extend([vIndex2, vIndex3,vIndex4])
    self.IndexCount.append(len(IndexArray))
    self.IB.append (vbo.VBO(np.array(IndexArray,'H'),target =
GL_ELEMENT_ARRAY_BUFFER))
```

对于地表块来说，细节的表现精度应随着地形变化而不同，但使用这种简单方式生成的索引缓冲，会丧失重要性精度的细节，这是一个要注意的点。在实际的游戏开发中，可以再根据高度值来做一些算法调整，保留高度变化陡峭区域的网格间隔。这个算法并不复杂，由大家自行研究处理。

在构建好各细节层次的索引缓冲后，我们在渲染地形时，只需要计算当前地表块与摄像机位置的距离，然后选择对应的索引缓冲进行渲染就可以了，具体代码如下。

```python
#获取距离，这里没做 y 值，可根据需要加上
DistanceX = TerrainX - EyePosVec3.x
DistanceZ = TerrainZ - EyePosVec3.z
#判断距离的公式，可以去掉根号运算、减少除法计算
DistanceXZ = math.sqrt(DistanceX * DistanceX + DistanceZ * DistanceZ)
#根据距离使用相应精细度的索引缓冲
```

```
if DistanceXZ < 100.0:
    #进行 IB 的索引数据流绑定
    self.IB[0].bind()
    #指定索引数据流的格式为 GL_UNSIGNED_SHORT
glDrawElements(GL_TRIANGLES,self.IndexCount[0],GL_UNSIGNED_SHORT,None)
    self.IB[0].unbind()
    self.VB.unbind()
elif DistanceXZ < 200.0:
    #进行 IB 的索引数据流绑定
    self.IB[1].bind()
    #指定索引数据流的格式为 GL_UNSIGNED_SHORT
glDrawElements(GL_TRIANGLES,self.IndexCount[1],GL_UNSIGNED_SHORT,None)
    self.IB[1].unbind()
    self.VB.unbind()
else:
    #进行 IB 的索引数据流绑定
    self.IB[2].bind()
    #指定索引数据流的格式为 GL_UNSIGNED_SHORT
glDrawElements(GL_TRIANGLES,self.IndexCount[2],GL_UNSIGNED_SHORT,None)
    self.IB[2].unbind()
    self.VB.unbind()
```

运行效果如图 8-21 所示。

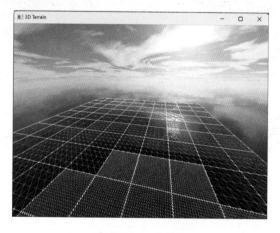

图 8-21 运行效果

我们在程序中可以看到，离当前观察位置近的地形，网格很密，而中间部分网格开始稀疏，远处则非常稀疏了，这样就可以大大地减小远处的渲染压力，提升地形渲染的效率。

8.3 水面渲染

在野外场景中，水面渲染分为池塘、河流、湖、海几种情况，根据风格不同和美术表现要求不同，其实现也有多种方案，不但要处理水面本身的显示效果，也要与水下、岸边的地形地貌、植被特征相匹配。

8.3.1 水体的生成

虽然水体和地形表现不同，但本质上都是基于平面网格来进行制作的，池塘、河流、湖、海在许多有限大小的场景下并没有本质上的不同。最简单的水体可以直接基于网格来进行制作，处理一下 Alpha 透明，或者做一做流动或波动，即可简单地模拟水体。

要生成水体，首先要确认水体的类型，以及在哪里生成和渲染，然后有针对性地生成，而不是一股脑地直接用一个大平面网格放在地面下，毕竟水面网格的反射、折射等效果处理对 Shader 有一定性能压力，所以最好预先做好相应的方案。比如要表现河道，我们需要先如图 8-22 所示在地形地貌上做好河道和岸边的纹理变化，使河水与河道融为一体。

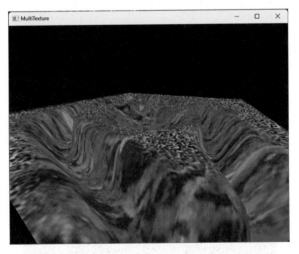

图 8-22　在地形地貌上做好河道和岸边的纹理变化

在这个地表场景中，我们使用高度图来做出河道，并通过混合图素材使得河道中的纹理与岸边的纹理区分开。下面按照平面地表的方法，再做一个水面，去掉纹理混合和高度，指定一个水面纹理并其将放置到地表河道的合适高度，这时可以渲染出如图 8-23 所示的河道效果。

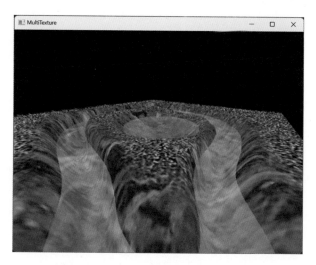

图 8-23　放一个平面模拟河流的河道效果

　　既然是河道，我们还希望它能流动起来，这时我们可以给河水网格做一个纹理动画，但整体做纹理动画会很怪，河水流动一定是沿着河道的，所以我们可以想办法让河道中的水体沿着指定的方向流动。在这里我们可以使用一张纹理图来描述水体的运动方向，比如将纹理图的 R,G,B 分别代表向右、向上、向左，用黑色代表向下，并带 Alpha 通道，这样可以用 PhotoShop 沿着地表混合图做一张水流方向图，它与地表高度图和纹理混色图类似，不过我把中间区域的小池塘去掉了，这样池塘的水面就不动了。图 8-24 展示了这种方案所需的三张纹理图。

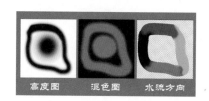

图 8-24　三张纹理图

　　相应的 Shader 如下：

```
vsCode = """ #version 130        //GLSL 中 VS 的版本
    varying   vec2        v_texCoord;      //定义输出给 PS 的数据流，首先是纹理坐标值分
量(u,v)
    uniform   vec2        u_BeginXZ;       //在 x,z 方向上的起始偏移
    uniform   vec2        u_XZOffset;      //用于在 x,z 方向上进行位置偏移
    uniform   float       u_AniTime;       //时间值
    uniform   sampler2D   texture1;        //定义使用 1 号纹理作为水流运动纹理采样图
```

```
    void main()      //入口函数固定为 main()
    {
        //计算 x,z 在整个水面中的位置
        float x = gl_Vertex.x + u_XZOffset.x;
        float z = gl_Vertex.y + u_XZOffset.y;
        //计算出整个水面的宽和长
        float h = -u_BeginXZ.x*2.0;
        float v = -u_BeginXZ.y*2.0;
        //计算出当前顶点 x,z 在整个水面中的 u,v 对应值
        vec2  uv_dir = vec2((x - u_BeginXZ.x)/h,1.0 - (z - u_BeginXZ.y)/v);
        //由 1 号纹理按照传入的纹理坐标进行采样，取得基础纹理图对应的颜色值
        vec4  dirColor = texture2D( texture1, uv_dir );
        //只处理 Alpha 通道不为 0 的地方
        float u_dir = (dirColor.r - dirColor.b) * dirColor.a;
        float v_dir = (dirColor.g - (1.0 - dirColor.r - dirColor.b - dirColor.g))*
dirColor.a;

        //计算出当前顶点 x,z 在整个水面中的 u,v 对应值
        vec2  uv_water = vec2(uv_dir.x + u_AniTime * u_dir,uv_dir.y + u_AniTime
* v_dir);
        gl_Position = gl_ModelViewProjectionMatrix * vec4(x,0.0,z,1.0);
        v_texCoord = uv_water;
    }
    """
psCode = """ #version 330 core                    //GLSL 中 PS 的版本
    varying vec2        v_texCoord;//定义由 VS 输出给 PS 的数据流,首先是纹理坐标值分量(u,v)
    uniform sampler2D   texture0;           //定义使用 0 号纹理
    uniform vec4        ambientColor;       //环境光颜色
    out vec4            outColor;               //定义输出到屏幕光栅化位置的像素颜色值
    void main()
    {
        vec4   texColor0 = texture2D( texture0, v_texCoord.xy );
        //由 0 号纹理按照传入的纹理坐标进行采样，取得基础纹理图对应的颜色值
        outColor = texColor0 * vec4(ambientColor.xyz * ambientColor.w,0.5) ;
        //最终颜色 = 纹理颜色 * 环境光颜色
    }
    """
```

运行一下，可以看到河水会沿着图 8-25 中箭头指向流动起来，而中间的小池塘是平静的。

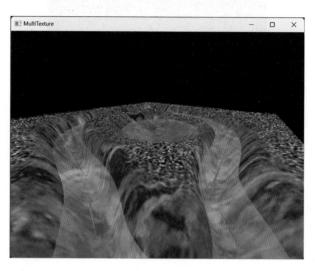

图 8-25 使用水流方向图渲染出带流动效果的河道

最后，我们再做一点优化，因为在场景中水面的许多部分是被河水覆盖的，所以这些地方可以不做渲染，节省了计算过程，我们可以从混合图中读取代表河道的红色纹理通道，来判断是否进行水面渲染。

```
#循环遍历渲染每一个地表块
for rowIndex in range(0,TerrainBlockRows):
    for colIndex in range(0,TerrainBlockCols):
        #取得 blend2.jpg 中红色通道值像素颜色大于 30 的像素点，作为显示水体块的判断条件
        WaterImagePX = int((colIndex / float(TerrainBlockCols)) *
self.WaterImageWidth)
        WaterImagePY = int((rowIndex / float(TerrainBlockRows)) *
self.WaterImageHeight)
        WaterImageRGB = self.WaterPixelData[WaterImagePX, WaterImagePY]
        if  int(WaterImageRGB[0]) >= 30:
            ...与地表渲染基本相同，略去
```

再次运行，则可以看到如图 8-26 所示，在网格显示模式下观察，地表之下的水体部分不会再进行渲染了。

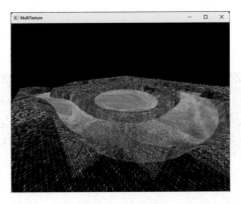

图 8-26　不再对地表以下的水体部分进行渲染

8.3.2　反射与折射

在表现水面时，反射与折射是常用的两种效果，本质上反射和折射都是将两张纹理效果图投射到水面上。反射纹理是先对需要倒映在水面上的场景物体，如河边的树、建筑、人物等，基于一个水平高度进行倒立镜像转换，也就是让顶点的 Y 值乘以-1 后偏移，然后渲染到一张纹理图上。折射纹理是对水面需要看到的场景，如湖底地面、水草、鱼等模型，通过在 Shader 中按水面范围遮罩图进行像素裁切后渲染到一张纹理图上。在最终渲染水面的像素颜色时，水面的 PS 代码需要结合观察角度，先通过菲涅尔效果计算出反射折射的影响权重值，然后通过纹理投影映射采样，从反射纹理和折射纹理中取出当前观察角度下每个水面像素位置反射和拆射的效果颜色值，最后基于影响权重值，结合水体深度、手动设置的水体颜色等因素，综合调制出水面像素的颜色。在进行折射部分的采样时，一般也会再加一个偏移或扰动处理，模拟折射偏移和水面波动。这部分内容比较多，对性能影响也比较大，可以根据项目美术风格的需要和性能限制选择性使用，这里不再进一步展开。

8.3.3　波浪动画

在进行湖面或海洋的水面渲染时，往往会做一些波浪效果来体现水的动态。在 3.3.1 节的基本顶点动画一节，我们编写过一个简单的波浪效果，通过 sin,cos 函数在 Shader 中实现顶点高度随时间的变化，这就是水面波浪动画的基本原理。在具体的实现方式上，我们也可以结合本章地表高度图的思想，使用高度图纹理动画对高度进行偏移处理，这样效果更自然，下面我们来练习一下。

首先准备如图 8-27 所示的两张高度图，分别用于在各自方向上进行纹理偏移而产生水面波动的效果。

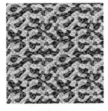

图 8-27　用于波动采样的两张高度图

我们在 Shader 部分获取两张纹理图的颜色值，并做一些平滑处理之后相加作为综合高度因子，再乘以我们指定的高度倍数参数。

```
#对应的海面 Shader
vsCode = """ #version 130        //GLSL 中 VS 的版本
    varying  vec2        v_texCoord; //定义输出给 PS 的数据流，首先是纹理坐标值分量(u,v)
    varying  float       v_height;              //定义输出给 PS 的数据流，然后是高度值分量
    uniform  float       u_HScale;              //高度图的 r 值在 0～1，这里做缩放处理
    uniform  vec2        u_BeginXZ;             //在 x,z 方向上的起始偏移
    uniform  vec2        u_XZOffset;            //用于在 x,z 方向上进行位置偏移
    uniform  float       u_AniTime = 0.0;       //动画时间
    uniform  sampler2D   texture1;              //定义使用 1 号纹理
    uniform  sampler2D   texture2;              //定义使用 2 号纹理
    uniform  vec3        EyePos = vec3(0.0,0.0,0.0);  //摄像机位
    void main()     //入口函数固定为 main()
    {
        //计算 x,z 在整个地表中的位置
        float x = gl_Vertex.x + u_XZOffset.x;
        float z = gl_Vertex.y + u_XZOffset.y;
        //计算出整个地表的宽和长
        float h = -u_BeginXZ.x*2.0;
        float v = -u_BeginXZ.y*2.0;
        //计算出当前顶点 x,z 在整个地表中的 u,v 对应值
        vec2  uv = vec2((x - u_BeginXZ.x)/h,1.0 - (z - u_BeginXZ.y)/v) +
vec2(u_AniTime*0.02,u_AniTime*0.01);
        //取得高度图的像素颜色
        //vec4  texColor1 = texture2D( texture1, uv);
        vec4  texColor1 = vec4(0.0);
        float blurSize = 0.005;
        //基于九宫方式进行纹理采样并累加颜色值
        //左上
        texColor1 += texture2D(texture1, vec2(uv.x - blurSize, uv.y - blurSize)) ;
        //上
        texColor1 += texture2D(texture1, vec2(uv.x , uv.y - blurSize)) ;
        //右上
        texColor1 += texture2D(texture1, vec2(uv.x + blurSize, uv.y - blurSize)) ;
        //左
        texColor1 += texture2D(texture1, vec2(uv.x - blurSize, uv.y)) ;
```

```
        //中
        texColor1 += texture2D(texture1, vec2(uv.x, uv.y)) ;
        //右
        texColor1 += texture2D(texture1, vec2(uv.x + blurSize, uv.y)) ;
        //左下
        texColor1 += texture2D(texture1, vec2(uv.x - blurSize, uv.y + blurSize)) ;
        //下
        texColor1 += texture2D(texture1, vec2(uv.x , uv.y + blurSize)) ;
        //右下
        texColor1 += texture2D(texture1, vec2(uv.x + blurSize, uv.y +
blurSize)) ;
        //计算平均值
        texColor1 = texColor1/9.0;
        //取得高度图的像素颜色
        //vec4  texColor2 = texture2D( texture2, uv + vec2(u_AniTime,0.0));
        vec4  texColor2 = vec4(0.0);
        //基于九宫方式进行纹理采样并累加颜色值
        texColor2 += texture2D(texture2, vec2(uv.x - blurSize, uv.y - blurSize)) ;
        texColor2 += texture2D(texture2, vec2(uv.x , uv.y - blurSize)) ;
        texColor2 += texture2D(texture2, vec2(uv.x + blurSize, uv.y - blurSize)) ;
        texColor2 += texture2D(texture2, vec2(uv.x - blurSize, uv.y)) ;
        texColor2 += texture2D(texture2, vec2(uv.x, uv.y)) ;
        texColor2 += texture2D(texture2, vec2(uv.x + blurSize, uv.y)) ;
        texColor2 += texture2D(texture2, vec2(uv.x - blurSize, uv.y + blurSize)) ;
        texColor2 += texture2D(texture2, vec2(uv.x , uv.y + blurSize)) ;
        texColor2 += texture2D(texture2, vec2(uv.x + blurSize, uv.y + blurSize)) ;
        //计算平均值
        texColor2 = texColor2/9.0;
        //高度值计算 = r 值 * 高度缩放
        float YOffset = (texColor1.r + texColor2.r)  * u_HScale;
        gl_Position = gl_ModelViewProjectionMatrix * vec4(x,YOffset,z,1.0);
        v_texCoord = vec2((x - u_BeginXZ.x)*0.001 + u_AniTime*0.1 ,(z -
u_BeginXZ.y)*0.002 + u_AniTime*0.2);
        //高度值输出
        vec3 wPosition = vec3(x,0,z);
        //这里设置随着距离的变化，高度值变化
        v_height = 1.0 - distance(wPosition,EyePos)/1000;
    }
    """
```

```
psCode = """ #version 330 core                //GLSL 中 PS 的版本
    varying vec2        v_texCoord;//定义由 VS 输出给 PS 的数据流,首先是纹理坐标值分量(u,v)
    varying float       v_height;              //定义输出给 PS 的数据流，然后是高度值分量
    uniform sampler2D   texture0;              //定义使用 0 号纹理
    uniform vec4        ambientColor;          //环境光颜色
    out vec4            outColor;              //定义输出到屏幕光栅化位置的像素颜色值
    void main()
    {
        vec4  texColor0 = texture2D( texture0, v_texCoord.xy );
        //由 0 号纹理按照传入的纹理坐标进行采样，取得基础纹理图对应的颜色值
        outColor = texColor0 * v_height * vec4(ambientColor.xyz *
ambientColor.w,1.0) ;          //最终颜色 = 纹理颜色 * 环境光颜色
    }
    """
```

在这个 Shader 中使用了缓慢的模糊处理来进行平滑处理，另外还加入了远近距离对海水颜色的影响。一般来说，近处和远处海水颜色是可以进行调整的，这里留给大家自行扩展。运行效果如图 8-28 所示。

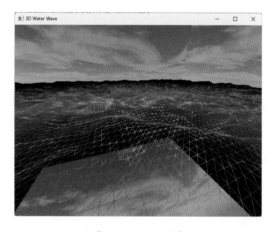

图 8-28　运行效果

8.4　植被与建筑

有了天空、地面、湖海河流之后，就有了基本的场景大环境，在这个基础上，我们还需要支持增加更多的物体。植被和建筑是最常见的场景物体，本节学习一下对它们的处理方案。

8.4.1　草体渲染

一般来说，草体渲染主要是为了解决大量动态三角形或条带的渲染，不管是用算法生成，还是基于美术建模人员做好的花草模型，难点在于花草树木一旦数量众多，如何保证较好的效率。一般算法生成的草体是在地表上生成一些交叉三角形或交叉四边形，以方便在各个角度都能看到，图 8-29 演示了如何基于原始纹理生成一个交叉矩形。

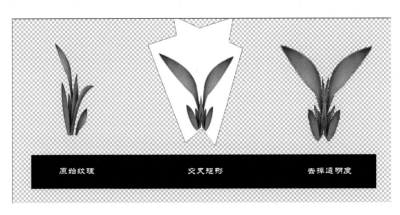

图 8-29　如何基于原始纹理生成一个交叉矩形

为了体现草体的真实效果，一般会给草体添加一点摇动效果，这个效果是从草根部往上逐渐摇动。下面我们为之前的河流场景生成一些草丛，要求它们只生成在岸上，并且有一些随风摇摆的效果。

首先，我们需要大面积地生成一定范围内随机大小和角度的交叉矩形：

```python
#在场景中动态生成条带草地
def CreateGrass(self):
    #初始化VBO,IBO
    VertexArray = []
    IndexArray = []
    self.GrassVertexDec = GL_T2F_V3F
    self.GrassIndexCount = 0
    #每一个地表块中草的数量
    GrassDensity = 10
    #草的宽度区间
    minW = 10.0
    maxW = 30.0
    #草的高度区间
    minH = 30.0
```

```
maxH = 60.0
#条带切分
subsectionH = 10.0
Angle360 = (2*PI)
Angle90 = (0.5*PI)
TerrainBlockRows = 10
TerrainBlockCols = 10
#400 × 400 地表块大小
TerrainSize_X = self.Cols*self.TileSize
TerrainSize_Z = self.Rows*self.TileSize
#大地表偏移起点
Terrain_BeginX = -TerrainBlockCols * TerrainSize_X * 0.5
Terrain_BeginZ = -TerrainBlockRows * TerrainSize_Z * 0.5
VertexIndex = 0
radius = 1.0
#循环遍历渲染每一个地表块
for rowIndex in range(0,TerrainBlockRows):
    for colIndex in range(0,TerrainBlockCols):
        #只存储x,z顶点位置
        TerrainX = Terrain_BeginX + colIndex*TerrainSize_X
        TerrainZ = Terrain_BeginZ + rowIndex*TerrainSize_Z
        #生成相应的草数量
        for i in range(GrassDensity):
            NumAngleH = random.random() * Angle360
            #随机位置
            x = TerrainX + RANDOM11() * TerrainSize_X * math.cos(NumAngleH)
* math.cos(NumAngleH)
            y = 0.0
            z = TerrainZ + RANDOM11() * TerrainSize_Z * math.sin(NumAngleH)
* math.sin(NumAngleH)
                #取得blend2.jpg中红色通道值像素颜色大于30的像素点,作为显示水体块的判断条件
                #WaterImagePX = int(((x - Terrain_BeginX) / float(TerrainBlockCols
* TerrainSize_X)) * self.WaterImageWidth)
                WaterImagePY = int(((z - Terrain_BeginZ) / float(TerrainBlockRows
* TerrainSize_Z)) * self.WaterImageHeight)
                WaterImageRGB = self.WaterPixelData[WaterImagePX, WaterImagePY]
                #所以,如果该像素点的红色通道值小于30,则表示在岸上
                if int(WaterImageRGB[0]) < 30:
                    #计算一个随机的草宽度和高度
```

```
                    Grass_W = minW + (random.random() * (maxW - minW))
                    Grass_H = minH + (random.random() * (maxH - minH))
                    #随机朝向
                    Grass_Angle = random.random() * Angle360
                    #以朝向来延伸x,z坐标，构建交叉四边形的四个点的x,z坐标
                    Grass_X1 = Grass_W * 0.5 * math.cos(Grass_Angle) *
math.cos(Grass_Angle)
                    Grass_Z1 = Grass_W * 0.5 * math.sin(Grass_Angle) *
math.sin(Grass_Angle)
                    SubsectionCount = int(Grass_H/subsectionH) + 1
                    #从下向上计算每个小块的顶点位置及纹理坐标，生成条带
                    for SectionIndex in range(SubsectionCount):
                        #X,Y,Z
                        y = subsectionH*SectionIndex
                        #纹理坐标
                        U = 0.0
                        V = SectionIndex/SubsectionCount
                        VertexArray.extend([U,V])
                        VertexArray.extend([x+Grass_X1,y,z+Grass_Z1])
                        #纹理坐标
                        U = 1.0
                        #V = SectionIndex/SubsectionCount
                        VertexArray.extend([U,V])
                        VertexArray.extend([x-Grass_X1,y,z-Grass_Z1])
                        y = y+subsectionH
                        #纹理坐标
                        U = 0.0
                        V = (SectionIndex + 1)/SubsectionCount
                        VertexArray.extend([U,V])
                        VertexArray.extend([x+Grass_X1,y,z+Grass_Z1])
                        #纹理坐标
                        U = 1.0
                        #V = (SectionIndex + 1)/SubsectionCount
                        VertexArray.extend([U,V])
                        VertexArray.extend([x-Grass_X1,y,z-Grass_Z1])
                    #从下向上计算每个小块的组成四边形的三角形索引
                    for SectionIndex in range(SubsectionCount):
                        SectionVIndex = VertexIndex + 4 * SectionIndex
```

```
IndexArray.extend([SectionVIndex,SectionVIndex+2,SectionVIndex+1])


IndexArray.extend([SectionVIndex+1,SectionVIndex+2,SectionVIndex+3])
                    #更新索引
                    VertexIndex = VertexIndex + SubsectionCount * 4

                    #以朝向来延伸x,z坐标，构建交叉四边形的四个点的x,z坐标
                    y = 0.0
                    Grass_X1 = Grass_W * 0.5 * math.cos(Grass_Angle+Angle90) *
math.cos(Grass_Angle+Angle90)
                    Grass_Z1 = Grass_W * 0.5 * math.sin(Grass_Angle+Angle90) *
math.sin(Grass_Angle+Angle90)
                    #从下向上计算每个小块的顶点位置及纹理坐标，生成条带
                    for SectionIndex in range(SubsectionCount):
                        #X,Y,Z
                        y = subsectionH*SectionIndex
                        #纹理坐标
                        U = 0.0
                        V = SectionIndex/SubsectionCount
                        VertexArray.extend([U,V])
                        VertexArray.extend([x+Grass_X1,y,z+Grass_Z1])
                        #纹理坐标
                        U = 1.0
                        #V = SectionIndex/SubsectionCount
                        VertexArray.extend([U,V])
                        VertexArray.extend([x-Grass_X1,y,z-Grass_Z1])
                        y = y+subsectionH
                        #纹理坐标
                        U = 0.0
                        V = (SectionIndex + 1)/SubsectionCount
                        VertexArray.extend([U,V])
                        VertexArray.extend([x+Grass_X1,y,z+Grass_Z1])
                        #纹理坐标
                        U = 1.0
                        #V = (SectionIndex + 1)/SubsectionCount
                        VertexArray.extend([U,V])
                        VertexArray.extend([x-Grass_X1,y,z-Grass_Z1])
                    #从下向上计算每个小块的组成四边形的三角形索引
```

```
                    for SectionIndex in range(SubsectionCount):
                        SectionVIndex = VertexIndex + 4 * SectionIndex

IndexArray.extend([SectionVIndex,SectionVIndex+2,SectionVIndex+1])

IndexArray.extend([SectionVIndex+1,SectionVIndex+2,SectionVIndex+3])
                    #更新索引
                    VertexIndex = VertexIndex + SubsectionCount * 4
    self.VB_Grass = vbo.VBO(np.array(VertexArray,'f'))
    self.IB_Grass = vbo.VBO(np.array(IndexArray,'H'),target =
GL_ELEMENT_ARRAY_BUFFER)
    self.GrassIndexCount =len(IndexArray)
```

在这里我们使用了顶点和索引缓冲，并使用了单一的纹理来表现所有的草。但实际上，在场景中一般会有多种花草模型，为每种花草创建能容纳足够数量模型的顶点和索引缓冲并指定纹理，掺杂在一起就可以了。

下面是 Shader 部分：

```
#对应的草体 Shader
vsCode = """ #version 130                    //GLSL 中 VS 的版本
    varying   vec2      v_texCoord; //定义输出给 PS 的数据流，首先是纹理坐标值分量(u,v)
    uniform  float      u_AniTime;          //时间值
    uniform  float      u_SwingSpeed = 1.0;;    //动画速度
    uniform  float      u_SwingRegion = 0.1;    //动画区域
    void main()
    {
        //计算动画的时间变化
        float TimeOffset = u_AniTime * u_SwingSpeed;
        //计算出摇动的顶点偏移，这里使用纹理坐标 y 分量来控制摇动幅度，底部不摇，草顶部摇动
        vec3  SwingOffset = u_SwingRegion *
vec3(cos(TimeOffset),0,sin(TimeOffset)) * gl_MultiTexCoord0.y;
        //计算出摇动后的顶点坐标
        vec4  SwingVertex = vec4(gl_Vertex.x + SwingOffset.x,gl_Vertex.y +
SwingOffset.y,gl_Vertex.z + SwingOffset.z,1.0);
        //使用摇动后的顶点坐标进行裁剪，并计算出最终的顶点坐标
        gl_Position = gl_ModelViewProjectionMatrix * SwingVertex;
        v_texCoord = vec2(gl_MultiTexCoord0.x,gl_MultiTexCoord0.y);
    }
    """
```

```
psCode = """ #version 330 core            //GLSL 中 PS 的版本
    varying vec2        v_texCoord;        //定义由 VS 输出给 PS 的数据流
    uniform sampler2D   texture0;          //定义使用 0 号纹理
    uniform vec4        ambientColor;      //环境光颜色
    out vec4            outColor;          //定义输出到屏幕光栅化位置的像素颜色值
    void main()
    {
        vec4   texColor0 = texture2D( texture0, v_texCoord.xy );
        #对 Alpha 透明处进行镂空处理
        if(texColor0.a < 0.2) discard;
        outColor = texColor0 * vec4(ambientColor.xyz * ambientColor.w,0.5);
    }
    """
```

调用 Shader 对草进行渲染后的运行效果如图 8-30 所示。

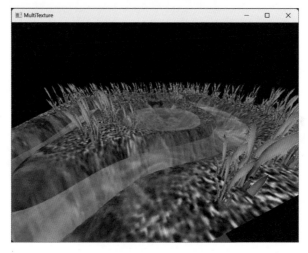

图 8-30　运行效果

8.4.2　树木与建筑

与草体不同，树木和建筑一般是直接渲染静态模型，这里主要需要考虑有大量模型的情况下，不透明、透明镂空（Alpha Clip）和透明度混合的区分和重组。

对于模型展示来说，我们一般不需要考虑这些问题，但当模型的数量级非常大时，引擎在渲染时就必须根据硬件条件，有针对性地对所有的模型渲染方案进行设计，其中静态模型的设计重点就是如何以最合理的编排，让模型的三角形能以最少的渲染批次及合理的显存、内存占用来实现效果。所以对于专业的引擎开发者来说，一个大型场景中的所有模型实际上被分成多个渲染队列，每个渲染队列有各自不同的渲染设置。我们需要对美术场景中的所有模型根据视角需求进行识别和子模型拆分，放置队列及数据重组，直至最终丢给 GPU。

在本节中，我们来模拟这个过程，以使得场景有更好的渲染效率。假设在地面上有 30 棵树。我们将它们随机地散落在场景中。一般情况下，我们从模型文件中直接加载并渲染即可，但本节我们将读取它们的顶点、纹理坐标、法线和索引信息，并将它们重组为合适的顶点和索引缓冲。

首先，我们准备三个模型，如图 8-31 所示，分别为：shu.pmm, yzs.pmm, cao.pmm。

然后，我们将之前加载 PMM 模型文件的模型类代码加入进来，并参考草体创建函数对岸边位置的处理，来编写创建这些植物的函数：

图 8-31　用于展示场景植物的 3 个模型

```python
#在场景中动态生成植物
def CreatePlants(self,maxCount = 30):
    #每一个地表块中植物的数量
    PlantsDensity = 1
    #植物的宽度区间
    minW = 10.0
    maxW = 30.0
    Angle360 = (2*PI)
    TerrainBlockRows = 10
    TerrainBlockCols = 10
    #400 × 400 地表块大小
    TerrainSize_X = self.Cols*self.TileSize
    TerrainSize_Z = self.Rows*self.TileSize
    #大地表偏移起点
    Terrain_BeginX = -TerrainBlockCols * TerrainSize_X * 0.5
    Terrain_BeginZ = -TerrainBlockRows * TerrainSize_Z * 0.5
    self.TreeList = []
    self.TreeFileName = ["shu.pmm","cao.pmm","yzs.pmm"]
    #循环遍历，渲染每一个地表块
    for rowIndex in range(0,TerrainBlockRows):
        for colIndex in range(0,TerrainBlockCols):
            #只存储 x,z 顶点位置
            TerrainX = Terrain_BeginX + colIndex*TerrainSize_X
            TerrainZ = Terrain_BeginZ + rowIndex*TerrainSize_Z
```

```python
        #生成相应的植物数量
        for i in range(PlantsDensity):
            NumAngleH = random.random() * Angle360
            #随机位置
            x = TerrainX + RANDOM11() * TerrainSize_X * math.cos(NumAngleH)
* math.cos(NumAngleH)
            y = 0.0
            z = TerrainZ + RANDOM11() * TerrainSize_Z * math.sin(NumAngleH)
* math.sin(NumAngleH)


            #取得blend2.jpg中红色通道值像素颜色大于30的像素点,作为显示水体块的判断条件
            WaterImagePX = int(((x - Terrain_BeginX) / float(TerrainBlockCols
* TerrainSize_X)) * self.WaterImageWidth)
            WaterImagePY = int(((z - Terrain_BeginZ) / float(TerrainBlockRows
* TerrainSize_Z)) * self.WaterImageHeight)
            WaterImageRGB = self.WaterPixelData[WaterImagePX, WaterImagePY]
            #所以,如果该像素点的红色通道值小于30,则表示在岸上
            if int(WaterImageRGB[0]) < 30:
                #如果数量达到上限,则退出循环
                if len(self.TreeList) == maxCount:
                    break
                #计算一个随机的偏移宽度
                Plants_W = minW + (random.random() * (maxW - minW))
                #随机朝向
                Plants_Angle = random.random() * Angle360
                #以朝向来延伸x,z坐标,构建交叉四边形的四个点的x,z坐标
                Plants_X1 = Plants_W * 0.5 * math.cos(Plants_Angle) *
math.cos(Plants_Angle)
                Plants_Z1 = Plants_W * 0.5 * math.sin(Plants_Angle) *
math.sin(Plants_Angle)
                #生成每一棵植物
                newTreeMesh = Mesh()
                randMeshType = random.randint(0,2)
                objFileName = self.TreeFileName[randMeshType]
                objFile = os.path.join(os.getcwd(),objFileName)
                #设置一个随机缩放值区间(10.0~15.0)
                RS = random.random() * 5.0 + 10.0
```

```
                    newTreeMesh.LoadMeshFromPMMFile(objFile)
                    newTreeMesh.SetPosition(x+Plants_X1,y+45.0,z+Plants_Z1)
                    newTreeMesh.SetScale(RS,RS,RS)
                    self.TreeList.append(newTreeMesh)
...
```

在这段代码中，我们将生成的每一棵植物模型放到一个 TreeList 列表中，并在绘制场景时遍历调用每个植物模型的 Render 函数即可。

```
#渲染植物
def DrawPlants(self):
    self.BatchCount = 0
    #是否使用批次加速模式
    if self.BatchMode == False:
        for treeMesh in self.TreeList:
            treeMesh.Render()
            self.BatchCount = self.BatchCount + treeMesh.GetSubmMeshCount()
```

运行效果如图 8-32 所示。

图 8-32　运行效果

图中标注了当前画面中植物部分的数量为 30，渲染批次为 30，整个场景的 FPS 为 20 帧/秒左右，应该说，这是一个较低的 FPS，下面我们简单改造一下，使用重组的静态模型批次来显示这些植被。

我们重新定义一个静态模型的批次类，让它由 Mesh 类派生：

```
#静态模型批次合并
```

```
class StaticMeshBatch(Mesh):
    def __init__(self):
        super().__init__()
        #模型数量
        self.meshCount = 1
        #模型的矩阵列表
        self.meshMatrixList = []
```

然后我们增加从模型文件中一次性创建多个相同的模型体的处理。

```
#从 PMM 模型文件加载模型
def LoadMeshBatchFromPMMFile(self,pmmFile,meshCount = 10):
    self.SubMeshDict.clear()
    self.MaterialDict.clear()
    #创建材质
    if os.path.exists(pmmFile) == True:
        try:
            dirname, filename = os.path.split(pmmFile)
            objName, extension = os.path.splitext(filename)
            obj_submesh_array = {}
            obj_vertex_decl_array = {}
            obj_vertex_array = {}
            obj_triangle_array = {}
            version = "1.0"
            submeshCount = 0
            submeshIndex = 0
            #按行读取
            for line in open(pmmFile, "r"):
                #如果是注释行，则直接略过
                if line.startswith('#'):
                    continue
                values = line.split('=')
                #取得版本号
                if values[0] == 'Version':
                    version = values[1]
                #取得模型数量
                elif values[0] == 'SubMeshCount':
                    submeshCount = int(values[1])
```

```
        #取得模型信息
        elif values[0] == 'SubMesh':
            submeshInfo = eval(values[1])
            submeshIndex = submeshInfo[0]
            obj_submesh_array[submeshIndex] = submeshInfo
            obj_vertex_decl_array[submeshIndex] = []
            obj_vertex_array[submeshIndex] = []
            obj_triangle_array[submeshIndex] = []
        #取得顶点的格式
        elif values[0] == 'VertexDecl':
            vertexDecl = values[1].strip().replace('[','').
replace(']','').replace("'",'')
            obj_vertex_decl_array[submeshIndex] = vertexDecl.split(',')


        #取得顶点数组
        elif values[0] == 'VertexArray':
            VertexList = eval(values[1])
            #obj_vertex_array[submeshIndex] = eval(values[1].
strip().replace('(','').replace(')',''))
            VertexDec = None
            if 'nx' in obj_vertex_decl_array[submeshIndex] and 'u' in
obj_vertex_decl_array[submeshIndex]:
                VertexDec = GL_T2F_N3F_V3F
            else:
                VertexDec = GL_T2F_V3F
            #顶点的关键转换算法
            if VertexDec == GL_T2F_N3F_V3F:
                for i in range(meshCount):
                    for vertexInfo in VertexList:
                        obj_vertex_array[submeshIndex].extend
([vertexInfo[0],vertexInfo[1]])
                        #将原本的 3 个浮点值的 Normal 拆分后重组，前两个浮点值存储法
                        #线的降精度 x,z，最后一个浮点值存储模型索引
                        #将 Normal 的 x,z 降精度为 10000 以内的整数
                        nx_com = int(5000*vertexInfo[2] + 5000)
                        #ny_com = int(5000*vertexInfo[3] + 5000)
                        nz_com = int(5000*vertexInfo[4] + 5000)
```

```
                            norm_value1 = nx_com + nz_com * 0.0001
                            norm_value2 = vertexInfo[3]
                            norm_value3 = i
obj_vertex_array[submeshIndex].extend([norm_value1,norm_value2,norm_value3])
                            obj_vertex_array[submeshIndex].extend
([vertexInfo[5],vertexInfo[6],vertexInfo[7]])
                else:
                    for i in range(meshCount):
                        for vertexInfo in VertexList:
                            obj_vertex_array[submeshIndex].extend
([vertexInfo[0],vertexInfo[1]])
                            #第三个浮点值存储模型索引
                            obj_vertex_array[submeshIndex].extend([i])

                            obj_vertex_array[submeshIndex].extend
([vertexInfo[5],vertexInfo[6],vertexInfo[7]])
                #将 GL_T2F_V3F 压缩为 GL_C3F_V3F
                VertexDec = GL_C3F_V3F
        #取得三角索引数组
        elif values[0] == 'TriangleArray':
            TriangleList = eval(values[1])
            VertexIndex = 0
            for i in range(meshCount):
                for triangleInfo in TriangleList:
                    obj_triangle_array[submeshIndex].extend([VertexIndex
+ triangleInfo[0],VertexIndex + triangleInfo[1],VertexIndex + triangleInfo[2]])
                VertexIndex = VertexIndex +
obj_submesh_array[submeshIndex][2]
    #创建子模型
    for submeshIndex in obj_submesh_array.keys():
        submeshInfo = obj_submesh_array[submeshIndex]
        subMeshName = str("submesh_%d"%submeshIndex)
        materialName = str("material_%d"%submeshIndex)
        tMaterial = Material(materialName)
        tSubMesh = SubMesh(subMeshName)
        VertexDec = None
        #根据顶点属性，设置使用的 Shader
```

```
            if 'nx' in obj_vertex_decl_array[submeshIndex] and 'u' in
obj_vertex_decl_array[submeshIndex]:
                    tMaterial.CreateShader_XYZ_Normal_MatrixIndex_UV()
                    VertexDec = GL_T2F_N3F_V3F
            elif 'u' in obj_vertex_decl_array[submeshIndex]:
                    tMaterial.CreateShader_XYZ_MatrixIndex_UV()
                    #将 GL_T2F_V3F 压缩为 GL_C3F_V3F
                    VertexDec = GL_C3F_V3F
            #加载纹理
            if submeshInfo[4] != '':
                textureFile = submeshInfo[4]
                textureFile = os.path.join(dirname,textureFile)
                textureFile = textureFile.replace("\\","/")
                hasAlpha = False
                if textureFile.find(".png") >= 0:
                    hasAlpha = True
                tMaterial.LoadTextureFromFile(0,textureFile,hasAlpha)
                tSubMesh.SetMaterial(tMaterial)
                self.MaterialDict[submeshIndex] = tMaterial
            #生成 VB 和 IB 部分
            tSubMesh.BuildVBIB(VertexDec,obj_vertex_array[submeshIndex],
obj_triangle_array[submeshIndex])
                #把子模型和材质放到列表中
                self.SubMeshDict[subMeshName] = tSubMesh
        #模型数量
        self.meshCount = meshCount
        #初始化模型
        meshMatrix = FbxMatrix()
        meshMatrix.SetIdentity()
        for meshIndex in range(meshCount):
            self.meshMatrixList.append(meshMatrix)
    except Exception as ex:
        print(ex)
        return False
    return True
return False
```

　　这一段代码的核心部分，是对顶点格式的改造，它将原本的法线或贴图坐标做了重组，增加了一个矩阵索引的顶点属性，这也是本方案的关键操作。

　　它一次性创建了一个适量的模型大顶点和索引缓冲区，并预置了矩阵索引值，这样在实际进行场景渲染时，我们就可以通过填充矩阵的方法，来使一批相同的模型具有不同的表现和状态。当然我们还需要相应的 Shader 来支持：

```
#有位置、法线、矩阵索引、纹理属性的处理
def CreateShader_XYZ_Normal_MatrixIndex_UV(self):
    print("CreateShader_XYZ_Normal_MatrixIndex_UV")
    vsCode  =  """ #version 130    //GLSL 中 VS 的版本
        varying    vec2 v_texCoord;//定义输出给 PS 的数据流,首先是纹理坐标值分量(u,v)
        varying    vec3 v_Normal; //定义输出给 PS 的数据流，然后是法向量分量(nx,ny,nz)
        uniform    mat4 u_MeshMatrixList[64]; //定义模型矩阵列表，一次性可渲染 64 个
        void main()    //入口函数固定为 main()
        {
            //从 gl_Normal.z 中取出矩阵索引
            int      matrixIndex = int(gl_Normal.z);
            //从模型矩阵列表中取出相应的模型矩阵
            vec3     meshVertex = (u_MeshMatrixList[matrixIndex] *
gl_Vertex).xyz;;
            gl_Position = gl_ModelViewProjectionMatrix *
vec4(meshVertex.xyz,1.0);
            v_texCoord = vec2(gl_MultiTexCoord0.x,gl_MultiTexCoord0.y);
            //取内置变量第一个纹理的坐标作为输出到屏幕相应坐标点的纹理坐标
            //取 gl_Normal.z 的整数部分，并还原为-1.0～1.0 的浮点数
            float    norm_Int = floor(gl_Normal.x);
            float    norm_Float = gl_Normal.x - norm_Int;
            //float    nx = (norm_Int - 5000)/5000;
            float    nx = (norm_Int - 5000) * 0.0002;
            //取 gl_Normal.x 的小数部分，并还原为-1.0～1.0 的浮点数
            //float    nz = (norm_Float*10000 - 5000)/5000;
            float    nz = (norm_Float*10000 - 5000) * 0.0002;
            v_Normal = vec3(nx,gl_Normal.y,nz);
        }
        """
```

在之前的创建植物的函数部分创建一个矩阵列表：

```
#对应每种植物的矩阵列表
self.TreeMatrixDict = {}
self.TreeMatrixDict[0] = []
self.TreeMatrixDict[1] = []
self.TreeMatrixDict[2] = []
```

并在创建每一棵树模型时记录树的矩阵。

```
#记录植物的矩阵
#位置
T = FbxVector4(x+Plants_X1,y+45.0,z+Plants_Z1,0.0)
#缩放
S = FbxVector4(RS,RS,RS,1.0)
#旋转
R = FbxVector4(0.0,0.0,0.0,0.0)
#矩阵
meshMatrix = FbxMatrix(T,R,S)
#存储矩阵
self.TreeMatrixDict[randMeshType].append(meshMatrix)
```

最后我们将矩阵列表传入到模型批次中：

```
# 批量加载树
self.TreeBatchList = []
for meshTypeIndex in self.TreeMatrixDict.keys():
    newTreeMeshBatch = StaticMeshBatch()
    fileName = self.TreeFileName[meshTypeIndex]
    newTreeMeshBatch.LoadMeshBatchFromPMMFile(fileName,self.
TreeMaxNum[meshTypeIndex])
    for i in range(self.TreeMaxNum[meshTypeIndex]):
        newTreeMeshBatch.SetMeshMatrix(i,self.TreeMatrixDict
[meshTypeIndex][i])
    self.TreeBatchList.append(newTreeMeshBatch)
```

有了这些矩阵，在渲染时将矩阵列表数值传入 Shader 中，即可完成渲染，运行效果如图 8-33 所示。

图 8-33　运行效果

程序运行时，当切换为使用批次模型进行处理时，可以明显看到，场景中的批次由 30 变为 3，而渲染的 FPS 上升到 53 帧/秒。虽然在这里，我们使用的是预填充的矩阵数组，但实际上在场景中，我们可以根据视野裁剪的结果来填充应该被显示的模型矩阵，从而动态地在 3 个批次内完成所有能看到的模型渲染。当然，虽然我们是以植被为例，但实际上，这种方法也适用于建筑模型或其他静态模型。

最后，在进行顶点属性改造时，将四个浮点值构成的 VEC4 压缩到一个 32 位的 C4UB 中将会更加节省顶点数据缓冲大小，而法线的精度降低，在实际显示中并不被肉眼所识别，这就涉及数据的压缩和解压。我们可以在代码中调用类似处理：

```
#四个字节组成一个DWORD
def RGBA2DWORD(b1,b2,b3,b4):
    return (b1 << 24) + (b2 << 16) + (b3 << 8) + b4
#把法线的x,y,z值和一个矩阵索引参数转为C4UB
def XYZW2C4UB(nx,ny,nz,nw):
    cbx = int(127*nx + 127)
    cby = int(127*ny + 127)
    cbz = int(127*nz + 127)
    return RGBA2DWORD(cbx,cby,cbz,nw)
```

不过这样我们也需要在 Shader 中进行解压，这一点留给开发者自行研究尝试。

场景中的建筑动画及一些少量同一模型的动物、NPC，一般都是直接摆放在场景中的，根据视角和距离进行裁剪或隐去优化即可，这里不再赘述。

8.5　场景编辑器

前面我们讲解了场景中各类常见元素的开发。在项目的实际开发中往往通过一个可视化编辑器对场景进行创作。本节将尝试开发一个小型的场景编辑器，理解工具化对于场景制作的重要作用。

8.5.1　编辑器的界面框架

一般来说，场景编辑器的基本功能主要包括了场景的环境设置、地形地貌编辑和模型摆放，使用这些功能可以创作出场景的基本样貌。然后是光照效果编辑和各种带逻辑功能的模型或场景效果摆放，基于这些需求，我们打开 PyMe，创建一个空项目"SceneEditor"。首先将 Form_1 的属性"布局"设置为"打包排布"，然后在左边的"组件"工具条中拖动创建一个 PyMeGLFrame，再从"控件"工具条拖动创建一个"NoteBook"控件放到右边，选中"NoteBook_1"控件，在下方的"布局方式"工具条中选择"打包排布"，并设置向右停靠，竖向填充，宽度设为 300，这样的布局设置可以让控件随着窗口的大小变化始终处于靠右位置并竖向填充满所在的窗口，并保持宽度为 300。完成后再选中"PyMeGLFrame_1"控件，在下方的布局设置工具条中设置"打包排布"，向左停靠，并向四周填充，结果如图 8-34 所示。

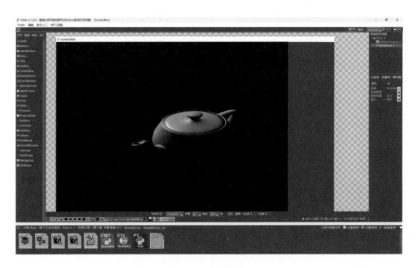

图 8-34　PyMe 中场景编辑器的设计视图

为什么要这样做呢？

因为场景编辑器往往涉及地表、模型、特效、环境等多方面的内容，这时我们可以在界面中放一个"NoteBook"控件，它的作用是可以容纳多个界面，并通过标题按钮进行切换。这样我们就可以方便地在窗口中切换到相应的编辑界面，对场景进行编辑或设置了。下面分别创建"地表编辑""模型摆放""特效摆放""环境设置"等界面。在 PyMe 最下方的资源文件栏的空白处单击鼠标右键，在弹出的菜单中选择"新建窗口"，在弹出的对话框中输入"地表编辑"，确认后会生成"地表编辑"的界面文件。继续用这种方式创建其余三个界面文件，使得文件资源栏中包含图 8-35 所示的界面文件图标。

选中"NoteBook_1"控件，在右下角属性设置面板的"页面管理"属性栏中双击，在弹出的对话框中分别填写页面标题"地表编辑""模型摆放""特效摆放"和"环境设置"，并设置好各自调用界面文件后单击"增加页面"，最后的页面列表如图 8-36 所示，完成后单击"确定"按钮。

图 8-35　PyMe 中场景编辑器的界面文件图标　　　　图 8-36　选项卡控件 NoteBook 的页面列表

通过页面管理对话框的设置，可以为"NoteBook"嵌入我们刚刚创建的三个界面文件，这样在进行后面的功能开发时，只需要为相应的界面进行设计和功能处理就可以了，最终的编辑器界面如图 8-37 所示。

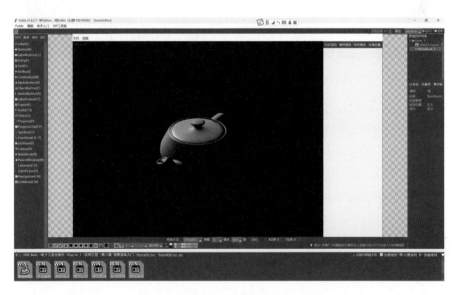

图 8-37　编辑器界面

8.5.2　地表编辑

地表编辑涉及界面操作，地表生成与编辑交互，下面我们从三个方面逐一进行讲解。

1. 编辑界面

在文件资源栏双击"地表编辑"窗口文件，进入界面设计区域，将 Form_1 大小调整为 300 像素宽、1200 像素高，并设置布局为"打包排布"。

我们将这个面板分为三部分，分别是笔刷设置、地形编辑和地貌编辑。用三个 LabelFrame 组件来分别放置相应的内容，并设置这三个 LabelFrame 也使用"打包排布"，设置合适的停靠方向和高度，最终设置效果如图 8-38 所示。

图 8-38　地表编辑栏的三个 LabelFrame 区域最终设置效果

"笔刷设置"主要用于操作时的地形或地貌鼠标点影响范围，因为操作的过程类似用笔或刷子在地形上进行涂画，所以被称为"地表笔刷"。在这里我们从"控件"工具条拖动一个 Scale 到"笔刷设置"的 LabelFrame_1 中，这时会弹出提示"确认将控件作为容器控件的子控件？"，选择"是"，使笔刷成为 LabelFrame_1 的一部分，效果如图 8-39 所示。

笔刷设置这样就可以了，下面我们来制作"地形编辑"区域。在这里主要是能选择"升高地面""降低地面""平滑处理""统一高度"几个选项。我们从"控件"工具条拖动四个单选按钮到 LabelFrame_2 中，并拖动一个编辑框用来填写统一高度值，效果如图 8-40 所示。

完成"地形编辑"面板之后，最下方是"地貌编辑"区域，这个面板主要用于对地表的多纹理混合进行编辑，比如计划使用草地、泥土、沙地以及砖石四种地表素材图片来进行混合生成一个地表网络时，就需要让这些素材显示在这里，并能够更换。这里我们放置一个按钮,用来打开风格地表纹理套装的文件夹,另外放置一个单选按钮作为开关,并放置四个 Label 依次从上向下排列，效果如图 8-41 所示。

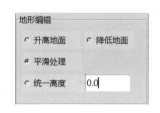

图 8-39　笔刷设置 LabelFrame 区域效果　　　图 8-40　地形设置 LabelFrame 区域效果　　　图 8-41　地貌纹理设置 LabelFrame 区域效果

这样我们就把"地表编辑"部分的界面完成了，返回主界面后，这时可以看到最终效果如图 8-42 所示。

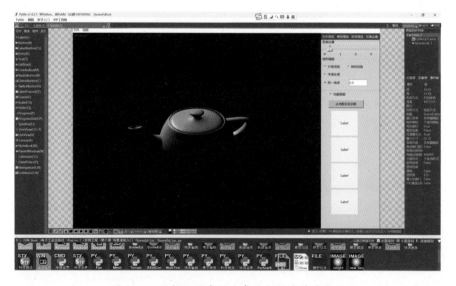

图 8-42　编辑视图中的地表编辑区域最终效果

准备好工具界面后，我们在当前项目下创建一个 TerrainImage 文件夹，如图 8-43 所示，将所有地表素材放置到其中。

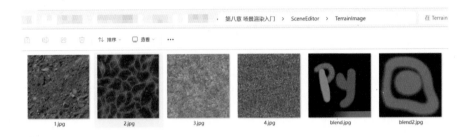

图 8-43　所有涉及地表处理的素材图片

然后在 Form_1 的初始化事件中加入代码设置相应的 Label 显示对应的图片。

```
#Form 'Form_1's Event :Load
def Form_1_onLoad(uiName):
    #FileList = Fun.WalkAllResFiles("TerrainImage",False,None)

Fun.SetImage(uiName,'Label_1',imagePath='TerrainImage\\1.jpg',autoSize=True,
format='L')

Fun.SetImage(uiName,'Label_2',imagePath='TerrainImage\\2.jpg',autoSize=True,
format='L')

Fun.SetImage(uiName,'Label_3',imagePath='TerrainImage\\3.jpg',autoSize=True,
format='L')

Fun.SetImage(uiName,'Label_4',imagePath='TerrainImage\\4.jpg',autoSize=True,
format='L')
    #默认对地表高度值框设置禁止输入
    Fun.SetEnable(uiName,'Entry_1',False)
    #记录当前单击纹理图时选中的图片索引
Fun.AddUserData(uiName,'Form_1',dataName='TextureIndex',datatype='int',datav
alue=1,isMapToText=0)
```

然后为每一个纹理对应的 Label 增加单击事件，并在相应函数中加入选中显示，不过要注意，前提是选中了地貌编辑的选项按钮。

```
#Label 'Label's Event :Button-1
```

```
def Label_1_onButton1(event,uiName,widgetName):
    EditType = Fun.GetCurrentValue(uiName,'RadioButton_1')
    if EditType == 5:
        ImageLabel1 = Fun.GetElement(uiName,'Label_1')
        ImageLabel2 = Fun.GetElement(uiName,'Label_2')
        ImageLabel3 = Fun.GetElement(uiName,'Label_3')
        ImageLabel4 = Fun.GetElement(uiName,'Label_4')
        ImageLabel1.configure(relief = 'raised')
        ImageLabel1.configure(borderwidth = 4)
        ImageLabel1.configure(highlightthickness = 4)
        ImageLabel3.configure(highlightcolor = 'white')
        ImageLabel2.configure(relief = 'flat')
        ImageLabel3.configure(relief = 'flat')
        ImageLabel4.configure(relief = 'flat')
        Fun.SetUserData(uiName,'Form_1','TextureIndex',1)
```

2. 地表生成

我们需要将之前的多纹理地表类代码放到一个 Terrain 类文件中，并在当前项目的 SceneEditor_cmd.py 中导入。

```
import Terrain
g_CurrentTerrain = None
#初始化场景的回调函数
def InitScene():
    global g_CurrentTerrain
    g_CurrentTerrain = Terrain.Terrain()
    g_CurrentTerrain.CreateTerrain()
#渲染场景的回调函数
def RenderScene():
    global g_CurrentTerrain
    if g_CurrentTerrain:
        g_CurrentTerrain.Render()
#Form 'Form_1's Event :Load
def Form_1_onLoad(uiName):
    #取得GLFrame
    openGLFrame = Fun.GetElement(uiName,"PyMeGLFrame_1")
    if openGLFrame:
        #设置GLFrame 的初始化和渲染回调函数为我们指定的函数
```

```
openGLFrame.SetInitCallBack(InitScene)
openGLFrame.SetFrameCallBack(RenderScene)
```

在完成场景地表的基本创建和渲染之后，我们还可以增加一个新窗口，如图 8-44 所示，制作一些新建场景的设置项，用于输入场景地表信息设置。

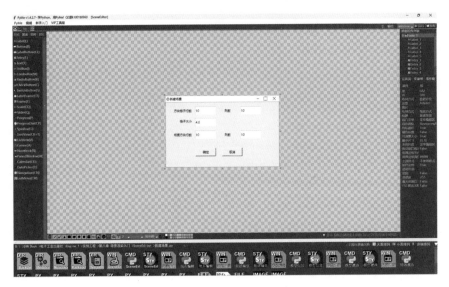

图 8-44　新建场景

完成后，在"SceneEditor"窗口增加菜单，加入菜单项"新建""打开"和"保存"等菜单项，并加入以下代码：

```
def Menu_新建(uiName,itemName):
    global g_CurrentTerrain
    if Fun.AskBox(title='提示',text='是否保存当前场景?') == True:
        Menu_保存(uiName,itemName)
    topmost = 1
    toolwindow = 1
    grab_set = 1
    wait_window = 1
    animation = ''
    params = None
    InputDataArray = Fun.CallUIDialog("新建场景
",topmost,toolwindow,grab_set,wait_window,animation,params)
    print(InputDataArray)
    if InputDataArray['result'] == 0:
```

```
        TerrainTileRows = int(InputDataArray['Entry_1'])
        TerrainTileCols = int(InputDataArray['Entry_2'])
        TerrainTileSize = float(InputDataArray['Entry_3'])
        TerrainBlockRows = int(InputDataArray['Entry_4'])
        TerrainBlockCols = int(InputDataArray['Entry_5'])
        g_CurrentTerrain.CreateTerrain(TerrainBlockRows,TerrainBlockCols,
TerrainTileRows,TerrainTileCols,TerrainTileSize)
def Menu_打开(uiName,itemName):
    global g_CurrentTerrain
    openPath = Fun.OpenFile(title="打开场景文件",filetypes=[('Scene
File','*.json')],initDir = os.path.abspath('.'))
    if openPath:
        Content = Fun.ReadFromFile(openPath,'utf-8')
        if Content:
            Content = json.loads(Content)
            TerrainBlockRows = Content['TerrainBlockRows']
            TerrainBlockCols = Content['TerrainBlockCols']
            TerrainTileRows = Content['TerrainTileRows']
            TerrainTileCols = Content['TerrainTileCols']
            TerrainTileSize = Content['TerrainTileSize']
            g_CurrentTerrain.CreateTerrain(TerrainBlockRows,
TerrainBlockCols,TerrainTileRows,TerrainTileCols,TerrainTileSize)
def Menu_保存(uiName,itemName):
    global g_CurrentTerrain
    if 'CurrSceneFile' in Fun.G_UserVarDict.keys():
        TerrainBlockRows = g_CurrentTerrain.GetTerrainBlockRows()
        TerrainBlockCols = g_CurrentTerrain.GetTerrainBlockCols()
        TerrainTileRows = g_CurrentTerrain.GetTerrainTileRows()
        TerrainTileCols = g_CurrentTerrain.GetTerrainTileCols()
        TerrainTileSize = g_CurrentTerrain.GetTerrainTileSize()
        Content = json.dumps({'TerrainBlockRows':TerrainBlockRows,
'TerrainBlockCols':TerrainBlockCols,'TerrainTileRows':TerrainTileRows,'Terra
inTileCols':TerrainTileCols,'TerrainTileSize':TerrainTileSize})
        Fun.WriteToFile(Fun.G_UserVarDict['CurrSceneFile'],Content)
        Fun.MessageBox(title='提示',text='保存成功')
    else:
        Menu_另存为(uiName,itemName)
```

完成后，启动场景，就可以看到如图 8-45 所示的地表网格了。这里使用了一个默认的地形图，默认情况下可以将高度图设置为平地。

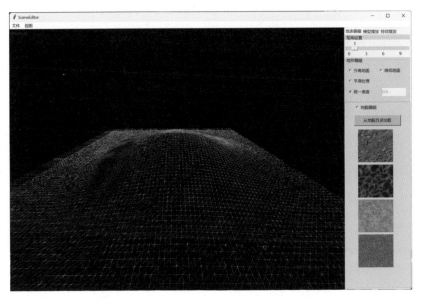

图 8-45 场景编辑器中地表编辑部分的显示效果

3. 编辑交互

地表的编辑涉及对地形高度和地貌两部分的处理，主要逻辑是对鼠标单击、拖动等事件的处理，但关键是鼠标位置点与地表的碰撞检测处理：

```python
def PickTerrain(uiName,x,y):
    global g_CurrentTerrain
    openGLFrame = Fun.GetElement(uiName,"PyMeGLFrame_1")
    if openGLFrame and g_CurrentTerrain:
        # 取得当前地形创建的是多少 × 多少个地表块
        TerrainBlockRows = g_CurrentTerrain.GetTerrainBlockRows()
        TerrainBlockCols = g_CurrentTerrain.GetTerrainBlockRows()
        TerrainTileRows = g_CurrentTerrain.GetTerrainTileRows()
        TerrainTileCols = g_CurrentTerrain.GetTerrainTileCols()
        TerrainTileSize = g_CurrentTerrain.GetTerrainTileSize()
        Pt,Dir = openGLFrame.ScreenPtTo3DPointAndDir(x,y)
        # 取得顶点数据
        TerrainVertexArray = g_CurrentTerrain.GetVertexArray()
        TerrainIndexArray = g_CurrentTerrain.GetIndexArray()
        HeightArray = g_CurrentTerrain.GetHeightArray()
```

```
        TriangleCount = int(len(TerrainIndexArray) / 3)
        # 取得高度图大小
        TerrainHeightImage_Width = g_CurrentTerrain.GetHeightImageWidth()
        TerrainHeightImage_Height = g_CurrentTerrain.GetHeightImageHeight()
        # 取得高度图数据
        TerrainHeightImage_DataArray = g_CurrentTerrain.GetHeightArray()
        # 所有的格子数量
        AllTerrainTileRows = TerrainBlockRows * TerrainTileRows
        AllTerrainTileCols = TerrainBlockCols * TerrainTileCols
        # 如果大地表处于原点(0,0,0)，则需要对地表块做偏移，计算偏移起点
        Terrain_BeginX = - AllTerrainTileCols * TerrainTileSize * 0.5
        Terrain_BeginZ = - AllTerrainTileRows * TerrainTileSize * 0.5
        for row in range(AllTerrainTileRows):
            for Col in range(AllTerrainTileCols):
                V1 = EXUIControl.Vector3(Terrain_BeginX + Col *
TerrainTileSize,0.0,Terrain_BeginZ + row * TerrainTileSize)
                V2 = EXUIControl.Vector3(Terrain_BeginX + (Col+1) *
TerrainTileSize,0.0,Terrain_BeginZ + row * TerrainTileSize)
                V3 = EXUIControl.Vector3(Terrain_BeginX + Col *
TerrainTileSize,0.0,Terrain_BeginZ + (row+1) * TerrainTileSize)
                Result,Position = openGLFrame.IntersectTriangle(Pt,Dir,V1,V2,V3)
                if Result == True:
                    Text = str("Mouse Point [%d,%d],Intersect Tile
[%d,%d]"%(x,y,row,Col))
                    print(Text)
                    return (row,Col,Position)
                else:
                    V1 = EXUIControl.Vector3(Terrain_BeginX + Col *
TerrainTileSize,0.0,Terrain_BeginZ + (row+1) * TerrainTileSize)
                    V2 = EXUIControl.Vector3(Terrain_BeginX + (Col+1) *
TerrainTileSize,0.0,Terrain_BeginZ + row * TerrainTileSize)
                    V3 = EXUIControl.Vector3(Terrain_BeginX + (Col+1) *
TerrainTileSize,0.0,Terrain_BeginZ + (row+1) * TerrainTileSize)
                    Result,Position = openGLFrame.IntersectTriangle
(Pt,Dir,V1,V2,V3)
                    if Result == True:
                        Text = str("Mouse Point [%d,%d],Intersect Tile
[%d,%d]"%(x,y,row,Col))
                        print(Text)
```

```
                return (row,Col,Position)
    return None
```

这是一个效率很低但很容易理解的处理方式，就是用鼠标点击生成屏幕向前发射的射线，与地形中每个三角形进行穿透检测，在实际使用中，可以通过分割或分级检测的方式进行优化。

基于这个地形检测处理，我们在鼠标单击事件中，对点中的格子调用地形类函数进行相应的格子地形高度操作及混合图的像素操作。

```python
def PyMeGLFrame_1_onButton1(event,uiName,widgetName):
    global g_CurrentTerrain
    EditPageIndex = Fun.GetSelectedPageIndex(uiName,'NoteBook_1')
    if EditPageIndex == 0:
        Fun.SetUserData(uiName,'Form_1','LastCursorPos',[event.x,event.y])
        Tile = PickTerrain(uiName,event.x,event.y)
        if Tile:
            row = Tile[0]
            col = Tile[1]
            editTypeIndex = Fun.GetCurrentValue("地表编辑","RadioButton_1")
            brushSize = Fun.GetCurrentValue("地表编辑",'Scale_1')
            if editTypeIndex == 1:
                #升高
                g_CurrentTerrain.OffsetTileHeightData(row,col,brushSize,10)
                g_CurrentTerrain.UpdateHeightData()
            elif editTypeIndex == 2:
                #降低
                g_CurrentTerrain.OffsetTileHeightData(row,col,brushSize,-10)
                g_CurrentTerrain.UpdateHeightData()
            elif editTypeIndex == 3:
                #平滑
                g_CurrentTerrain.SmoothTileHeightData(row,col,brushSize)
                g_CurrentTerrain.UpdateHeightData()
            elif editTypeIndex == 4:
                #降低
                heightValue = Fun.GetText('地表编辑','Entry_1')
                heightValue = float(heightValue)
                g_CurrentTerrain.SetTileHeightData(row,col,brushSize,
heightValue)
```

```
            g_CurrentTerrain.UpdateHeightData()
      elif editTypeIndex == 5:
            textureIndex = Fun.GetUserData("地表编辑",'Form_1','TextureIndex')
            g_CurrentTerrain.SetTileTexture(row,col,brushSize,textureIndex)
            g_CurrentTerrain.UpdateBlendData()
```

当然，具体的函数实现按照之前地表一节的经验进行即可，这里不再赘述。

8.5.3 模型摆放

处理完地表编辑，下面进行模型的导入与摆放，需要和地表编辑一样，加入一个界面工具条，并将前面模型编辑器中涉及的模型类复制一份放在当前工程文件夹下，并做一些扩展。

新建一个窗口文件"模型摆放"，按照图 8-46 所示进行设计，包括一些输入位置、缩放值的输入框，以及一个滑动条设置旋转角度。下面是加载的模型文件的树控件，并在上面加入了一个输入框用于查询对应的模型。在使用时，单击树控件上的模型项，在场景中即可显示当前要摆放的模型。

在"模型摆放_cmd.py"文件中，导入模型类文件，并在初始化时进行树形结构的加载。

图 8-46　场景编辑器中的模型摆放面板

```
import Mesh
#构建工程文件树
def BuildProjectTree(uiName,treeCtrlName,parentPath,parentItem=''):
    for fileName in os.listdir(parentPath):
        fullPath = parentPath + '/'+fileName
        if os.path.isdir(fullPath):
            newTreeItem =
Fun.AddTreeItem(uiName,treeCtrlName,parentItem=parentItem,insertItemPosition
='end',itemName=fullPath,itemText=fileName,itemValues=('1'),iconName='dir',t
ag='dir')
            BuildProjectTree(treeCtrl,fullPath,newTreeItem)
        else:
            fileName_no_ext,extension = os.path.splitext(fileName)
            if extension == '.pmm':
```

```
            Fun.AddTreeItem(uiName,treeCtrlName,parentItem=parentItem,
insertItemPosition='end',itemName=fullPath,itemText=fileName,itemValues=('2'
),iconName='pmm',tag='pmm')
#Form 'Form_1's Event :Load
def Form_1_onLoad(uiName):
    Fun.DelAllTreeItem(uiName,'TreeView_1')
    MeshDir = os.path.join(Fun.G_ResDir,"Mesh")
    BuildProjectTree(uiName,'TreeView_1',MeshDir)
    pass
```

为了实现选择模型，需要在单击树项时触发事件函数，并取得选中的模型文件，在场景中创建当前摆放的模型实例并加载对应的模型文件，同时将其存放到 Fun 提供的用户字典 G_UserVarDict 中。

```
def TreeView_1_onButton1(event,uiName,widgetName):
    pickedItem = Fun.CheckPickedTreeItem(uiName,"TreeView_1",event.x,event.y)
    if pickedItem != None:
        Fun.SetText("模型信息","Entry_1","0.0")
        Fun.SetText("模型信息","Entry_2","0.0")
        Fun.SetText("模型信息","Entry_3","0.0")
        Fun.SetText("模型信息","Entry_4","10.0")
        Fun.SetText("模型信息","Entry_5","10.0")
        Fun.SetText("模型信息","Entry_6","10.0")
        if 'Mesh' not in Fun.G_UserVarDict:
            NewMesh = Mesh.Mesh()
            Fun.G_UserVarDict['Mesh'] = NewMesh
        else:
            NewMesh = Fun.G_UserVarDict['Mesh']
        MeshPath = pickedItem.replace("/","\\")
        NewMesh.LoadMeshFromPMMFile(MeshPath)
        NewMesh.SetScale(10.0,10.0,10.0)
        Fun.G_UserVarDict['Mesh'] = NewMesh
        dirName,fileName = os.path.split(pickedItem)
        Fun.SetText(uiName,"Entry_1",str(fileName))
```

在完成这个界面的主要逻辑后，我们需要返回 "SceneEditor_cmd.py" 文件中，加入对模型的处理。

```
import Mesh
#渲染场景的回调函数
```

```
def RenderScene():
...
    if 'Mesh' in Fun.G_UserVarDict.keys():
        Fun.G_UserVarDict['Mesh'].Render()
#鼠标单击事件
def PyMeGLFrame_1_onButton1(event,uiName,widgetName):
    EditPageIndex = Fun.GetSelectedPageIndex(uiName,'NoteBook_1')
    if EditPageIndex == 0:
...
    if EditPageIndex == 1:
        if 'Mesh' in Fun.G_UserVarDict.keys():
            currMeshItem = Fun.GetSelectedTreeItem("模型摆放","TreeView_1")
            if currMeshItem:
                Fun.SetUserData(uiName,'Form_1','LastCursorPos',[event.x,event.y])
                Tile = PickTerrain(uiName,event.x,event.y)
                if Tile:
                    Position = Tile[2]
                    NewMesh = Mesh.Mesh()
                    MeshPath = currMeshItem[0].replace("/","\\")
                    NewMesh.LoadMeshFromPMMFile(MeshPath)
                    NewMesh.SetScale(10.0,10.0,10.0)
                    NewMesh.SetPosition(Position.x,Position.y,Position.z)
                    g_CurrentMeshList.append(NewMesh)
                    Fun.G_UserVarDict['SelectedMesh'] = NewMesh
                    Fun.SetText('模型信息
','Entry_1',textValue="{:.2f}".format(Position.x))
                    Fun.SetText('模型信息
','Entry_2',textValue="{:.2f}".format(Position.y))
                    Fun.SetText('模型信息
','Entry_3',textValue="{:.2f}".format(Position.z))
#鼠标移动事件
def PyMeGLFrame_1_onMotion(event,uiName,widgetName):
    openGLFrame = Fun.GetElement(uiName,"PyMeGLFrame_1")
    Tile = PickTerrain(uiName,event.x,event.y)
    if Tile:
        Position = Tile[2]
        #移动时在相应的地形位置上显示模型
        if 'Mesh' in Fun.G_UserVarDict.keys():
Fun.G_UserVarDict['Mesh'].SetPosition(Position.x,Position.y,Position.z)
```

```
#鼠标右键松开事件
def PyMeGLFrame_1_onButtonRelease3(event,uiName,widgetName):
    #如果单击右键，就取消模型编辑
    if 'Mesh' in Fun.G_UserVarDict.keys():
        Fun.G_UserVarDict.pop('Mesh')
```

8.5.4　特效摆放

场景特效可以使场景更加生动，常见的特效有落叶、路灯、火堆、烟雾等。摆放操作和模型的处理基本一致，这里不再赘述，感兴趣的开发者可以参考配书代码。

图 8-47　场景编辑器中的环境设置面板

8.5.5　环境设置

在场景中设置好地形、模型、特效之后，还需要进行天空盒、光照、雾效、天气等环境设置，才能营造更加真实的场景体验。

我们按之前的方式在"环境设置"界面中加入几个 LablFrame，如图 8-47 所示，分别设置为"天空盒设置""雾效设置"和"天气设置"。在天空盒设置区，我们可以选择不同的天空盒素材，场景将加载对应的纹理或模型。在"雾效设置"区，可设置雾的样式、颜色和距离参数。在最后的"天气设置"区可设置场景中的雨、雪粒子或更复杂的天气效果。

具体的实现也都基于之前章节的内容，结合界面控件的交互进行设置，这里就不再赘述了。

8.5.6　光照烘焙

光照是一个场景中最重要的部分，但实时地对场景中的大量静态物件进行复杂动态光照计算是不必要且很耗费性能的，那该怎么办呢？这时出现了一些方案，比如通过计算场景中所有模型和所有光源光照的影响，形成模型的受光结果纹理，并计算出场景中每个模型的三角面与这些受光结果纹理的坐标值以方便直接加载使用，这种技术被称为"烘焙"，这张纹理图被称为"光照贴图"。比如图 8-48 展示了一个树模型的光照图烘焙，左边图示的网格部分是 UE 引擎中对于树木的光照贴图密度的图示，光照贴图被密密麻麻的三角形所填充，这些三角形就是光照对每个三角面的影响结果，右边则是直接应用光照贴图后的效果。

图 8-48   树模型的光照图烘焙处理

可能你会问，一张纹理图就可以存下这么多三角面吗？这取决于精度，因为"光照贴图"与模型纹理图不同，它用较低的精度就可以表现出较好的光照效果。所以在实际开发中，一张"光照贴图"就可以存储许多模型的光照效果了。当然，这也需要为每个模型创建出一套单独的光照纹理的坐标 UV 并提供正确的坐标值，在 Shader 中将光照纹理采样结果作为光照颜色。

在场景编辑器中，一般也会加入做光照烘焙计算的设置，包括对光照贴图精度细节的设置，作为 Python 引擎入门教程，在这里不实现具体做法了，感兴趣的开发者可以参考 Unity 或 UE 引擎的相关教程进行学习。

8.5.7   场景保存与加载

完成场景编辑器的各种编辑功能后，还要实现将场景保存为文件及从文件中加载。这里大家选择将地表、模型、特效、环境等信息按分类写入 JSON 文件，加载时自动解析为相应的列表或字典后，再设置到场景中即可。

```python
#MainMenu '保存' 's Command Event :
def Menu_保存(uiName,itemName):
    global g_CurrentTerrain
    global g_CurrentMeshList
    global g_CurrentEffectList
    if 'CurrSceneFile' in Fun.G_UserVarDict.keys():
        TerrainBlockRows = g_CurrentTerrain.GetTerrainBlockRows()
        TerrainBlockCols = g_CurrentTerrain.GetTerrainBlockCols()
        TerrainTileRows = g_CurrentTerrain.GetTerrainTileRows()
        TerrainTileCols = g_CurrentTerrain.GetTerrainTileCols()
        TerrainTileSize = g_CurrentTerrain.GetTerrainTileSize()
```

```
        MeshList = []
        for i in range(len(g_CurrentMeshList)):
            Mesh = g_CurrentMeshList[i]
            MeshList.append({'MeshFile':Mesh.GetMeshFileName(),'MeshPosition':
Mesh.GetPosition(),'MeshRotation':Mesh.GetRotation(),'MeshScale':Mesh.GetSca
le()})
        EffectList = []
        for i in range(len(g_CurrentEffectList)):
            Effect = g_CurrentEffectList[i]

EffectList.append({'EffectFile':Effect.GetEffectFileName(),'EffectPosition':
Effect.GetPosition(),'EffectRotation':Effect.GetRotation(),'EffectScale':Eff
ect.GetScale()})
        Content = json.dumps({'TerrainBlockRows':TerrainBlockRows,
'TerrainBlockCols':TerrainBlockCols,'TerrainTileRows':TerrainTileRows,'Terra
inTileCols':TerrainTileCols,'TerrainTileSize':TerrainTileSize,'MeshList':Mes
hList,'EffectList':EffectList})
        Fun.WriteToFile(Fun.G_UserVarDict['CurrSceneFile'],Content)
        Fun.MessageBox(title='提示',text='保存成功')
        # 取得当前地形创建的是多少×多少个地表块
    else:
        Menu_另存为(uiName,itemName)
#MainMenu '打开' 's Command Event :
def Menu_打开(uiName,itemName):
    global g_CurrentTerrain
    global g_CurrentMeshList
    global g_CurrentEffectList
    openPath = Fun.OpenFile(title="打开场景文件",filetypes=[('Scene
File','*.json')],initDir = os.path.abspath('.'))
    if openPath:
        Content = Fun.ReadFromFile(openPath,'utf-8')
        if Content:
            Content = json.loads(Content)
            TerrainBlockRows = Content['TerrainBlockRows']
            TerrainBlockCols = Content['TerrainBlockCols']
            TerrainTileRows = Content['TerrainTileRows']
            TerrainTileCols = Content['TerrainTileCols']
            TerrainTileSize = Content['TerrainTileSize']
```

```
        g_CurrentTerrain.CreateTerrain(TerrainBlockRows,TerrainBlockCols,
TerrainTileRows,TerrainTileCols,TerrainTileSize)
        g_CurrentMeshList.clear()
        g_CurrentEffectList.clear()
        for i in range(len(Content['MeshList'])):
            MeshInfo = Content['MeshList'][i]
            MeshFile = MeshInfo['MeshFile']
            MeshPosition = MeshInfo['MeshPosition']
            MeshRotation = MeshInfo['MeshRotation']
            MeshScale = MeshInfo['MeshScale']
            NewMesh = Mesh.Mesh()
            NewMesh.LoadMeshFromPMMFile(MeshFile)
            NewMesh.SetScale(MeshScale[0],MeshScale[1],MeshScale[2])
            NewMesh.SetPosition(MeshPosition[0],MeshPosition[1],
MeshPosition[2])
            NewMesh.SetRotation(MeshRotation[0],MeshRotation[1],
MeshRotation[2],MeshRotation[3])
            g_CurrentMeshList.append(NewMesh)
        for i in range(len(Content['EffectList'])):
            EffectInfo = Content['EffectList'][i]
            EffectFile = EffectInfo['EffectFile']
            EffectPosition = EffectInfo['EffectPosition']
            EffectRotation = EffectInfo['EffectRotation']
            EffectScale = EffectInfo['EffectScale']
            NewEffect = ParticleSystem.ParticleEmitter(0,0,0)
            NewEffect.CreateParticleEmitter_Snow()
            NewEffect.LoadFromFile(EffectFile)
            NewEffect.SetScale(EffectScale[0],EffectScale[1],EffectScale[2])
            NewEffect.SetPosition(EffectPosition[0],EffectPosition[1],
EffectPosition[2])
            NewEffect.SetRotation(EffectRotation[0],EffectRotation[1],
EffectRotation[2],EffectRotation[3])
            g_CurrentEffectList.append(NewEffect)
```

第 9 章 画面后期效果

在完成场景渲染之后，这时我们在屏幕上看到的画面，也就是场景的原片，但作为一个视觉艺术作品，场景渲染原片往往缺乏生动的意境，比较生硬，这时就需要做一些实时的后期处理，使画面具备更好的表现力。

9.1 后期效果基本原理

所谓后期效果，就是先将场景渲染出的画面填充到原片纹理上，然后对这个原片纹理做一系列的滤镜处理，比如根据远近度模糊形成景深、对画面中较明亮的部分做一层柔化形成 BLOOM 炫光等。对于引擎开发者而言，在这个过程中最重要的是掌握两点：

- 要理解渲染流程设计，能够对渲染流程按需求进行编排。

- 要能根据效果需求设计相应的图像处理 Shader。

下面先看一下后期效果的渲染流程设计。

所谓渲染流程设计，是指为了使引擎完成场景的渲染功能和效果，合理地对场景中的所有内容进行更新和渲染的排序。

比如 ShaderMap，渲染流程则分为：

① 3D 场景原片渲染 ⟶ ② 3D 场景深度图渲染 ⟶ ③ 深度图计算渲染阴影

再比如延迟光照，渲染流程可划分为：

① 3D 场景原片渲染 ⟶ ② 3D 场景位置图渲染 ⟶ ③ 3D 场景法线图渲染

⑤ 3D 原片叠加光照 ⟵ ④ 3D 光照计算渲染

比如我们要实现 BLOOM 炫光的处理，渲染流程分为原片和图像的 BLOOM 部分，而 BLOOM 则包括了对较亮部分的提取、模糊处理，以及最后的叠加处理等过程。

① 3D 场景原片渲染 ⟶ ② 原片较亮部分提取到纹理 ⟶ ③ 对亮部纹理进行模糊

④ 原片叠加高光模糊

图 9-1 展示了一张场景原片。

图 9-2 展示了进行 BLOOM 过程处理的各阶段目标纹理，左上角是原片，右上角是提取了亮部的输出，左下角是对亮部纹理模糊处理后的效果，右下角则是将原片与亮部模糊纹理颜色进行叠加后的最终结果，使一些亮部变得更加柔和明亮，相比之下，画面生动了许多。

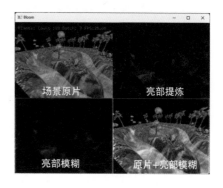

图 9-1　小河场景的原片效果　　　　　图 9-2　对原片进行后期处理的各阶段效果

在 BLOOM 的实现过程中，我们需要创建三个渲染目标纹理，用来存储原片、亮部输出及模糊后的亮部输出，并编写相应的 Shader。

```
#OpenGL 初始化函数
def InitGL(self, width, height):
    self.WinWidth, self.WinHeight = width, height
    #创建草地
    self.CreateTerrain()
    #创建水面
    self.CreateWater()
    #创建树木
    self.CreatePlants()
    #创建场景渲染目标纹理
    self.CreateSceneRenderTarget()
    #创建高光部分的渲染目标纹理
    self.CreateBrightRenderTarget()
    #创建提炼高光的 Shader
    self.CreateBrightShader()
    #创建高光模糊处理的渲染目标纹理
```

```
    self.CreateBrightBlurRenderTarget()
    #创建高光模糊处理的 Shader
    self.CreateBrightBlurShader()
    #创建合并出 BLOOM 的 Shader
    self.CreateBloomShader()
    ...
```

在渲染时，依照我们的流程设计，需要在渲染函数中分别处理各阶段：

```
#绘制场景
def Draw(self):
    #重置观察矩阵
    glLoadIdentity()
    #摄像机旋转
    glRotatef(self.CameraRotateAngleH, 0, 1, 0)
    glRotatef(self.CameraRotateAngleV, 1, 0, 0)
    self.AniTime = self.AniTime + 0.01
    #渲染场景到原片中
    self.Step1_RenderSceneToImage()
    #构造四边形，提炼场景原片的高光部分渲染输出到纹理
    self.Step2_RenderBrightToImage()
    #构造四边形，将高光部分进行模糊处理后渲染输出到纹理
    self.Step3_RenderBrightBlurToImage()
    #构造四边形，使用场景原片纹理叠加模糊高光部分渲染到屏幕
    self.Step4_RenderBloomToScreen()
    #显示 FPS
    self.drawFPS()
    #交换缓存
    glutSwapBuffers()
```

在理解基本的流程设计后，下面具体编写一下 BLOOM 的实现。

9.2　一个 BLOOM 工程实践

基于上一节介绍的流程，本节来实现 BLOOM 效果。首先，在渲染前我们要将场景的渲染输出从屏幕转移到纹理，这就需要创建渲染目标缓冲，并设置缓冲对应的纹理。

```
#创建一个场景渲染目标纹理
def CreateSceneRenderTarget(self):
    #场景渲染目标缓冲
```

```
    self.SceneFrameBuffer = glGenFramebuffers(1)
    glBindFramebuffer(GL_FRAMEBUFFER,self.SceneFrameBuffer)
    #场景渲染目标纹理
    self.SceneFrameBuffer_Texture = glGenTextures(1)
    glBindTexture(GL_TEXTURE_2D, self.SceneFrameBuffer_Texture)
    glTexImage2D(GL_TEXTURE_2D, 0, GL_RGB, self.WinWidth, self.WinHeight, 0,
GL_RGB, GL_UNSIGNED_BYTE, None)
    glTexParameterf(GL_TEXTURE_2D,GL_TEXTURE_MAG_FILTER, GL_LINEAR)
    glTexParameterf(GL_TEXTURE_2D,GL_TEXTURE_MIN_FILTER, GL_LINEAR)
    glTexParameterf(GL_TEXTURE_2D,GL_TEXTURE_WRAP_S, GL_CLAMP_TO_BORDER)
    glTexParameterf(GL_TEXTURE_2D,GL_TEXTURE_WRAP_T, GL_CLAMP_TO_BORDER)
    BorderColor = [1.0,1.0,1.0,1.0]
    glTexParameterfv(GL_TEXTURE_2D,GL_TEXTURE_BORDER_COLOR, BorderColor)
    glFramebufferTexture2D(GL_FRAMEBUFFER, GL_COLOR_ATTACHMENT0,
GL_TEXTURE_2D, self.SceneFrameBuffer_Texture, 0)
    #深度和模板缓冲，确保使用深度测试
    self.RenderBuffer = glGenRenderbuffers(1)
    glBindRenderbuffer(GL_RENDERBUFFER, self.RenderBuffer);
    glRenderbufferStorage(GL_RENDERBUFFER, GL_DEPTH24_STENCIL8, self.WinWidth,
self.WinHeight)
    glBindRenderbuffer(GL_RENDERBUFFER, 0)
    glFramebufferRenderbuffer(GL_FRAMEBUFFER, GL_DEPTH_STENCIL_ATTACHMENT,
GL_RENDERBUFFER, self.RenderBuffer)
    glBindFramebuffer(GL_FRAMEBUFFER, 0)
    glBindTexture(GL_TEXTURE_2D, 0)
```

　　创建好渲染目标缓冲和纹理后，在渲染时还需要设置使用这个目标缓冲作为输出的目标，这样渲染完成后，图像就会被填充到目标缓冲的纹理像素中，我们就得到了场景原片对应的纹理。

```
    def Step1_RenderSceneToImage(self):
        #使用自定义的目标缓冲作为渲染目标
        glBindFramebuffer(GL_FRAMEBUFFER,self.SceneFrameBuffer)
        #清空深度为1.0
        glClearDepth(1.0)
        #清空屏幕颜色
        glClearColor(0.0, 0.0, 0.0, 0.0)
        #清空屏幕的缓冲，可以清空颜色/深度/模板缓冲
```

```
glClear(GL_COLOR_BUFFER_BIT | GL_DEPTH_BUFFER_BIT |
GL_STENCIL_BUFFER_BIT)
    #渲染地表
    self.DrawTerrain()
    #渲染水面
    self.DrawWater()
    #渲染植物
    self.DrawPlants()
    #恢复到原本的图像缓冲作为渲染目标
    glBindFramebuffer(GL_FRAMEBUFFER, 0)
```

在理解这个过程后，接下来还需要创建用于亮部提炼和亮部模糊两个渲染目标的缓冲，并基于相应的 Shader 将一个屏幕大小的四边形渲染到对应的渲染目标纹理。这两段 Shader 代码可参考 3.2.2 节的过滤器效果，只是亮部提炼多了对亮部与暗部的判定。

```
vec4 texColor = texture2D(texture0, v_texCoord.xy);
//取出灰度值作为亮度判定值
float gray = texColor.x*0.2989+texColor.y*0.5870+texColor.z*0.1140;
if(gray > 0.4)
{
    //设定一个判定值0.4，判定亮部和暗部，如果是亮部，则适当降低亮度
    gray = gray - 0.4;
    outColor = vec4(gray,gray,gray,1.0);
}
else
{
    outColor = vec4(0.0,0.0,0.0,1.0);
}
```

之后按照 9.1 节渲染流程中的第②～④步使用这些 Shader 和纹理进行反复渲染，第②、③步要继续输出到目标纹理，最后一步才输出到屏幕。

```
#第②步，绘制图像的高光部分
def Step2_RenderBrightToImage(self):
    #使用目标缓冲作为渲染目标
    glBindFramebuffer(GL_FRAMEBUFFER,self.BrightFrameBuffer)
    #清空深度为1.0
    glClearDepth(1.0)
    #清空屏幕颜色
    glClearColor(0.0, 0.0, 0.0, 0.0)
```

```
        #清空屏幕的缓冲，可以清空颜色/深度/模板缓冲
        glClear(GL_COLOR_BUFFER_BIT | GL_DEPTH_BUFFER_BIT |
GL_STENCIL_BUFFER_BIT)
        glUseProgram(self.Shader_Program_Bright)
        glActiveTexture(GL_TEXTURE0)
        glBindTexture(GL_TEXTURE_2D,self.SceneFrameBuffer_Texture)
        #0 号纹理
        tex0Location =
glGetUniformLocation(self.Shader_Program_Bright,"texture0")
        if tex0Location >= 0:
            glUniform1i(tex0Location,0)
        glBegin(GL_QUADS)
        #左下角顶点
        glTexCoord2f(0.0, 0.0)
        glVertex3f(-1.0, -1.0, 0.0)
        #右下角顶点
        glTexCoord2f(1.0,0.0)
        glVertex3f(1.0, -1.0, 0.0)
        #右上角顶点
        glTexCoord2f(1.0, 1.0)
        glVertex3f(1.0, 1.0, 0.0)
        #左上角顶点
        glTexCoord2f(0.0, 1.0)
        glVertex3f(-1.0, 1.0, 0.0)
        glEnd()
        glUseProgram(0)
        #恢复到原本的图像缓冲作为渲染目标
        glBindFramebuffer(GL_FRAMEBUFFER, 0)
```

为了更好地理解这个过程，我们也可以将各阶段的目标纹理显示到屏幕上，只需要在渲染的最后使用这些纹理并逐一渲染到屏幕相应位置就可以了，这里不再赘述。

第 10 章　UI 系统入门

　　UI（User Interface），也就是用户界面，在项目中担任了用户与系统交互方式的可视化显示与逻辑实现，是一个项目能够与用户进行交互的重要一环。从最早的 MacOS 创造出图形化操作系统到今天，软件的界面已经形成了一套比较成熟的体系，在这套体系里，包括了涵盖用户操作和显示需求的各种控件及事件处理。本章，我们将学习如何构建 UI 系统。

10.1　UI 系统设计原理

　　一切复杂的 UI 系统，本质上还是由一个个独立的控件实例节点在父子关系下组成的树形结构。本节我们将学习如何搭建一个简单的 UI 系统框架，并掌握基础的控件编写与扩展方法。

10.1.1　基本控件设计

　　在界面系统中，控件众多，我们一般可将这些控件划分为两类，一类是基本控件，主要是具有典型的基本功能的控件，比如 Panel、Label、Button、CheckButton、RadioButton、Text、Slider、Progress 等，它们的功能和表现比较单一，不可拆分。另一类是复合控件，往往体现为基本控件的组合功能，比如 ListBox、ComboBox、NoteBook（选项卡），这类控件的功能和表现相对复杂。下面我们来实现一下基本控件 Panel、Label 和 Button。

　　一般来说，所有的控件都需要一个基类，这个基类用于处理控件间的父子关系以及相对和绝对位置的获取、是否显示、更新和绘制的子节点实例调用等。

```
#基本控件，只提供位置和父子关系处理
class UI_Control:
    def __init__(self,width=100,height=100,parent=None):
        self.type = "Control"
        self.parent = parent
        self.children = []
        if parent!= None:
            parent.AddChild(self)
        self.x = 0
        self.y = 0
        self.width = width
        self.height = height
        self.visible = True
    #取得控件的类型
```

```python
    def GetType(self):
        return self.type
    #增加子控件
    def AddChild(self,child):
        child.parent = self
        self.children.append(child)
    #设置坐标
    def SetXY(self,x,y):
        self.x = x
        self.y = y
    #取得坐标
    def GetXY(self):
        return self.x,self.y
    #设置大小
    def SetSize(self,width,height):
        self.width = width
        self.height = height
    #取得大小
    def GetSize(self):
        return self.width,self.height
    #取得在屏幕上的位置
    def GetScreenXY(self):
        if self.parent == None:
            return self.x,self.y
        else:
            return self.x + self.parent.GetScreenXY()[0],self.y + self.parent.
GetScreenXY()[1]
    #设置是否可见
    def SetVisible(self,visible):
        self.visible = visible
    #取得是否可见的设置
    def IsVisible(self):
        return self.visible
    #检测位置点是否在当前控件内
    def CheckPoint(self,x,y):
        screenX,screenY = self.GetScreenXY()
        if x >= screenX and x <= screenX + self.width and y >= screenY and y <=
screenY + self.height:
            return True
```

```
        else:
            return False
    #鼠标移动事件
    def OnMouseMove(self,x,y):
        if self.visible:
            for child in self.children:
                child.OnMouseMove(x,y)
    #鼠标按下事件
    def OnMouseDown(self,x,y):
        if self.visible:
            for child in self.children:
                child.OnMouseDown(x,y)
    #鼠标抬起事件
    def OnMouseUp(self,x,y):
        if self.visible:
            for child in self.children:
                child.OnMouseUp(x,y)
    #更新
    def Update(self):
        if self.visible:
            for child in self.children:
                child.Update()
    #绘制
    def Draw(self):
        if self.visible:
            for child in self.children:
                child.Draw()
```

有了基类，然后我们在这个基类上派生出多样化的图形控件，比如一个简单的面板：

```
#面板控件：具备颜色、纹理等属性
class UI_Panel(UI_Control):
    def __init__(self,width=640,height=480,parent=None):
        super().__init__(width,height,parent)
        self.type = "Panel"
        self.bgColor = [1.0,1.0,1.0,1.0]
        self.textureIndex = None
        self.uvrect = None
    #设置颜色
```

```python
def SetBGColor(self,r,g,b,a=1.0):
    self.bgColor = [r,g,b,a]
#取得颜色
def GetBGColor(self):
    return self.bgColor
#设置纹理及相应的坐标
def SetTexture(self,textureIndex,uvrect=None):
    self.textureIndex = textureIndex
    self.uvrect = uvrect
    if uvrect==None:
        self.uvrect = [0.0,0.0,1.0,1.0]
#取得纹理索引
def GetTextureIndex(self):
    return self.textureIndex
#取得纹理坐标
def GetUVRect(self):
    return self.uvrect
#绘制
def Draw(self):
    global g_UITextureManager
    global g_UIShaderManager
    #取得屏幕坐标
    if self.visible and self.bgColor[3] > 0.0:
        screenX,screenY = self.GetScreenXY()
        if self.textureIndex!= None:
            g_UITextureManager.Begin(self.textureIndex)
            g_UIShaderManager.Begin(1,self.bgColor)
            glBegin(GL_QUADS)
            #左下角
            glTexCoord2f(self.uvrect[0],self.uvrect[3])
            glVertex2f(screenX,screenY)
            #右下角
            glTexCoord2f(self.uvrect[2],self.uvrect[3])
            glVertex2f(screenX+self.width,screenY)
            #右上角
            glTexCoord2f(self.uvrect[2],self.uvrect[1])
            glVertex2f(screenX+self.width,screenY+self.height)
            #左上角
            glTexCoord2f(self.uvrect[0],self.uvrect[1])
```

```
            glVertex2f(screenX,screenY+self.height)
            glEnd()
            g_UIShaderManager.End()
            g_UITextureManager.End()
        else:
            #直接用 2D 绘图
            g_UIShaderManager.Begin(0,self.bgColor)
            glRectf(screenX,screenY,screenX+self.width,screenY+self.height)
            g_UIShaderManager.End()
        super().Draw()
```

考虑到不同的纹理和 Shader 需求，在这里我们创建出两个相应的资源管理类来管理纹理和 Shader，方便控件随时取用。

```
#用于管理界面纹理
class UITextureManager:
    def __init__(self):
        #纹理信息列表
        self.TextureList = []
        self.LastTextureIndex = -1
    #从文件中加载纹理，并返回纹理在列表中的索引
    def LoadTextureFromFile(self,imageFile,hasAlpha = False):
        # 打开图片
        image = None
        if os.path.exists(imageFile) == False:
            ResourcesDir = os.path.join(os.getcwd(),"Resources")
            imageFile = os.path.join(ResourcesDir,imageFile)
            if os.path.exists(imageFile) == False:
                print("图片文件不存在：%s"%imageFile)
                return False
        image = Image.open(imageFile)
        #取得图片的宽、高
        width, height = image.size
        #格式
        ByteFormat = 'RGB'
        textureFormat = GL_RGB
        if hasAlpha == True:
            ByteFormat = 'RGBA'
            textureFormat = GL_RGBA
```

```python
        # 取得图像的 RGB 数据
        imageData = image.Lobytes('raw', ByteFormat, 0, -1)
        textureIndex = len(self.TextureList)
        self.TextureList.append([imageFile,width,
height,textureFormat,imageData])
        return textureIndex
    #从指定索引中返回图片名称
    def GetTextureName(self,textureIndex):
        if self.TextureList and textureIndex < len(self.TextureList):
            return self.TextureList[textureIndex][0]
        return ""
    #开始使用材质
    def Begin(self,textureIndex):
        #遍历 Shader 中用到的纹理通道，然后将设置的纹理传入
        if self.LastTextureIndex!= textureIndex:
            if len(self.TextureList) > 0:
                TextureInfo = self.TextureList[textureIndex]
                glEnable(GL_TEXTURE_2D)
                #指定相应的通道
                glActiveTexture(GL_TEXTURE0)
                glBindTexture(GL_TEXTURE_2D,0)
                glPixelStorei(GL_UNPACK_ALIGNMENT, 1)
                glTexParameter(GL_TEXTURE_2D, GL_TEXTURE_MAG_FILTER, GL_LINEAR)
                glTexParameter(GL_TEXTURE_2D, GL_TEXTURE_MIN_FILTER, GL_LINEAR)
                glTexEnvf(GL_TEXTURE_ENV, GL_TEXTURE_ENV_MODE, GL_DECAL)
                glTexImage2D(GL_TEXTURE_2D, 0, TextureInfo[3], TextureInfo[1],
TextureInfo[2], 0, TextureInfo[3], GL_UNSIGNED_BYTE,TextureInfo[4])
                #这里要注意，因为使用了纹理动画，所以坐标值会出现 0～1 之外的值，为了正确显
                #示，使用 GL_REPEAT 模式
                glTexParameter(GL_TEXTURE_2D, GL_TEXTURE_WRAP_S, GL_REPEAT)
                glTexParameter(GL_TEXTURE_2D, GL_TEXTURE_WRAP_T, GL_REPEAT)
                #默认使用 0 号纹理，这里不用设置 Shader 中的纹理对象
                #texLocation = glGetUniformLocation(self.ShaderProgram,'texture0')
                # if texLocation >= 0:
                #     glUniform1i(texLocation, 0)
                self.LastTextureIndex = textureIndex
    #结束使用材质
    def End(self):
        pass
```

```python
#用于管理界面的 Shader
class UIShaderManager:
    def __init__(self):
        self.ShaderList = []
        self.ShaderColor = [1.0,1.0,1.0,1.0]
        self.ShaderIndex_XY_Color = self.CreateShader_XY_Color()
        self.ShaderIndex_XY_Color_UV = self.CreateShader_XY_Color_UV()
    #由 VS 和 PS 代码片段来创建 Shader
    def CreatedShader(self,vsCode,psCode):
        try:
            #创建 GLSL 程序对话
            newShaderProgram = glCreateProgram()
            #创建 VS 对象
            vsObj = glCreateShader( GL_VERTEX_SHADER )
            #指定 VS 的代码片段
            glShaderSource(vsObj , vsCode)
            #编译 VS 对象代码
            glCompileShader(vsObj)
            #将 VS 对象附加到 GLSL 程序对象
            glAttachShader(newShaderProgram, vsObj)
            #创建 PS 对象
            psObj = glCreateShader( GL_FRAGMENT_SHADER )
            #指定 PS 对象的代码
            glShaderSource(psObj , psCode)
            #编译 PS 对象代码
            glCompileShader(psObj)
            #将 PS 对象附加到 GLSL 程序对象
            glAttachShader(newShaderProgram, psObj)
            #将 VS 与 PS 对象链接为完整的 Shader 程序
            glLinkProgram(newShaderProgram)
            #返回创建成功的 Shader 程序
            return newShaderProgram
        except Exception as ex:
            print(ex)
            return None
        return None
    #对位置、顶点色的处理
    def CreateShader_XY_Color(self):
        print("CreateShader_XYZ_Color_UV")
```

```
        vsCode = """ #version 120   //GLSL 中 VS 的版本
            void main()   //入口函数固定为 main()
            {
                gl_Position = gl_ModelViewProjectionMatrix * gl_Vertex;
            }
            """
        psCode = """ #version 330 core   //GLSL 中 PS 的版本
            uniform vec4 u_Color;
            out vec4 outColor;      //定义输出到屏幕光栅化位置的像素颜色值
            void main()
            {
                outColor = u_Color;
            }
            """
        shaderIndex = len(self.ShaderList)
        newShaderProgram = self.CreatedShader(vsCode,psCode)
        self.ShaderList.append(newShaderProgram)
        return shaderIndex
    #对位置、顶点色、纹理属性的处理
    def CreateShader_XY_Color_UV(self):
        print("CreateShader_XYZ_Color_UV")
        vsCode = """ #version 120   //GLSL 中 VS 的版本
            varying   vec2 v_texCoord;
            void main()   //入口函数固定为 main()
            {
                gl_Position = gl_ModelViewProjectionMatrix * gl_Vertex;
                v_texCoord = vec2(gl_MultiTexCoord0.x,gl_MultiTexCoord0.y);
            }
            """
        psCode = """ #version 330 core   //GLSL 中 PS 的版本
            varying vec2 v_texCoord;
            uniform vec4 u_Color;
            uniform sampler2D texture0; //定义使用 0 号纹理
            out vec4 outColor;      //定义输出到屏幕光栅化位置的像素颜色值
            void main()
            {
                vec4 texColor = texture2D( texture0, v_texCoord.xy );
                outColor = texColor * u_Color;
            }
```

```
            """
    shaderIndex = len(self.ShaderList)
    newShaderProgram = self.CreatedShader(vsCode,psCode)
    self.ShaderList.append(newShaderProgram)
    return shaderIndex
#开始使用 Shader
def Begin(self,shaderIndex,color):
    if len(self.ShaderList) > 0:
        glUseProgram(self.ShaderList[shaderIndex])
        self.ShaderColor = color
        # 取得动画时间变量的地址
        colorLocation = glGetUniformLocation(self.ShaderList[shaderIndex],
"u_Color")
        if colorLocation >= 0:
            glUniform4fv(colorLocation,1,self.ShaderColor)
#结束使用 Shader
def End(self):
    glUseProgram(0)
```

有了一个简单的面板，我们可以继续派生出 Label，扩展出文本显示的功能控件：

```
class UI_Label(UI_Panel):
    def __init__(self,width=120,height=30,parent=None):
        super().__init__(width,height,parent)
        self.type = "Label"
        self.text = ""
        self.textColor = [0.0,0.0,0.0,1.0]
        self.textWidth = 0
        self.textHeight = 0
        self.textAlign = 'center'
        self.textVlign = 'center'
        self.font = GLUT_BITMAP_HELVETICA_18
        self.SetText("Label")
    #设置文本
    def SetFont(self,font):
        self.font = font
    #取得文本
    def GetFont(self):
        return self.font
```

```python
#设置文本
def SetText(self,text):
    self.text = text
    self.textWidth = 0
    for i in self.text:
        self.textWidth = self.textWidth + glutBitmapWidth(self.font,ord(i))
    self.textHeight = glutBitmapHeight(self.font)
    if self.textWidth > self.width:
        self.width = self.textWidth
    if self.textHeight > self.height:
        self.height = self.textHeight
#取得文本
def GetText(self):
    return self.text
#设置文本颜色
def SetTextColor(self,r,g,b,a=1.0):
    self.textColor = [r,g,b,a]
#取得文本颜色
def GetTextColor(self):
    return self.textColor
#设置横向对齐
def SetTextAlign(self,textAlign):
    self.textAlign = textAlign
def GetTextAlign(self):
    return self.textAlign
#设置纵向对齐
def SetTextVlign(self,textVlign):
    self.textVlign = textVlign
def GetTextVlign(self):
    return self.textVlign
#绘制文字
def DrawText(self):
    if self.visible and self.textColor[3] > 0.0 and self.text!= "":
        #取得屏幕坐标
        screenX,screenY = self.GetScreenXY()
        #横向对齐处理
        if self.textAlign == 'left':
            screenX = screenX
        elif self.textAlign == 'right':
```

```
                screenX = screenX + self.width - self.textWidth
            elif self.textAlign == 'center':
                screenX = int(screenX + self.width/2 - self.textWidth/2)

            #纵向对齐处理
            if self.textVlign == 'top':
                screenY = int(screenY + self.textHeight / 2)
            elif self.textVlign == 'bottom':
                screenY = screenY + self.height
            elif self.textVlign == 'center':
                screenY = int(screenY + self.height / 2 + self.textHeight / 2)
            g_UIShaderManager.Begin(g_UIShaderManager.ShaderIndex_XY_
Color,self.textColor)
            glRasterPos2i(screenX,screenY)
            for i in self.text:
                glutBitmapCharacter(self.font,ord(i))
            g_UIShaderManager.End()
    #绘制
    def Draw(self):
        super().Draw()
        #绘制文字
        self.DrawText()
```

在初始化 OpenGL 时，我们可以创建界面并设置它们：

```
    #OpenGL 初始化函数
    def InitGL(self, width, height):
        global g_UITextureManager
        global g_UIShaderManager
        #创建纹理管理器
        self.TextureManager = UITextureManager()
        g_UITextureManager = self.TextureManager
        #创建 Shader 管理器
        self.ShaderManager = UIShaderManager()
        g_UIShaderManager = self.ShaderManager
        textureIndex = self.TextureManager.LoadTextureFromFile("BK.png")
        #当前时间
        self.lastTime = time.time()
        #创建一个界面控件，用于显示背景图
```

```
self.uiInstance = UI_Panel(width, height)
self.uiInstance.SetXY(0,0)
self.uiInstance.SetBGColor(1.0,1.0,0.0,1.0)
self.uiInstance.SetTexture(textureIndex)
#创建一个标题控件，并作为 self.uiInstance 的子控件
self.title = UI_Label(200, 30,self.uiInstance)
self.title.SetXY(int(width/2)-100,int(height/2))
self.title.SetText("Hello,World")
self.title.SetBGColor(0.0,0.0,0.0,0.0)
self.title.SetTextColor(1.0,1.0,1.0,1.0)
```

放置 BK.png 到当前工程目录并运行代码，可以看到图 10-1 所示的界面运行效果。

图 10-1　界面运行效果

在这个窗口中，有一个图片作为背景，并在中央位置显示了一个"Hello，World"的 Label。

我们可以基于这样的一种方式，不断地进行相关控件的派生和扩展，以满足我们的控件需要。

10.1.2　鼠标事件处理

在上一节中，我们设计出了控件的基类，并在此基础上派生出了面板和文本两种控件。下面通过派生按钮控件来讲解鼠标事件的处理。

按钮控件能够响应鼠标单击事件，并能够在鼠标进入控件、按下及松开时展现不同的状态，这就需要我们给按钮增加更多的样式属性，用以记录在不同状态下的背景色、文字颜色、

背景图或者边框的粗细、颜色等属性，并在鼠标事件中选用它们。

下面是按钮类的简单实现：

```python
#按钮控件：在面板的基础上，具备按钮的功能
class UI_Button(UI_Label):
    def __init__(self,width=120,height=30,parent=None):
        super().__init__(width,height,parent)
        self.type = "Button"
        self.SetText("")
        self.bgColor_Normal = None
        self.textColor_Normal = None
        self.textureIndex_Normal= None
        self.uvrect_Normal = None
        self.bgColor_Hover = None
        self.textColor_Hover = None
        self.textureIndex_Hover = None
        self.uvrect_Hover = None
        self.bgColor_Click = None
        self.textColor_Click = None
        self.textureIndex_Click = None
        self.uvrect_Click = None
        self.callBackFunction_onClick = None
    #设置普通状态下的纹理及相应的坐标
    def SetTexture_Normal(self,textureIndex,uvrect=None):
        self.textureIndex_Normal = textureIndex
        self.uvrect_Normal = uvrect
        if uvrect==None:
            self.uvrect_Normal = [0.0,0.0,1.0,1.0]
        self.SetTexture(textureIndex,uvrect)
    #设置普通状态下的背景颜色
    def SetBGColor_Normal(self,r,g,b,a=1.0):
        self.bgColor_Normal = [r,g,b,a]
        self.SetBGColor(r,g,b,a)
    #设置普通状态下的字体颜色
    def SetTextColor_Normal(self,r,g,b,a=1.0):
        self.textColor_Normal = [r,g,b,a]
        self.SetTextColor(r,g,b,a)
    #设置鼠标悬停状态下的纹理及相应的坐标
```

```
def SetTexture_Hover(self,textureIndex,uvrect=None):
    self.textureIndex_Hover = textureIndex
    self.uvrect_Hover = uvrect
    if uvrect==None:
        self.uvrect_Hover = [0.0,0.0,1.0,1.0]
#设置鼠标悬停状态下的背景颜色
def SetBGColor_Hover(self,r,g,b,a=1.0):
    self.bgColor_Hover = [r,g,b,a]
#设置鼠标悬停状态下的字体颜色
def SetTextColor_Hover(self,r,g,b,a=1.0):
    self.textColor_Hover = [r,g,b,a]
#设置单击状态下的纹理及相应的坐标
def SetTexture_Click(self,textureIndex,uvrect=None):
    self.textureIndex_Click = textureIndex
    self.uvrect_Click = uvrect
    if uvrect==None:
        self.uvrect_Click = [0.0,0.0,1.0,1.0]
#设置单击状态下的背景颜色
def SetBGColor_Click(self,r,g,b,a=1.0):
    self.bgColor_Click = [r,g,b,a]
#设置单击状态下的字体颜色
def SetTextColor_Click(self,r,g,b,a=1.0):
    self.textColor_Click = [r,g,b,a]
#设置单击后的事件响应回调函数
def SetCallBackFunction_onClick(self,callback):
    self.callBackFunction_onClick = callback
#绘制
def Draw(self):
    UI_Panel.Draw(self)
    #绘制文字
    self.DrawText()
#使用普通状态下的样式
def ApplyStyle_Normal(self):
    if self.textureIndex_Normal:
        self.textureIndex = self.textureIndex_Normal
        self.uvrect = self.uvrect_Normal
    if self.bgColor_Normal:
        self.bgColor = self.bgColor_Normal
    if self.textColor_Normal:
```

```python
        self.textColor = self.textColor_Normal
    #使用鼠标悬停状态下的样式
    def ApplyStyle_Hover(self):
        if self.textureIndex_Hover:
            self.textureIndex = self.textureIndex_Hover
            self.uvrect = self.uvrect_Hover
        else:
            self.textureIndex = self.textureIndex_Normal
            self.uvrect = self.uvrect_Normal


        if self.bgColor_Hover:
            self.bgColor = self.bgColor_Hover
        elif self.bgColor_Normal:
            self.bgColor = self.bgColor_Normal
        if self.textColor_Hover:
            self.textColor = self.textColor_Hover
        elif self.textColor_Normal:
            self.textColor = self.textColor_Normal
    #使用鼠标按下状态下的样式
    def ApplyStyle_Click(self):
        if self.textureIndex_Click:
            self.textureIndex = self.textureIndex_Click
            self.uvrect = self.uvrect_Click
        elif self.textureIndex_Hover:
            self.textureIndex = self.textureIndex_Hover
            self.uvrect = self.uvrect_Hover
        else:
            self.textureIndex = self.textureIndex_Normal
            self.uvrect = self.uvrect_Normal
        if self.bgColor_Click:
            self.bgColor = self.bgColor_Click
        elif self.bgColor_Hover:
            self.bgColor = self.bgColor_Hover
        elif self.bgColor_Normal:
            self.bgColor = self.bgColor_Normal


        if self.textColor_Click:
            self.textColor = self.textColor_Click
        elif self.textColor_Hover:
```

```
            self.textColor = self.textColor_Hover
        elif self.textColor_Normal:
            self.textColor = self.textColor_Normal
    #鼠标移动事件
    def OnMouseMove(self,x,y):
        if self.CheckPoint(x,y) == True:
            self.ApplyStyle_Hover()
        else:
            self.ApplyStyle_Normal()
    #鼠标按下事件
    def OnMouseDown(self,x,y):
        if self.CheckPoint(x,y) == True:
            self.ApplyStyle_Click()
            if self.callBackFunction_onClick:
                self.callBackFunction_onClick(self)
            return True
        return False
    #鼠标抬起事件
    def OnMouseUp(self,x,y):
        self.OnMouseMove(x,y)
```

完成按钮类的设计后，我们需要在创建界面后面加上创建按钮的代码，准备按钮的一些状态图片并设置它：

```
#再创建一个按钮
self.button = UI_Button(100,30,self.uiInstance)
self.button.SetXY(int(width/2)-50,int(height/2)+100)
self.button.SetBGColor_Normal(1.0,1.0,1.0,1.0)
self.button.SetTextColor_Normal(1.0,0.0,0.0,1.0)
textureIndex = self.TextureManager.LoadTextureFromFile("Button1.png",True)
self.button.SetTexture_Normal(textureIndex)
textureIndex = self.TextureManager.LoadTextureFromFile("Button2.png",True)
self.button.SetTexture_Hover(textureIndex)
textureIndex = self.TextureManager.LoadTextureFromFile("Button3.png",True)
self.button.SetTexture_Click(textureIndex)
def OnClick(button):
    button.SetVisible(False)
self.button.SetCallBackFunction_onClick(OnClick)
```

在 OpenGL 窗口中设置相应的鼠标单击事件回调函数和鼠标移动事件回调函数：

```
#鼠标单击操作
glutMouseFunc(self.OnMouseClickFunc)
#鼠标移动操作
glutPassiveMotionFunc(self.OnMouseMoveFunc)
```

以及相应的函数实现：

```
#单击事件
def OnMouseClickFunc(self,btn,state,x,y):
    if btn == 0:
        print(state)
        if state == 0:
            self.uiInstance.OnMouseDown(x,y)
        else:
            self.uiInstance.OnMouseUp(x,y)
#拖曳事件
def OnMouseMoveFunc(self,x,y):
    print('MOUSE:%s,%s'%(x,y))
    self.uiInstance.OnMouseMove(x,y)
```

运行后，我们将在屏幕中下方看到一个按钮，如图 10-2 所示，当鼠标移入和按下时，它会具备不同的状态，单击时则按钮消失。

图 10-2　加入按钮的界面效果

10.1.3 复合控件设计

有一些控件，是由几种基本控件组合而成的，比如列表框 ListBox，是由一个面板 Panel 和一些 Label 组成的；下拉列表框 ComboBox，是由一个 Label、一个 Button 和一个 ListBox 共同组成的，Label 负责显示当前选择的文字，Button 负责打开 ListBox，而 ListBox 则显示数据可选项。下面通过 ListBox 和 ComboBox 的实现来学习复合控件设计的方法。

```python
#列表控件：具备多项选择的功能
class UI_ListBox(UI_Control):
    def __init__(self,width=100,height=100,parent=None):
        super().__init__(width,height,parent)
        self.type = "ListBox"
        self.items = []
        self.selectIndex = -1
        self.font = GLUT_BITMAP_HELVETICA_18
        self.itemSpaceX = 10
        self.itemSpaceY = 4
        self.itemHeight = glutBitmapHeight(self.font)
        self.itemBGColor_selected = [0.6,0.6,0.6,1.0]
        self.itemBGColor_normal = [1.0,1.0,1.0,1.0]
        self.itemTextColor_selected = [1.0,1.0,1.0,1.0]
        self.itemTextColor_normal = [0.0,0.0,0.0,1.0]
        self.callBackFunction_onClick = None
    #增加列表项
    def AddItem(self,text):
        index = len(self.items)
        newItem = UI_Label(self.width,0,self)
        newItem.SetText(text)
        newItem.SetFont(self.font)
        newItem.SetTextVlign('center')
        newItem.SetBGColor(self.itemBGColor_normal[0],self.itemBGColor_
normal[1],self.itemBGColor_normal[2],self.itemBGColor_normal[3])
        newItem.SetTextColor(self.itemTextColor_normal[0],
self.itemTextColor_normal[1],self.itemTextColor_normal[2],self.itemTextColor
_normal[3])
        Y = self.itemSpaceY
        for i in range(index):
            Y += self.items[i].height + self.itemSpaceY
        newItem.SetXY(self.itemSpaceX,Y)
```

```python
        self.items.append(newItem)
        return index
#删除列表项
def DelItem(self,index):
    self.items.pop(index)
    self.selectIndex = -1
#清空列表项
def ClearItems(self):
    self.items.clear()
    self.selectIndex = -1
#设置当前选中的列表项
def SetSelectItem(self,index):
    if index < 0 or index >= len(self.items):
        return
    self.selectIndex = index
#取得当前选中的列表项
def GetSelectItem(self):
    if self.selectIndex == -1:
        return None
    return self.items[self.selectIndex]
#设置列表项的字体
def SetFont(self,font):
    self.font = font
    for item in self.items:
        item.SetFont(font)
#设置列表项的颜色
def SetTextColor(self,r,g,b,a=1.0):
    for item in self.items:
        item.SetTextColor(r,g,b,a)
    self.itemTextColor_normal = [r,g,b,a]
#设置列表项的背景颜色
def SetBGColor(self,r,g,b,a=1.0):
    for item in self.items:
        item.SetBGColor(r,g,b,a)
    self.itemBGColor_normal = [r,g,b,a]
#设置列表项被选中状态下的文字的颜色
def SetTextColor_Selected(self,r,g,b,a=1.0):
    self.itemTextColor_selected = [r,g,b,a]
#设置列表项被选中状态下的背景的颜色
```

```python
    def SetBGColor_Selected(self,r,g,b,a=1.0):
        self.itemBGColor_selected = [r,g,b,a]
    #设置列表项的 X 间距
    def SetItemSpaceX(self,spaceX):
        self.itemSpaceX = spaceX
        Y = self.itemSpaceY
        for i in range(len(self.items)):
            Y += self.items[i].height + self.itemSpaceY
            self.items[i].SetXY(self.itemSpaceX,Y)
    #设置列表项的 Y 间距
    def SetItemSpaceY(self,spaceY):
        self.itemSpaceY = spaceY
        Y = self.itemSpaceY
        for i in range(len(self.items)):
            Y += self.items[i].height + self.itemSpaceY
            self.items[i].SetXY(self.itemSpaceX,Y)
    #设置列表项的高度
    def SetItemHeight(self,height):
        Y = self.itemSpaceY
        for i in range(len(self.items)):
            self.items[i].height = height
            Y += self.items[i].height + self.itemSpaceY
            self.items[i].SetXY(self.itemSpaceX,Y)
    #设置单击后的事件响应回调函数
    def SetCallBackFunction_onClick(self,callback):
        self.callBackFunction_onClick = callback
    #鼠标按下事件
    def OnMouseDown(self,x,y):
        if self.CheckPoint(x,y) == True:
            self.selectIndex = -1
            for i in range(len(self.items)):
                self.items[i].SetBGColor(self.itemBGColor_normal[0],self.
itemBGColor_normal[1],self.itemBGColor_normal[2],self.itemBGColor_normal[3])
                self.items[i].SetTextColor(self.itemTextColor_normal[0],
self.itemTextColor_normal[1],self.itemTextColor_normal[2],self.itemTextColor
_normal[3])
            for i in range(len(self.items)):
                if self.items[i].CheckPoint(x,y) == True:
                    print("Click Item:"+str(i))
```

```
                self.selectIndex = i
                self.items[i].SetBGColor(self.itemBGColor_selected[0],
self.itemBGColor_selected[1],self.itemBGColor_selected[2],self.itemBGColor_s
elected[3])
                self.items[i].SetTextColor(self.itemTextColor_selected[0],
self.itemTextColor_selected[1],self.itemTextColor_selected[2],self.itemTextC
olor_selected[3])
                if self.callBackFunction_onClick:
                    text = self.items[i].GetText()
                    self.callBackFunction_onClick(self,i,text)
                return True
        return True
    return False
#更新
def Update(self):
    super().Update()
    for item in self.items:
        x,y = item.GetXY()
        if y < 0:
            item.SetVisible(False)
        elif y > self.height:
            item.SetVisible(False)
        else:
            item.SetVisible(True)
        item.Update()
```

有了 ListBox 后，我们再基于现有的 Label、Button、ListBox，就可以很容易地组合出 ComboBox。

```
#下拉列表控件：具备多项选择的功能
class UI_ComboBox(UI_Label):
    def __init__(self,width=100,height=100,parent=None):
        global g_UITextureManager
        self.LabelHeight = 26
        super().__init__(width,self.LabelHeight,parent)
        self.type = "ComboBox"
        #箭头
        self.ArrowButton = UI_Button(20,self.LabelHeight,self)
        self.ArrowButton.SetBGColor(0.6,0.6,0.6,1.0)
```

```
        self.ArrowButton.SetXY(width-20,0)
        self.ArrowButton.SetSize(20,self.LabelHeight)
        self.ArrowButton.SetCallBackFunction_onClick(self.OnArrowButtonClick)
        textureIndex = g_UITextureManager.LoadTextureFromFile
("arrow1.png",True)
        self.ArrowButton.SetTexture_Normal(textureIndex)
        textureIndex = g_UITextureManager.LoadTextureFromFile
("arrow2.png",True)
        self.ArrowButton.SetTexture_Hover(textureIndex)
        textureIndex = g_UITextureManager.LoadTextureFromFile
("arrow3.png",True)
        self.ArrowButton.SetTexture_Click(textureIndex)
        #列表
        self.ListBox = UI_ListBox(width,height-self.LabelHeight,self)
        self.ListBox.SetXY(0,self.LabelHeight)
        self.ListBox.SetItemSpaceX(0)
        self.ListBox.SetItemHeight(self.LabelHeight)
        self.ListBox.SetBGColor(0.6,0.6,0.6,1.0)
        self.ListBox.SetTextColor(0.0,0.0,0.0,1.0)
        self.ListBox.SetCallBackFunction_onClick(self.OnListBoxClick)
        self.ListBox.SetVisible(False)
        self.callBackFunction_onClick = None
    #增加列表项
    def AddItem(self,text):
        return self.ListBox.AddItem(text)
    #删除列表项
    def DelItem(self,index):
        self.ListBox.DelItem(index)
    #清空列表项
    def ClearItems(self):
        self.ListBox.clear()
    #设置当前选中的列表项
    def SetSelectItem(self,index):
        self.ListBox.SetSelectItem(index)
    #取得当前选中的列表项
    def GetSelectItem(self):
        return self.ListBox.GetSelectItem()
    #设置列表项的字体
    def SetItemFont(self,font):
        self.ListBox.SetFont(font)
```

```python
#设置列表项的颜色
def SetItemTextColor(self,r,g,b,a=1.0):
    self.ListBox.SetItemTextColor(font)
#设置列表项的背景颜色
def SetItemBGColor(self,r,g,b,a=1.0):
    self.ListBox.SetBGColor(font)
#设置列表项被选中状态下的文字的颜色
def SetTextColor_Selected(self,r,g,b,a=1.0):
    self.ListBox.SetTextColor_Selected(r,g,b,a)
#设置列表项被选中状态下的背景的颜色
def SetBGColor_Selected(self,r,g,b,a=1.0):
    self.ListBox.SetBGColor_Selected(r,g,b,a)
#设置列表项的间距
def SetItemSpaceY(self,spaceY):
    self.ListBox.SetItemSpaceY(spaceY)
#设置列表项的高度
def SetItemHeight(self,height):
    self.ListBox.SetItemHeight(height)
#设置单击后的事件响应回调函数
def SetCallBackFunction_onClick(self,callback):
    self.callBackFunction_onClick = callback
#列表项单击事件
def OnListBoxClick(self,listbox,index,text):
    self.ListBox.SetVisible(False)
    print("Click Item:"+str(index))
    #设置当前 Label 中文字为选中列表项的文字
    self.SetText(text)
    #调用回调函数
    if self.callBackFunction_onClick:
        self.callBackFunction_onClick(self,index,text)
#箭头单击事件，显示或隐藏列表
def OnArrowButtonClick(self,button):
    if self.ListBox.IsVisible():
        self.ListBox.SetVisible(False)
    else:
        self.ListBox.SetVisible(True)
```

在创建界面后加上创建 ListBox 和 ComboBox 的代码：

```
#创建列表框
self.listBox = UI_ListBox(200,400,self.uiInstance)
for i in range(3):
    self.listBox.AddItem("Item %d"%(i))
self.listBox.SetXY(int(width/2)-100,int(height/2)+40)
self.listBox.SetItemHeight(40)
self.listBox.SetTextColor_Selected(1.0,0.0,0.0,1.0)
self.listBox.SetBGColor_Selected(0.8,0.8,0.0,1.0)
#创建下拉列表框
self.comboBox = UI_ComboBox(100,400,self.uiInstance)
for i in range(3):
    self.comboBox.AddItem("Item %d"%(i))
self.comboBox.SetXY(int(width/2)+150,int(height/2))
```

运行后，界面效果如图 10-3 所示，列表框显示在"Hello,World"下方，用鼠标单击中间一项后，会打印"Click Item:1"并将第二个选项的背景色和文字色变为选中时的颜色值，右边会有一个下拉列表框，单击箭头时，会显示下拉列表，选中某项后，当前文字框会显示为选中的列表项。

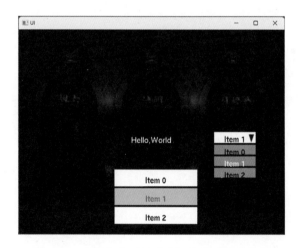

图 10-3 列表框和下拉列表框控件的界面效果

10.1.4 文字输入处理

在 UI 系统中，输入框是一个非常重要的控件，它主要用于接收用户键盘的输入。在我们制作登录输入或者聊天对话框时，都需要使用到输入框。下面学习输入框的设计和制作方法。

　　输入框本身和 Label 很像，所以可以从 Label 类派生，增加一个字符输入的功能，另外还需要有一个光标，能够响应鼠标单击来定位当前编辑位置。光标需要有一个闪烁效果，可以通过记录当前时间的变化切换光标的显示来实现。完整的实现如下：

```python
#编辑框控件
class UI_Edit(UI_Label):
    def __init__(self,width=100,height=24,parent=None):
        super().__init__(width,height,parent)
        self.type = "Edit"
        self.callBackFunction_onEdit = None
        self.cursorX = 0
        self.cursorCharIndex = 0
        self.cursorColor = (0.0,0.0,0.0,1.0)
        self.cursorFlashDelay = 0.5
        self.cursorFlashTimer = 0
        self.cursorFlashFlag = False
        self.SetText("")
        self.SetTextAlign("left")
        self.SetTextVlign("center")
    #按键输入
    def OnKeyDown(self,char):
        super().OnKeyDown(char)
        if self.IsVisible() and self.IsFocus():
            #退格键处理
            if char == '\x08':
                if self.cursorCharIndex > 0:
                    char = self.text[self.cursorCharIndex-1]
                    self.text = self.text[0:self.cursorCharIndex-1] +
self.text[self.cursorCharIndex:]
                    self.cursorCharIndex -= 1
                    self.cursorX = self.cursorX - glutBitmapWidth(self.font,ord(char))
            else:
                self.text = self.text + char
                self.cursorX = self.cursorX + glutBitmapWidth(self.font,
ord(char))
                self.cursorCharIndex = self.cursorCharIndex + 1
    #按键松开
    def OnKeyUp(self,char):
        super().OnKeyUp(char)
```

```
        pass
    #设置光标的闪烁间隔时间
    def SetCursorFlashDelay(self,delay):
        self.cursorFlashDelay = delay
    #绘制光标
    def DrawCursor(self):
        if self.cursorFlashFlag == True:
            #取得屏幕坐标
            screenX,screenY = self.GetScreenXY()
            #直接用 2D 绘图
            glDisable(GL_TEXTURE_2D)
            g_UIShaderManager.Begin(g_UIShaderManager.ShaderIndex_
XY_Color,self.cursorColor)
            glRectf(screenX + self.cursorX,screenY+2,screenX+self.cursorX +
1,screenY+self.height-2)
            g_UIShaderManager.End()
    #鼠标按下事件
    def OnMouseDown(self,x,y):
        if super().OnMouseDown(x,y) == True:
            if g_FocusControl == self:
                print("Focus")
            #遍历计算单击位置，设置所处字符位置为当前光标位置
            #取得屏幕坐标
            screenX,screenY = self.GetScreenXY()
            X_InEdit = x - screenX
            lastcharsWidth = 0
            currcharsWidth = 0
            self.cursorCharIndex = 0
            for char in self.text:
                lastcharsWidth = currcharsWidth
                currcharsWidth = currcharsWidth + glutBitmapWidth(self.font,ord(char))
                if X_InEdit > lastcharsWidth and X_InEdit < currcharsWidth:
                    self.cursorX = lastcharsWidth
                    break
                self.cursorCharIndex = self.cursorCharIndex + 1
            if X_InEdit > currcharsWidth:
                self.cursorX = currcharsWidth
            return True
        return False
```

```python
#更新
def Update(self,delay):
    super().Update(delay)
    if self.IsVisible() and self.IsFocus():
        #更新光标位置
        self.cursorFlashTimer += delay
        if self.cursorFlashTimer > self.cursorFlashDelay:
            self.cursorFlashTimer = 0
            if self.cursorFlashFlag:
                self.cursorFlashFlag = False
            else:
                self.cursorFlashFlag = True
#绘制
def Draw(self):
    super().Draw()
    #绘制文字
    self.DrawCursor()
```

在编写这个控件的过程中，我们也需要对原来的基类 UI_Control 进行一些改造，并增加一个全局变量 g_FocusControl 来记录界面上当前被定位编辑中的控件。在 UI_Control 中增加一个响应焦点的属性 focusable 并增加如下函数代码：

```python
#设置是否响应焦点
def SetFocusable(self,focusable):
    self.focusable = focusable
#取得是否响应焦点
def IsFocusable(self):
    return self.focusable
#设置是否焦点控件
def SetFocus(self):
    global g_FocusControl
    g_FocusControl = self
def IsFocus(self):
    global g_FocusControl
    if g_FocusControl == self:
        return True
    return False
#鼠标按下事件
```

```
def OnMouseDown(self,x,y):
    if self.visible:
        for child in self.children:
            if child.OnMouseDown(x,y) == True:
                return True
        if self.CheckPoint(x,y) == True :
            if self.IsFocusable() == True:
                self.SetFocus()
            return True
    return False
```

通过这样的变化，将使得鼠标在单击控件时，只选中最上层的控件设置为正在编辑的控件，但默认情况下可根据每种控件的类型来设置响应焦点。比如在 UI_Control 的构造函数中设置 self.focusable 为 False，但在输入框的构造函数中设置为 True，使其能够在响应单击后被设置为当前焦点控件。

最后还要为 OpenGL 窗口设定响应键盘按下事件的回调函数。

```
#键盘输入操作
glutKeyboardFunc(self.OnKeyDownFunc)
```

在回调函数中进行基本的控件按键处理，因为输入的中文涉及输入法处理，所以这里先设置只接受数字或字母：

```
#键盘输入事件
def OnKeyDownFunc(self,key,x,y):
    print('KEY:%s'%key)
    try:
        str_key = key.decode('utf-8')
        self.uiInstance.OnKeyDown(str_key)
    except:
        print("请输入数字或字母")
```

最后在初始化时创建输入框：

```
#编辑框
self.Edit = UI_Edit(200,30,self.uiInstance)
self.Edit.SetXY(int(width/2)-100,int(height/2)-80)
```

完成后，运行一下，可看到图 10-4 所示界面，输入一些字母并用鼠标单击字符，可以进行输入，按退格键则可以删除字符。这样，我们就完成了一个简单的输入框控件。

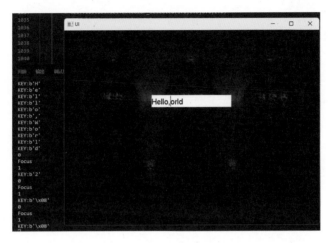

图 10-4　界面上的输入框响应输入字符事件

10.2　UI 系统编程实践

在上一节中，我们学会了一些基本的控件实现，相信读者通过学习能够一步步编写出所有常见的控件。本节将基于前面的控件实现一个简单的登录界面，体验一下完整界面案例的开发。

通常来说，一个登录界面包括背景图、标题、用户账号和登录密码输入，以及确定和取消按钮，这都是我们上一节中已经开发出的控件类型，不过登录密码的输入框需要使用*作为输入信息的替代符，这里需要小做改动，其他控件直接使用即可。

```python
#编辑框控件
class UI_Edit(UI_Label):
    def __init__(self,width=100,height=24,parent=None):
        #...略
        self.showChar = None
    #设置显示字符，比如'*'
    def SetShowChar(self,showChar):
        self.showChar = showChar
    #按键输入
    def OnKeyDown(self,char):
        super().OnKeyDown(char)
        if self.IsVisible() and self.IsFocus():
            #退格键
```

```python
        if char == '\x08':
            if self.cursorCharIndex > 0:
                char = self.text[self.cursorCharIndex-1]
                self.text = self.text[0:self.cursorCharIndex-1] +
self.text[self.cursorCharIndex:]
                self.cursorCharIndex -= 1
                #如果有替代符，则这里需要换成替代符
                if self.showChar:
                    char = self.showChar
                self.cursorX = self.cursorX -
glutBitmapWidth(self.font,ord(char))
        else:
            self.text = self.text + char
            #如果有替代符，则这里需要换成替代符
            if self.showChar:
                char = self.showChar
            self.cursorX = self.cursorX + glutBitmapWidth(self.font,
ord(char))
            self.cursorCharIndex = self.cursorCharIndex + 1
    #鼠标按下事件，这里也进行替代符处理
    def OnMouseDown(self,x,y):
        if super().OnMouseDown(x,y) == True:
            if g_FocusControl == self:
                print("Focus")
            #遍历计算单击位置，设置所处字符位置为当前光标位置
            #取得屏幕坐标
            screenX,screenY = self.GetScreenXY()
            X_InEdit = x - screenX
            lastcharsWidth = 0
            currcharsWidth = 0
            self.cursorCharIndex = 0
            for char in self.text:
                #如果有替代符，则这里需要换成替代符
                if self.showChar:
                    char = self.showChar
                lastcharsWidth = currcharsWidth
                currcharsWidth = currcharsWidth +
glutBitmapWidth(self.font,ord(char))
                if X_InEdit > lastcharsWidth and X_InEdit < currcharsWidth:
```

```
            self.cursorX = lastcharsWidth
            break
        self.cursorCharIndex = self.cursorCharIndex + 1
    if X_InEdit > currcharsWidth:
        self.cursorX = currcharsWidth
    return True
return False
#绘制
def Draw(self):
    originText = self.text
    #如果有替代符，则这里需要将文本换成替代符
    if self.showChar:
        self.text = self.showChar * len(self.text)
    super().Draw()
    #绘制文字
    self.DrawCursor()
    #还原文本
    if self.showChar:
        self.text = originText
```

完成处理后，我们在初始化部分重新编写一下代码：

```
#创建一个界面控件,用于显示背景图
self.uiInstance = UI_Panel(width, height)
self.uiInstance.SetXY(0,0)
self.uiInstance.SetBGColor(1.0,1.0,0.0,1.0)
self.uiInstance.SetTexture(textureIndex)
#创建一个标题控件，并作为 self.uiInstance 的子控件
titleX = int(width/2)
titleY = int(height/2)
self.title = UI_Label(200, 30,self.uiInstance)
self.title.SetXY(titleX-100,titleY)
self.title.SetText("Welcome to PM World")
self.title.SetBGColor(0.0,0.0,0.0,0.0)
self.title.SetTextColor(1.0,0.6,1.0,1.0)
self.title.SetFont(GLUT_BITMAP_TIMES_ROMAN_24)
#账号 Label
accountLabelX = titleX - 120
accountLabelY = titleY + 40
```

```
self.accountLabel = UI_Label(0, 30,self.uiInstance)
self.accountLabel.SetXY(accountLabelX,accountLabelY)
self.accountLabel.SetTextAlign('left')
self.accountLabel.SetText("Username")
self.accountLabel.SetBGColor(0.0,0.0,0.0,0.0)
self.accountLabel.SetTextColor(1.0,1.0,1.0,1.0)
#账号 Edit
accountEditX = titleX - 20
accountEditY = titleY + 40
self.accountEdit = UI_Edit(200,30,self.uiInstance)
self.accountEdit.SetXY(accountEditX,accountEditY)
#密码 Label
passwordLabelX = titleX - 120
passwordLabelY = titleY + 80
self.passwordLabel = UI_Label(0, 30,self.uiInstance)
self.passwordLabel.SetXY(passwordLabelX,passwordLabelY)
self.passwordLabel.SetTextAlign('left')
self.passwordLabel.SetText("Password")
self.passwordLabel.SetBGColor(0.0,0.0,0.0,0.0)
self.passwordLabel.SetTextColor(1.0,1.0,1.0,1.0)
#密码 Edit
passwordEditX = titleX - 20
passwordEditY = titleY + 80
self.passwordEdit = UI_Edit(200,30,self.uiInstance)
self.passwordEdit.SetXY(passwordEditX,passwordEditY)
self.passwordEdit.SetShowChar('*')
#登录按钮
buttonX = titleX
buttonY = titleY + 130
self.button = UI_Button(100,30,self.uiInstance)
self.button.SetXY(buttonX,buttonY)
self.button.SetBGColor_Normal(1.0,1.0,1.0,1.0)
self.button.SetTextColor_Normal(1.0,0.0,0.0,1.0)
textureIndex = self.TextureManager.LoadTextureFromFile("Button1.png",True)
self.button.SetTexture_Normal(textureIndex)
textureIndex = self.TextureManager.LoadTextureFromFile("Button2.png",True)
self.button.SetTexture_Hover(textureIndex)
textureIndex = self.TextureManager.LoadTextureFromFile("Button3.png",True)
self.button.SetTexture_Click(textureIndex)
```

```
#按钮单击事件的回调函数
def OnClick(button):
    username = self.accountEdit.GetText()
    password = self.passwordEdit.GetText()
    if username == "admin" and password == "123456":
        print("登录成功")
    else:
        print("登录失败")
self.button.SetCallBackFunction_onClick(OnClick)
```

运行后，我们将看到如图 10-5 所示的登录界面，在用户名处输入 admin，在密码处输入 123456，即可看到输出打印"登录成功"。

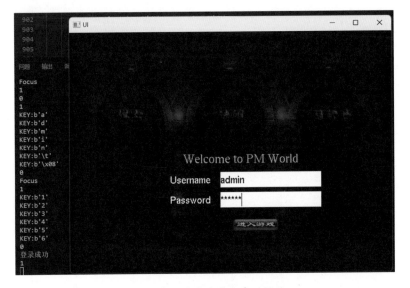

图 10-5　实现登录账号和密码的输入

10.3　UI 编辑器入门

前面掌握了界面控件的设计与开发，但为每一个界面编写界面非常烦琐、不直观。在实际的项目开发中，一般都会使用一个界面编辑器，先导入资源对界面进行设计和编辑，编辑完成后将界面保存为一个信息文件供项目加载和显示，这样通过工具的支撑，使界面的设计与实现工作流得以高效和顺畅地完成。本节将学习如何开发一个简单的 UI 编辑器来实现相应的功能。

10.3.1 编辑器界面设计

一般来说，一个界面编辑器主要包括以下三个主要部分。

（1）界面设计区：支持界面的整体观察，控件的创建与编辑功能。

（2）控件列表树：方便快速地选中控件，观察控件的层级关系。

（3）属性编辑栏：对控件各种属性的编辑和设置。

下面我们就基于这三个功能来设计界面编辑器。打开 PyMe，创建一个空白新工程
"UIEditor"，首先在右边的"界面控件列表"树中选择"Form_1"，在右下方的"布局方式"
处设置采用"打包排布"，然后从左边工具条的"组件"分类下拖动创建一个 PyMeGLFrame
到 Form_1 窗体中，并在右边创建一个 Frame，用于放置界面元素层级树和属性编辑列表。我
们首先选中右边的 Frame，在下部的布局方式编辑工具条中设置为"打包排布"，并按向右停
靠，竖向填充，宽度可以设置为 300 像素，然后再选择 PyMeGLFrame，在下部的布局方式编
辑工具条中设置为"打包排布"，并按向左停靠，四周填充，效果如图 10-6 所示。

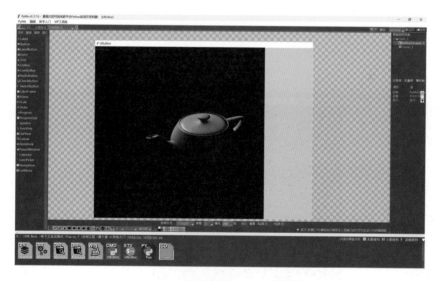

图 10-6　界面编辑器的基本布局

然后我们继续从左边工具条中拖动一个 TreeView 放置到右边的 Frame 中，这时会弹
出图 10-7 所示提示，单击"是"后，设置为"打包排布"，设置向上停靠，横向填充，高度
设为 14。

图 10-7　通过 TreeView 控件来作为控件树

　　然后再从左边的工具条中拖动创建一个 ListView 到右边的 Frame 中，设置为"打包排布"，向下停靠，四周填充，最终效果如图 10-8 所示。

图 10-8　最终效果

10.3.2　控件的创建

控件的创建一般可以通过弹出菜单的方式或者以从控件图标列表对应项拖放的方式来实现，本节我们使用弹出菜单的方式来实现。

首先在左边的 PyMeGLFrame 上单击右键，然后在弹出菜单中选择"事件响应"，在事件响应处理编辑区对话框中的列表中选择"Button-3"事件，也就是右键弹击事件，然后在右边的动作按钮中找到"设置弹出菜单"，这时会弹出"菜单编辑区"对话框，如图 10-9 所示。在这个对话框中，在右边输入文本"创建控件"，然后单击"增加顶层菜单项"，这样就会在左边的列表框中增加一个"创建控件"弹出菜单项，然后选中它，继续在右边输入文本"创建面板"，单击"增加子菜单项"，就可以在"创建控件"顶层菜单项下创建出"创建面板"的菜单项。依照这个方式，继续在"创建控件"顶层菜单项下创建出"创建文本""创建按钮""创建输入框""创建列表框"菜单项。

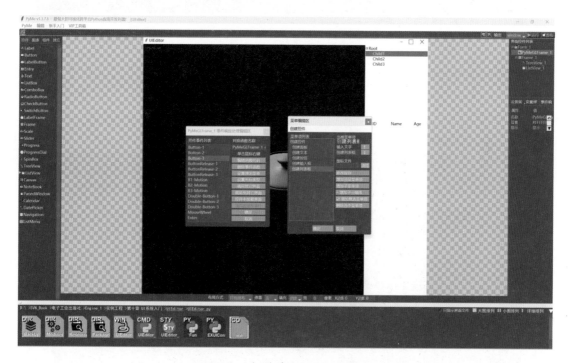

图 10-9　"菜单编辑区"对话框

单击"确定"按钮后，会进入代码编辑器中，PyMe 已经创建好了各菜单项的回调函数，运行程序，并在渲染窗体中单击鼠标右键，会看到如图 10-10 所示，在渲染窗体中弹出相应菜单。

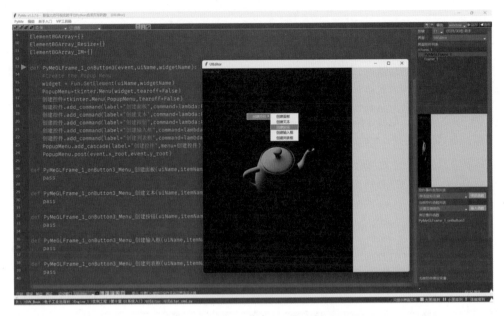

图 10-10　生成弹出菜单各菜单项的回调函数

下面做一些初始化工作。如图 10-11 所示，在右边面板的"界面控件列表"选择"Form_1"，在下面的"控件事件类型列表"中选择"加载完成"事件，单击"绑定函数"，这时会在代码编辑框中创建出 Form_1_onLoad 函数。

图 10-11　创建 Form_1 的加载事件回调函数

在 Form_1_onLoad 函数中加入代码:

```
def Form_1_onLoad(uiName):
    #取得 GLFrame
    openGLFrame = Fun.GetElement(uiName,"PyMeGLFrame_1")
    if openGLFrame:
        #设置 GLFrame 的初始化和渲染回调函数为我们指定的函数
        openGLFrame.SetInitCallBack(InitUI)
        openGLFrame.SetFrameCallBack(RenderUI)
    #清空树形控件
    treeView_1 = Fun.GetElement(uiName,"TreeView_1")
    if treeView_1:
        Fun.DelAllTreeItem(uiName,"TreeView_1")
```

然后我们把上一节的代码复制到当前工程目录,改名为"GLUIControls.py"并删除创建窗口和进入消息循环的代码,之后在当前文件中加入代码:

```
import GLUIControls
from OpenGL.GL import *
from OpenGL.GLU import *
from OpenGL.GLUT import *
g_RootUI = None
g_TreeList = {}
g_ControlIndex = 1
#初始化界面系统
def InitUI():
    global g_RootUI
    #创建纹理管理器
    GLUIControls.g_UITextureManager = GLUIControls.UITextureManager()
    #创建 Shader 管理器
    GLUIControls.g_UIShaderManager = GLUIControls.UIShaderManager()
    #创建一个 RootUI 作为界面的根节点
    g_RootUI = GLUIControls.UI_Panel(0,0)
    g_RootUI.SetXY(0,0)
    g_RootUI.SetBGColor(1.0,1.0,1.0,1.0)
#渲染界面系统
def RenderUI():
    global g_RootUI
    uiName = "UIEditor"
    openGLFrame = Fun.GetElement(uiName,"PyMeGLFrame_1")
```

```
if g_RootUI and openGLFrame:
    #设置观察矩阵
    glMatrixMode(GL_PROJECTION)
    glLoadIdentity()
    #这里要使用正交投影
    width = openGLFrame.winfo_width()
    height = openGLFrame.winfo_height()
    gluOrtho2D(0.0,width,height,0.0)
    #设置观察矩阵
    glMatrixMode(GL_MODELVIEW)
    #允许纹理映射
    glEnable(GL_TEXTURE_2D)
    #因为有 Alpha 通道，这里使用 Alpha 混合
    glEnable(GL_BLEND)
    #设置颜色混合模式为当前图像与背景按照 Alpha 值进行混合
    glBlendFunc(GL_SRC_ALPHA, GL_ONE_MINUS_SRC_ALPHA)
    #关闭深度测试
    glDisable(GL_DEPTH_TEST)
    #更新界面根节点
    g_RootUI.Update(0.01)
    #渲染界面根节点
    g_RootUI.Draw()
```

在这个基础上，我们对弹出菜单的设置做相应的修改，为每个创建控件的菜单项函数增加 x,y 位置参数。

```
def PyMeGLFrame_1_onButton3(event,uiName,widgetName):
    #Create the Popup Menu
    widget = Fun.GetElement(uiName,widgetName)
    PopupMenu=tkinter.Menu(widget,tearoff=False)
    SubMenu=tkinter.Menu(PopupMenu,tearoff=False)
    SubMenu.add_command(label="创建面板
",command=lambda:PyMeGLFrame_1_onButton3_Menu_创建面板(uiName,"创建面板
",event.x,event.y))
    SubMenu.add_command(label="创建文本
",command=lambda:PyMeGLFrame_1_onButton3_Menu_创建文本(uiName,"创建文本
",event.x,event.y))
```

```
    SubMenu.add_command(label="创建按钮
",command=lambda:PyMeGLFrame_1_onButton3_Menu_创建按钮(uiName,"创建按钮
",event.x,event.y))
    SubMenu.add_command(label="创建输入框
",command=lambda:PyMeGLFrame_1_onButton3_Menu_创建输入框(uiName,"创建输入框
",event.x,event.y))
    SubMenu.add_command(label="创建列表框
",command=lambda:PyMeGLFrame_1_onButton3_Menu_创建列表框(uiName,"创建列表框
",event.x,event.y))
    PopupMenu.add_cascade(label="创建控件",menu=SubMenu)
    PopupMenu.post(event.x_root,event.y_root)
```

之后增加树项的函数：

```
def AddControlToTreeItem(uiName,widgetType,widgetNode):
    global g_ControlIndex
    global g_TreeList
    treeView_1 = Fun.GetElement(uiName,"TreeView_1")
    if treeView_1:
        widgetName = str("%s_%d"%(widgetType,g_ControlIndex))

Fun.AddTreeItem(uiName,"TreeView_1",parentItem="",insertItemPosition="end",i
temName=widgetName,itemText=widgetName,itemValues=(g_ControlIndex),iconName=
"",tag="")
        g_TreeList[widgetName] = widgetNode
        g_ControlIndex = g_ControlIndex + 1
```

完成后在每个菜单函数创建相应的控件：

```
def PyMeGLFrame_1_onButton3_Menu_创建面板(uiName,itemName,x,y):
    global g_RootUI
    global g_ControlIndex
    global g_TreeList
    #在 x,y 位置生成一个面板
    panelNode = GLUIControls.UI_Panel(300, 200,g_RootUI)
    panelNode.SetXY(x,y)
    panelNode.SetBGColor(1.0,1.0,1.0,1.0)
    AddControlToTreeItem(uiName,"Panel",panelNode)
def PyMeGLFrame_1_onButton3_Menu_创建文本(uiName,itemName,x,y):
    global g_RootUI
```

```python
    global g_ControlIndex
    global g_TreeList
    #在 x,y 位置生成一个文本
    labelNode = GLUIControls.UI_Label(160, 30,g_RootUI)
    labelNode.SetXY(x,y)
    labelNode.SetText("Label")
    labelNode.SetBGColor(1.0,1.0,1.0,1.0)
    AddControlToTreeItem(uiName,"Label",labelNode)


def PyMeGLFrame_1_onButton3_Menu_创建按钮(uiName,itemName,x,y):
    global g_RootUI
    global g_ControlIndex
    global g_TreeList
    #在 x,y 位置生成一个按钮
    buttonNode = GLUIControls.UI_Button(160, 30,g_RootUI)
    buttonNode.SetXY(x,y)
    buttonNode.SetText("Button")
    buttonNode.SetBGColor(1.0,1.0,1.0,1.0)
    AddControlToTreeItem(uiName,"Button",buttonNode)
def PyMeGLFrame_1_onButton3_Menu_创建输入框(uiName,itemName,x,y):
    global g_RootUI
    global g_ControlIndex
    global g_TreeList
    #在 x,y 位置生成一个输入框
    editNode = GLUIControls.UI_Edit(160, 30,g_RootUI)
    editNode.SetXY(x,y)
    editNode.SetBGColor(1.0,1.0,1.0,1.0)
    AddControlToTreeItem(uiName,"Edit",editNode)
def PyMeGLFrame_1_onButton3_Menu_创建列表框(uiName,itemName,x,y):
    global g_RootUI
    global g_ControlIndex
    global g_TreeList
    #在 x,y 位置生成一个输入框
    listboxNode = GLUIControls.UI_ListBox(160,200,g_RootUI)
    listboxNode.SetXY(x,y)
    listboxNode.SetItemHeight(40)
    listboxNode.SetBGColor(1.0,1.0,1.0,1.0)
    for i in range(3):
        listboxNode.AddItem("Item %d"%(i))
```

```
listboxNode.SetTextColor(1.0,0.0,0.0,1.0)
listboxNode.SetBGColor(0.8,0.8,0.0,1.0)
AddControlToTreeItem(uiName,"ListBox",listboxNode)
```

运行后，我们就可以在渲染窗口上单击右键，然后如图 10-12 所示，通过选择相应的控件类型来实现创建控件了。

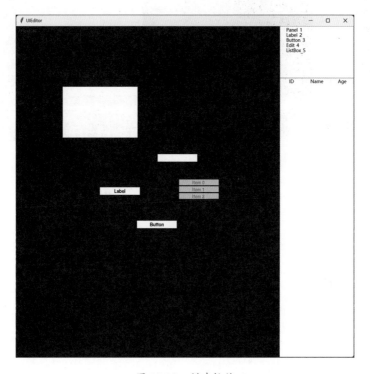

图 10-12　创建控件

这时候的控件创建还没有父子关系，我们需要当单击鼠标右键选中一个控件时，弹出菜单创建的控件是它的子控件。但要实现这个功能，我们需要先处理好控件的鼠标选中与拖动。

10.3.3　控件的选中与拖动

在完成控件创建功能后，还需要选中控件并拖动摆放，以及对控件进行属性值编辑。涉及鼠标的操作，我们可以在 PyMeGLFrame 上单击鼠标右键，然后在弹出菜单中选择"事件响应"，再在事件响应处理编辑区对话框中选择"Button-1""ButtonRelease-1"和"B1-Motion"三个事件，设置"编辑函数代码"为鼠标左键单击、松开和拖动增加响应函数，操作如图 10-13 所示。

图 10-13　增加响应函数

要使编辑器支持选中控件，需要使得单击控件时能够获取到选中的控件实例，需要修改 GLUIControls.py，增加一个全局变量 g_ClickedControl，并在每种控件类的 OnMouseDown 函数中，在每次判断单击到控件时设置 g_ClickedControl 为被选中的控件，比如基类 UI_Control 的相应函数修改如下：

```python
#鼠标按下事件
def OnMouseDown(self,x,y):
    global g_ClickedControl
    if self.visible:
        for child in self.children:
            if child.OnMouseDown(x,y) == True:
                g_ClickedControl = child
                return True
        if self.CheckPoint(x,y) == True :
            if self.IsFocusable() == True:
                self.SetFocus()
            g_ClickedControl = self
            return True
    return False
```

这样我们就可以在 GLFrame 的鼠标左键单击事件函数中获取到被选中的控件，从而对它进行拖动和编辑。这里要给控件设置一个编辑状态，在这个状态下，它能够显示一个编辑框，并具有一些边角的可选中小块。

```python
#设置编辑模式
def SetEditMode(self,editMode):
    self.editMode = editMode
#是否编辑模式
def IsEditMode(self):
    return self.editMode
#显示编辑模式框
def DrawEditMode(self):
    if self.IsEditMode() == True:
        #绘制边框
        glLineWidth(2.0)
        glColor4fv([1.0,0.0,0.0,1.0])
        glBegin(GL_LINE_STRIP)
        glVertex2f(self.x-1,self.y-1)
        glVertex2f(self.x+self.width+1,self.y-1)
        glVertex2f(self.x+self.width+1,self.y+self.height+1)
        glVertex2f(self.x-1,self.y+self.height+1)
        glVertex2f(self.x-1,self.y-1)
        glEnd()
        #绘制四角
        corners = [
            [self.x,self.y],
            [self.x+self.width,self.y],
            [self.x+self.width,self.y+self.height],
            [self.x,self.y+self.height]
        ]
        cornersize = 5
        for corner in corners:
            glColor4fv([1.0,0.0,0.0,1.0])
            glBegin(GL_QUADS)
            glVertex2f(corner[0]-cornersize,corner[1]-cornersize)
            glVertex2f(corner[0]+cornersize,corner[1]-cornersize)
            glVertex2f(corner[0]+cornersize,corner[1]+cornersize)
            glVertex2f(corner[0]-cornersize,corner[1]+cornersize)
            glEnd()
#绘制
def Draw(self):
    if self.visible:
        for child in self.children:
```

```
        child.Draw()
    #显示编辑模式框
    self.DrawEditMode()
```

下面处理一下鼠标单击和拖动控件部分。为了能记录拖动的像素移动，我们需要在 Form_1_onLoad 函数中增加一个变量 LastCursorPos 来记录拖动计算时的上一帧鼠标位置：

```
#加入一个数据，记录上一次鼠标所在的位置
Fun.AddUserData(uiName,'Form_1','LastCursorPos','list',None)
```

然后为鼠标左键单击和拖动事件增加相应代码：

```
def PyMeGLFrame_1_onButton1(event,uiName,widgetName):
    global g_RootUI
    #如果当前控件处在编辑状态，则取消编辑状态
    if GLUIControls.g_ClickedControl:
        GLUIControls.g_ClickedControl.SetEditMode(False)
    #取消当前控件的编辑状态
    GLUIControls.g_ClickedControl = None
    #重新判断，得出当前被单击的控件
    g_RootUI.OnMouseDown(event.x,event.y)
    if GLUIControls.g_ClickedControl:
        #设置当前控件为编辑状态
        GLUIControls.g_ClickedControl.SetEditMode(True)
        #记录鼠标的位置
        Fun.SetUserData(uiName,'Form_1','LastCursorPos',[event.x,event.y])
def PyMeGLFrame_1_onButton1Motion(event,uiName,widgetName):
    #取得鼠标的位置
    LastCursorPos = Fun.GetUserData(uiName,'Form_1','LastCursorPos')
    if LastCursorPos:
        #计算偏移量
        offsetx = event.x - LastCursorPos[0]
        offsety = event.y - LastCursorPos[1]
        #移动当前编辑状态的控件
        if GLUIControls.g_ClickedControl:
            X,Y = GLUIControls.g_ClickedControl.GetXY()
            GLUIControls.g_ClickedControl.SetXY(X+offsetx,Y+offsety)
    #更新记录的鼠标位置为当前的位置
    Fun.SetUserData(uiName,'Form_1','LastCursorPos',[event.x,event.y])
```

运行后，创建一些控件，并单击它们，可以看到如图 10-14 所示，被点中的控件将显示出带边角的编辑框，这时可以拖动控件移动。

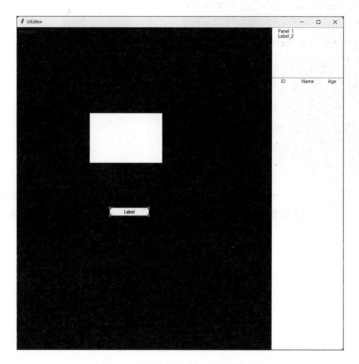

图 10-14　拖动控件时的选中状态

实现基本的选中控件并移动控件之后，我们还希望能够拖动四个边角来调整控件的大小。这个做法需要继续在鼠标单击和拖动时增加相应的判断和处理，这里不再赘述，感兴趣的开发者可以参考附书代码。

10.3.4　控件列表与属性编辑

下面完成对右边面板中控件列表树和控件属性列表框的处理。控件列表树的功能主要是显示并选中相应控件，所以我们需要为列表树控件增加"选中树项"事件函数，使相应名称的控件处于编辑状态，并在鼠标选中控件时，也使同名树项处于被选中状态。

我们在设计视图中，在控件列表树上单击右键，在弹出菜单中选中"事件响应"，如图 10-15 所示，进入"TreeView_1 事件响应处理编辑区"对话框，在左边列表框选中"TreeviewSelect"事件，也就是树项被选中时触发的事件，然后单击右边的"编辑函数代码"，进入代码编辑器中。

图 10-15　为 TreeView 绑定选中树项事件的回调函数

创建好相应的函数后，在其中增加代码：

```python
def TreeView_1_onSelect(event,uiName,widgetName):
    global g_TreeList
    treeItem = Fun.GetSelectedTreeItem(uiName,'TreeView_1')
    if treeItem:
        ItemText = treeItem[0]
        if ItemText in g_TreeList:
            #如果当前控件处在编辑状态，则取消编辑状态
            if GLUIControls.g_ClickedControl:
                GLUIControls.g_ClickedControl.SetEditMode(False)
            #取消当前控件的编辑状态
            GLUIControls.g_ClickedControl = g_TreeList[ItemText]
            #设置当前控件为编辑状态
            GLUIControls.g_ClickedControl.SetEditMode(True)
```

这样就可以实现在选中树项时，相应的控件处于被选中状态，然后我们在 PyMeGLFrame_1_onButton1 函数中增加代码：

```python
#选中对应树项
for widgetName in g_TreeList.keys():
    if g_TreeList[widgetName] is GLUIControls.g_ClickedControl:
        Fun.SelectTreeItem(uiName,"TreeView_1",widgetName)
```

```
break
```

这样就可以实现用鼠标选中控件后，控件列表树中的对应树项也被选中了。

最后，我们来实现控件属性编辑框的属性罗列与编辑处理。在 PyMe 中，ListView 控件可以很方便地展示表格，而控件的属性很多，用多行两列表格来展示正合适。

我们在设计视图中，用鼠标右键单击"ListView_1"，在弹出菜单中选择"编辑列信息"，然后在弹出的对话框中将原本默认的"ID""Name""Age"三个列名称改为"属性名称"和"属性值"两个列名称，并调整合适宽度后单击"确定"，设置效果如图 10-16 所示。

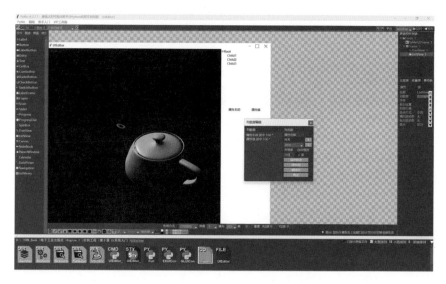

图 10-16 设置 ListView_1 作为属性栏的列项

下面需要为控件定义一些可编辑的属性项，比如：位置、大小、背景色、文字颜色、背景图片等，还要定义这些属性的编辑方式，比如位置和大小可以通过弹出编辑框进行编辑，背景色和文字颜色可以通过弹出颜色选择框进行编辑，而背景图片则通过打开文件对话框选择图片文件进行编辑。所以在开发属性表格时，基于不同的属性按照编辑方式分类有助于我们方便地处理大量属性的编辑。

我们在当前 UIEditor_cmd.py 中定义各个控件的属性列表，并放置到一个以控件类型名称为 key 值的字典中：

```
g_TreeList = {}
g_ControlIndex = 1
g_ControlAttribList = {}
g_ControlAttribList["Panel"]=[]
```

```
g_ControlAttribList["Panel"].append(['位置','Text'])
g_ControlAttribList["Panel"].append(['大小','Text'])
g_ControlAttribList["Panel"].append(['背景色','Color'])
g_ControlAttribList["Panel"].append(['背景图','Image'])
g_ControlAttribList["Label"]=[]
g_ControlAttribList["Label"].append(['位置','Text'])
g_ControlAttribList["Label"].append(['大小','Text'])
g_ControlAttribList["Label"].append(['文本','Text'])
g_ControlAttribList["Label"].append(['背景色','Color'])
g_ControlAttribList["Label"].append(['背景图','Image'])
g_ControlAttribList["Label"].append(['文本色','Color'])
...
```

然后我们增加函数 ResetControlAttribListView 对相应类型控件进行属性栏的创建：

```
def ResetControlAttribListView(uiName,widgetType,widgetNode):
    #重新列出所有属性
    Fun.DeleteAllRows(uiName,"ListView_1")
    if widgetType in g_ControlAttribList.keys():
        for i in range(len(g_ControlAttribList[widgetType])):
            #以当前的属性名称增加一行
            attribName = g_ControlAttribList[widgetType][i][0]
            valueText = ''
            if attribName == "位置":
                X,Y = widgetNode.GetXY()
                valueText = str("%d,%d"%(X,Y))
            elif attribName == "大小":
                W,H = widgetNode.GetSize()
                valueText = str("%d,%d"%(W,H))
            elif attribName == "文本":
                valueText = widgetNode.GetText()
            elif attribName == "背景色":
                BGColor = widgetNode.GetBGColor()
                valueText =
str("%.2f,%.2f,%.2f,1.0"%(BGColor[0],BGColor[1],BGColor[2]))
            elif attribName == "文本色":
                TextColor = widgetNode.GetTextColor()
                valueText =
str("%.2f,%.2f,%.2f,1.0"%(TextColor[0],TextColor[1],TextColor[2]))
```

```
            if attribName == "背景图":
                textureIndex = widgetNode.GetTextureIndex()
                valueText =
GLUIControls.g_UITextureManager.GetTextureName(textureIndex)
                Fun.AddRowText(uiName,"ListView_1",rowIndex
='end',values=(attribName,valueText),tag='')
```

完成后我们在 AddControlToTreeItem 函数中增加代码：

```
#重新列出所有属性
ResetControlAttribListView(uiName,widgetType,widgetNode)
```

这样在每次创建一个新控件后，就会按照控件类型生成相应的属性表格。我们在设计视图中用鼠标右键单击"ListView_1"，在弹出菜单中选择"事件响应"，进入事件响应处理编辑框，选中"Double-Button-1"事件，然后单击右边的"编辑函数代码"按钮，为"ListView_1"增加一个鼠标左键双击的响应函数。

在这个函数中，我们增加以下代码：

```
def ListView_1_onDoubleButton1(event,uiName,widgetName):
    global g_ControlAttribList
    if GLUIControls.g_ClickedControl:
        widgetType = GLUIControls.g_ClickedControl.GetType()
        rowIndex = Fun.GetSelectedRowIndex(uiName,widgetName)
        attribName =
Fun.GetCellText(uiName,widgetName,rowIndex=rowIndex,columnIndex=0)
        if widgetType in g_ControlAttribList.keys():
            for i in range(len(g_ControlAttribList[widgetType])):
                if g_ControlAttribList[widgetType][i][0] == attribName:
                    #根据不同的类型弹出相应的编辑框
                    attribValue = None
                    if g_ControlAttribList[widgetType][i][1] == 'Text':
                        attribValue = Fun.InputBox(title='请输入
'+attribName,text='')
                    elif g_ControlAttribList[widgetType][i][1] == 'Color':
                        selectColor = Fun.SelectColor(title='请选择'+attribName)
                        if selectColor:
                            attribValue = [float(selectColor[0][0])/255,float
(selectColor[0][1])/255,float(selectColor[0][2])/255]
                    elif g_ControlAttribList[widgetType][i][1] == 'Image':
```

```
                        attribValue = Fun.OpenFile(title="选择图片
",filetypes=[('PNG文件','*.png'),('JPG文件','*.jpg')],initDir = os.getcwd())


                    #处理编辑好的结果
                    if attribValue:
                        if attribName == '位置':
                            attriblist = attribValue.split(',')
                            GLUIControls.g_ClickedControl.SetXY(int
(attriblist[0]),int(attriblist[1]))
                            #对指定行的第2列设置文本

Fun.SetCellText(uiName,'ListView_1',rowIndex,1,attribValue)
                        elif attribName == '大小':
                            attriblist = attribValue.split(',')
                            GLUIControls.g_ClickedControl.SetSize(int
(attriblist[0]),int(attriblist[1]))
                            Fun.SetCellText(uiName,'ListView_1',
rowIndex,1,attribValue)
                        elif attribName == '文本':
                            GLUIControls.g_ClickedControl.SetText(attribValue)
                            Fun.SetCellText(uiName,'ListView_1',
rowIndex,1,attribValue)
                        elif attribName == '背景色':
                            GLUIControls.g_ClickedControl.SetBGColor
(attribValue[0],attribValue[1],attribValue[2])
                            valueText = str("%.2f,%.2f,%.2f,1.0"%(attribValue[0],
attribValue[1],attribValue[2]))
                            Fun.SetCellText(uiName,'ListView_1',
rowIndex,1,valueText)
                        elif attribName == '文本色':
                            GLUIControls.g_ClickedControl.SetTextColor
(attribValue[0],attribValue[1],attribValue[2])
                            valueText = str("%.2f,%.2f,%.2f,1.0"%(attribValue[0],
attribValue[1],attribValue[2]))
                            Fun.SetCellText(uiName,'ListView_1',
rowIndex,1,valueText)
                        elif attribName == '替代符':
                            GLUIControls.g_ClickedControl.SetShowChar(attribValue[0])
```

```
                    Fun.SetCellText(uiName,'ListView_1',
rowIndex,1,attribValue[0])
                elif attribName == '背景图':
                    textureIndex =
GLUIControls.g_UITextureManager.LoadTextureFromFile(attribValue,True)

GLUIControls.g_ClickedControl.SetTexture(textureIndex)
                    pathName,fileName = os.path.split(attribValue)

Fun.SetCellText(uiName,'ListView_1',rowIndex,1,fileName)
                break
```

　　运行编辑器，当我们选中控件并双击对应的属性栏时，界面编辑器就会弹出相应的编辑框供我们填写或选择。比如创建一个面板，选中它后双击"大小"属性，在弹出的输入框中输入"500,300"，再双击"背景色"选择红色，最后双击"背景图"属性项那一行，选择一张图片，比如选择工程的项目图片文件 ico.png，将可以看到如图 10-17 所示效果。

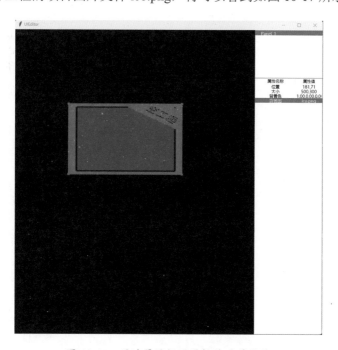

图 10-17　通过属性栏设置控件的属性值

　　我们再为 AddControlToTreeItem 函数加入选中新控件的代码，并在处理选中控件时调用 ResetControlAttribListView 重建属性栏并显示对应控件属性值，这部分的基础功能就算完成了。最后完善上一节的创建子控件功能。在 **PyMeGLFrame_1_onButton3** 函数的起始位置先加入以下代码：

```
#如果当前控件处在编辑状态，则取消编辑状态
if GLUIControls.g_ClickedControl:
    GLUIControls.g_ClickedControl.SetEditMode(False)
#取消当前控件的编辑状态
GLUIControls.g_ClickedControl = None
#重新判断，得出当前被单击的控件
g_RootUI.OnMouseDown(event.x,event.y)
```

然后修改对创建控件函数的处理，判断当前鼠标右键创建控件时，是否有被选中的控件，如果有，我们就判定这个控件为父控件，并设置创建出的子控件位置为相对于父控件的位置。比如创建文本的代码修改后如下所示：

```
def PyMeGLFrame_1_onButton3_Menu_创建文本(uiName,itemName,x,y):
    global g_RootUI
    global g_ControlIndex
    global g_TreeList
    parentWidget = g_RootUI
    if GLUIControls.g_ClickedControl:
        parentWidget = GLUIControls.g_ClickedControl
    #在 x,y 位置生成一段文本
    labelNode = GLUIControls.UI_Label(160, 30,parentWidget)
    labelNode.SetXY(x-parentWidget.GetXY()[0],y-parentWidget.GetXY()[1])
    labelNode.SetText("Label")
    labelNode.SetBGColor(1.0,1.0,1.0,1.0)
    AddControlToTreeItem(uiName,"Label",labelNode)
```

这样我们就可以为控件创建子控件了，当我们拖动一个控件时，可以看到它的子控件也跟着移动。

10.3.5 界面保存与加载

在完成对界面的编辑之后，最终我们需要将界面保存为一个界面信息文件，这样才能方便地在使用场景中加载复现。一般来说，界面文件只需要将所有的界面按照层次关系将控件的各属性信息保存即可，比如我们在这里将界面保存为一个 XML 文件。

首先，在基类 **UI_Control** 中增加一些函数：

```
class UI_Control:
```

```
#从 XML 文件中加载控件
def LoadFromXMLFile(self,xmlFile):
    tree = ET.parse(xmlFile)
    root = tree.getroot()
    self.LoadFromXMLNode(root)
    pass
#从 XML 节点中加载控件
def LoadFromXMLNode(self,controlNode):
    self.LoadAttributeFromXMLNode(controlNode)
    for child_element in controlNode.findall('Child'):
        childType = child_element.get('Type')
        if childType == "Panel":
            child = UI_Panel()
        elif childType == "Label":
            child = UI_Label()
        elif childType == "Button":
            child = UI_Button()
        elif childType == "Edit":
            child = UI_Edit()
        elif childType == "ListBox":
            child = UI_ListBox()
        elif childType == "ComboBox":
            child = UI_ComboBox()
        else:
            child = UI_Control()
        child.LoadFromXMLNode(child_element)
        self.AddChild(child)
#从 XML 节点中加载控件信息
def LoadAttributeFromXMLNode(self,controlNode):
    self.type = controlNode.get('Type')
    XYText = controlNode.get('XY')
    SizeText = controlNode.get('Size')
    if XYText!= None and XYText!= None:
        xy = XYText.split(',')
        size = SizeText.split(',')
        self.SetXY(int(xy[0]),int(xy[1]))
        self.SetSize(int(size[0]),int(size[1]))
    pass
#将控件保存到 XML 文件中
```

```python
def SaveToXMLFile(self,xmlFile):
    root = ET.Element("Root")
    tree = ET.ElementTree(root)
    self.SaveToXMLNode(root)
    tree.write(xmlFile, encoding="utf-8", method="xml")
#将控件保存到 XML 节点中
def SaveToXMLNode(self,controlNode):
    self.SaveAttributeToXMLNode(controlNode)
    #保存子控件
    for child in self.children:
        child_element = ET.Element('Child')
        child.SaveToXMLNode(child_element)
        controlNode.append(child_element)
#将控件的属性保存到 XML 节点中
def SaveAttributeToXMLNode(self,controlNode):
    #保存控件类型
    controlNode.set('Type',self.type)
    #保存控件坐标和大小
    xy = self.GetXY()
    size = self.GetSize()
    XYText = str(xy[0]) + ',' + str(xy[1])
    SizeText = str(size[0]) + ',' + str(size[1])
    controlNode.set('XY',XYText)
    controlNode.set('Size',SizeText)
    controlNode.set('Visible',str(self.visible))
```

然后我们为其派生出的控件重载 LoadAttributeFromXMLNode 和 SaveAttributeToXMLNode，使控件的属性信息能够被加载和保存，比如：

```python
class UI_Label(UI_Panel):
    #从 XML 节点中加载控件属性信息
    def LoadAttributeFromXMLNode(self,controlNode):
        super().LoadAttributeFromXMLNode(controlNode)
        if controlNode.get('Text')!=None:
            self.SetText(controlNode.get('Text'))
        if controlNode.get('TextColor')!=None:
            TextColorText = controlNode.get('TextColor')
```

```
            TextColor = TextColorText.split(',')
            self.textColor = [float(TextColor[0]),float(TextColor[1]),float
(TextColor[2]),float(TextColor[3])]
        if controlNode.get('TextAlign')!=None:
            self.SetTextAlign(controlNode.get('TextAlign'))
        if controlNode.get('TextVlign')!=None:
            self.SetTextVlign(controlNode.get('TextVlign'))
        if controlNode.get('Font')!=None:
            Font = None
            FontText = controlNode.get('Font')
            if FontText.find("GLUT_BITMAP_") == 0:
                self.font = eval(FontText)
            else:
                #对其他字体的处理
                pass
    #保存控件属性信息到 XML 节点
    def SaveAttributeToXMLNode(self,controlNode):
        super().SaveAttributeToXMLNode(controlNode)
        if self.text!= None:
            controlNode.set('Text',self.text)
        if self.textColor!= None:
            TextColorText = str(self.textColor[0]) + ',' + str(self.textColor[1])
+ ',' + str(self.textColor[2]) + ',' + str(self.textColor[3])
            controlNode.set('TextColor',TextColorText)
        if self.textAlign!= None:
            controlNode.set('TextAlign',self.textAlign)
        if self.textVlign!= None:
            controlNode.set('TextVlign',self.textVlign)
        if self.font!= None:
            FontName = "GLUT_BITMAP_HELVETICA_18"
            controlNode.set('Font',"GLUT_BITMAP_HELVETICA_18")
```

　　逐一为每个控件完成相应的保存和加载处理之后，我们为界面编辑器增加一个窗口菜单。
在设计视图中选中 Form_1，然后在属性栏中双击"窗口菜单"项，在弹出的"菜单编辑区"
对话框中为当前应用增加顶层菜单项"文件"，然后如图 10-18 所示，在"文件"菜单项下增
加"打开"、"保存"、"另存为"以及"退出"等子菜单项。

图 10-18　增加窗口菜单对文件进行保存和加载等

单击"确定"按钮后，按 Ctrl+S 组合键保存一下，然后我们双击 UIEditor_cmd.py 文件图标，进入代码编辑器中，找到相应的"保存"菜单项函数，回车后单击鼠标右键，在弹出菜单中选择"系统函数"下的"调用保存文件框"，生成相应的文件对话框弹出代码，并加入对根节点的保存、调用。

```python
def Menu_保存(uiName,itemName):
    savePath = None
    #如果是已经保存或打开的文件,直接保存为当前文件即可
    if 'UIFile' in Fun.G_UserVarDict.keys():
        savePath = Fun.G_UserVarDict['UIFile']
    else:
        savePath = Fun.SaveFile(title="保存 XML 文件",filetypes=[('XML
File','*.xml'),('All files','*')],initDir =
os.path.abspath('.'),defaultextension='xml')
    if savePath:
        g_RootUI.SaveToXMLFile(savePath)
        #这里将当前的界面文件路径保存一下,方便下次使用
        Fun.G_UserVarDict['UIFile'] = savePath
        Fun.MessageBox(title='提示',text='保存成功')
```

在"打开"菜单项中加入代码:

```
def Menu_打开(uiName,itemName):
    opeFile = Fun.OpenFile(title="打开 XML 文件",filetypes=[('XML
File','*.xml'),('All files','*')],initDir = os.path.abspath('.'))
    if opeFile:
        g_RootUI.LoadFromXMLFile(opeFile)
        #这里将当前的界面文件路径保存一下，方便下次使用
        Fun.G_UserVarDict['UIFile'] = opeFile
```

运行后，如图 10-19 所示，我们创建几个控件并在"文件"菜单项中单击"保存"或通过 Ctrl+S 组合键，就可以弹出保存文件的对话框，输入文件名"ui1.xml"后进行保存。

图 10-19　将界面保存为 XML 文件

保存成功后，重启界面编辑器后，通过菜单项"打开"或按 Ctrl+O 组合键，选择 ui1.xml，将可以看到界面被加载了进来，这样就实现了界面编辑器的保存与加载功能。

第 11 章　图形引擎设计与优化

经过前面 10 章的学习，现在我们已经能够从最简单的开发理论入手，一点一点地搭建起图形引擎的功能模块。本章将学习引擎的框架设计与优化方案，相信在学会这些知识后，你将对引擎开发有更深的理解。

11.1　框架设计

引擎框架的作用是能提供一个良好的产品结构、文件布局、代码风格和扩展规则，从而帮助开发者更好地学习、使用和扩展。想要设计一个良好的引擎框架，需要首先充分地了解项目工作流，只有从大量实际的项目中去抽象出工作流的需求，才可以更好地设计出适合广大开发者使用的引擎或功能模块。

一般来说，从零开始搭建自己的引擎时，首先要实现一个可扩展的引擎框架，这个框架能够基本实现一个完整的图形引擎基座，并能够加载、解析和渲染由编辑器保存导出的数据文件。

在这里我简单罗列了一些比较重要的模块。

1. 图形库设备访问和设置模块：对接底层图形 API 设备的硬件访问层。
2. 渲染图形处理模块：基于图形 API 进行图形、模型绘制的模块。
3. 资源管理模块：对各种文件资源进行加载、解析、内存管理的模块。
4. 渲染物件模块：基于节点派生的各种可渲染实体，如精灵、模型、粒子等。
5. 场景管理模块：对场景各组成部分，如地表、建筑、草木、特效进行渲染和管理的模块。
6. 算法模块：游戏中用到的各种算法函数和类支持，如射线拣选、寻路算法等。
7. 界面模块：所有界面的控件实现，界面文件的加载、解析、渲染。
8. 特效模块：所有的特效的加载解析、播放、渲染处理。
9. 日志模块：日志的打印、输出与交互式命令窗口。
10. 其他模块：包括统计处理、交互处理、性能优化等工具类的实现。

下面通过图 11-1 展示了这些模块的归类和关系。

图 11-1　一个简单的图形引擎基本框架

11.2　无尽的优化

在本书的最后，我们来谈一谈引擎的性能与优化。因为要判断一个图形引擎优劣，除画质外，运行高效是其中极为重要的一个因素，只有在保证帧率的情况下，画质才有意义，所以，性能优化也是所有引擎开发商和游戏开发商共同关心的技术问题。下面将从多个方面来介绍引擎中的优化内容与方法。

11.2.1　模型批次

将模型批次放在前面，是因为模型的批次优化是场景高效运行的基础，游戏场景本质上就是由大量的模型构成的。所以如何提升大量模型的渲染效率，决定了场景中模型的可见数量规模。

一般来说，我们要对场景中的模型进行批次优化，也是分层的，首先在设计层面将场景中的模型进行分类，通过分类归纳各模型的特点，然后通过后续的顶点优化、纹理优化、渲染状态优化、Shader 优化等手段进行性能的优化。

下面以图 11-2 所示的游戏画面为例进行说明。

图 11-2　网游《无限世界》画面

在这个场景中，有天空盒，有地表、有天空，浮岛等模型，地表上有树木和建筑，游戏过程中也会有大量的玩家角度。在这种情况下，所有的可渲染物可以划分为以下五个部分。

1. 地表

地表本质上也是模型的一种，它的特点是范围广大，但是分成多个二维地表块，每个二维地表块的网格占有一定面积，顶点在 x、z 值上是一样的，只是 y 不同。在地表的批次优化上，主要通过摄像机可见裁剪、雾裁剪等裁剪手段来减少批次。

2. 天空盒

天空盒一般常用的主要是立方体或球体，批次上优化的空间不大，但因为天空盒一般处于视距的最远距离，所以在渲染时做一下排序，最后渲染即可，这样大量的像素渲染压力就会消解，地表也是如此。

3. 树木与建筑

对于树木和建筑，往往在场景中会使用一定种类的模型进行大小、位置、旋转、颜色或贴图等变换来构建出较多数量。在进行批次优化时，考虑到这两者都属于静态模型，而单个模型的顶点规模小，可以采取合批的方式，参考前面关于树木与建筑的章节的介绍。

4. 浮动建筑

浮动建筑在静态模型的基础上，加上了位移动画，如果直接按照树木和建筑方式合批，则无法实现动画效果。在这种情况下，可以将位移变化矩阵设置到 Shader 的矩阵数组中，通过在批次模型的顶点格式中增加一个矩阵索引，对受变换矩阵影响的批次模型实现一个批次的大量移动静态物渲染。

5. 玩家

玩家一般属于骨骼动画类模型，对于这类模型，一般是不进行合批的，但也并不绝对，主要原因在于每个模型都需要多个矩阵数组进行骨骼动画的计算，而 Shader 中访问的用于容纳骨骼数组的寄存器大小决定了最多支持多少根骨骼，从而限制了骨骼动画模型可以合批的数量。比如一个子模型受 10 根骨骼的影响，如果每个骨骼都用 4×4 的矩阵来做变换，则 Shader 中一个矩阵数组假设可以存储 64 个 4×4 矩阵，意味着一个批次可以渲染 6 个子模型。

最后要说的是，即便我们掌握了多种合批的技能，也并不意味着只要能合批就能提升效率，合批的本质上是用空间换时间，也就是在一个 DrawCall 中，用内存占用量和三角形数量的增加换取渲染次数的减少，这种决策能够带来正向结果的关键点是如何确定一个合适的批次模型大小。

11.2.2 顶点优化

顶点优化是一种很细节的优化策略，主要用于减小顶点占用的内存值，从而降低空间压力，多用于顶点结构较大或顶点数量规模较大的模型。

比如地表网格模型顶点往往较多，这时就可以通过压缩顶点中部分精度来减小占用的内存值，以及通过高度图来提供高度值来减少一位 y 浮点值的占用。表 11-1 展示了相应顶点格式优化前后的对比。

表 11-1 顶点格式优化前后的对比

顶点分量	优化前	优化方法	优化后
位置 x、y、z	三个浮点值	调整地表块大小，将 x,z 压缩为字节，使用高度图获取 y 值。	2 字节
法线 x、y、z	三个浮点值	将浮点压缩为字节	3 字节
纹理 u、v	两个浮点值	改为通过 x,z 计算	不需要占用
总大小	八个浮点值		5 字节

11.2.3 纹理优化

纹理图片作为游戏开发中比较重要和普遍的一部分，优化的手段和经验都比较多，总结下来，包括如下几种。

（1）纹理批次优化：在 UI 界面或 2D 游戏中，每一个纹理图即代表了一个批次，所以通过 TexturePacker 等工具进行合批处理是非常普遍的优化方案，在 3D 游戏中，纹理作为模型的要素，要与模型合批处理进行综合考虑，权衡出最佳的合批方案以使得合批后的模型在恰当的模型顶点块和合批纹理大小中找到最佳位置。

（2）像素格式压缩：在像素格式上使用位数少的像素格式取代位数多的像素格式，比如在图 11-3 中对比了 32 位 A8R8G8B8 色和 16 位 A1R5G5B5 色的图片渲染效果，区别不大，但可以降低一半的显存使用，这里特别要注意透明通道的渐变需求。另外基于目标平台硬件，选择性地使用一些支持的压缩纹理格式，如 DXT1～DXT5，或者 IOS 上的 PVR 等也可以大大降低显存的占用量。

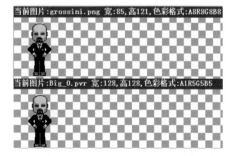

图 11-3 A8R8G8B8 的 PNG 格式与 A1R5G5B5 的 PVR 格式表现对比

（3）纹理尺寸压缩：因为纹理大小只影响到图像的清晰度，而肉眼观察力有限，所以对于较大尺寸的纹理图，可以采用直接缩小尺寸来大幅降低内存和显存占用。这种方法使用简单，优化效果明显，是最常用的纹理优化手段。

11.2.4　渲染状态优化

在场景渲染中，往往有许多不同的渲染状态，这些渲染状态就相当于一系列渲染设置的开关，决定了是否启用深度、纹理、颜色混合、Alpha 混合、雾等渲染设置。当渲染物需要改变设置时，就需要提交当前批次，所以，对于场景中同属于不同渲染状态的物体，静态或动态地进行分类合批也是批次处理中的一个重要考量因素，比较典型的就是对无 Alpha、Alpha 镂空和 Alpha 渐变混合三种情况下所渲染物体的渲染排序处理。

11.2.5　Shader 优化

Shader 优化主要对表现效果用到的 Shader 进行代码精简，在寄存器占用量、计算复杂度及像素混合压力上做优化。比如骨骼动画中有大量骨骼矩阵运算，标准情况下每个骨骼点使用 4×4 矩阵来描述骨骼点的运动状态，但如果骨骼不考虑位移和缩放，只考虑旋转，实际上就没必要用 16 个浮点数的巨大寄存器空间。又如在地表混合时，多张地表材质图的混合，像素的计算压力和显存带宽都会较大，在这种情况下，引擎程序员和美术人员应该进行仔细的评测，观察 Shader 的纹理混合压力和影响，在可接受的范围内进行研发。

11.2.6　计算压力优化

计算压力主要是 CPU 或 GPU 在算法计算时受到的压力，这在一些局部尤其明显，比如大量的骨骼动画运算、实时的粒子物理效果或者各种 Shader 中的图像算法模糊处理等。这些优化一方面通过对算法的改进来提升效率，另一方面也尽量借助一些高性能函数或指令集来辅助。比如卡马克的快速平方根算法，或者通过 SIMD 指令集对矩阵运算进行一次指令运算执行多个数据流，均可以大大提升运算的效率。

11.2.7　UI 渲染优化

在 3D 游戏开发中，我们经常把工作精力放在对 3D 场景的优化上，从而忽略 UI 界面。但实际上，UI 界面往往具有大量的控件、Alpha 渐变、动画效果和字体。如果不进行细致的优化，而让每一个渲染物去调用一次 DrawCall，那么批次数量就会急剧增大。在 UI 上花一些精力把效率压榨到极致是有必要的，只有这样，才能给 3D 渲染留出更多的空间。

一般来说，UI 渲染优化的手段主要如下。

（1）纹理合图：控件的本质还是绘制图片，所以把界面用到的背景图尽量合在一张纹理图上，通过合批处理可以大大减少控件渲染批次。

（2）字体图化：一般来说，图形底层渲染文字只是调用一次相应的绘制函数，这就会产生一个 DrawCall，当屏幕文字比较多时，如制作弹幕或者聊天列表时，就会造成严重的效率下降。所以对于文字渲染，通过 BMPFont 类工具预先生成字图纹理，在代码中通过创建顶点缓冲区，动态地对需要渲染的字符进行纹理选取和缓冲指定，生成合批的文字缓冲，可以大大提升渲染效率。这么做还有一个好处，通过美术人员可以对字图文件进行预处理，实现各种漂亮的字体效果，不过因为字库一般包含数万字符，如果全部生成字图纹理，也需要较大尺寸的纹理才能容纳，这时可以在生成字图纹理的过程中，裁剪掉大量生僻字。

11.2.8　设计优化

前面的优化比较细致地讲述了引擎各个模块的优化方法，但这些方法主要属于战术层面的优化方法，实际上，更高层次、更有效的，是设计层面的优化，包括对项目风格的思考，对表现形式的斟酌，对场景结构的设计。有时候忙活许多天，并不如在设计上做一点改变来得有效。

比如，一些休闲游戏如《皇室战争》《万国觉醒》等的场景采用俯视的固定视角，而不是360°的开阔自由视角，这将大大降低场景的渲染复杂度和性能压力，避免开阔视角带来的天空盒、地表处理，以及视角移动引发的渲染压力不均衡跳帧。

在风格上，采用卡通风格而不是写实风格，可以对模型面数、纹理细节等表现上的压力有所降低，这也是一个项目在立项阶段确定风格时需要统计、测试和权衡的，如果不考虑技术能力和成本的现实情况，就可能导致项目经历波折，甚至中途推翻重来。

总之，开发人员在引擎优化上的能力决定了游戏项目的运行效率上限，一款产品的立项，一定需要从玩法、表现、技术等多方面综合考虑。希望本章的内容，对正在进行游戏研发的开发者有所帮助。

附录 A 小白的成长路线

前面讲了图形引擎的发展史和现状，对于广大的初学者来说，更关心的是自己在这条道路上能学会什么，以及未来能从事哪些岗位的工作。本附录将重点介绍小白的成长路线。

图形引擎技术目录

图形引擎开发经过数十年的发展，不管是在 2D 还是 3D 方向，都沉淀了一大堆的技术方案，这些技术方案如果要一一展开，会非常庞大，很多时候仅仅是其中的一个模块，比如材质或光照，就能引申出数量庞大的论文和技术细节。但其实对于初学者，工作中常见和实用的技术其实还是有限的，我在图 A-1 和图 A-2 中对一个较简单的 2D 图形引擎及 3D 图形引擎所涵盖的知识点做了梳理。这些知识点只是图形引擎技术中的一部分内容，但在实际项目中却是最基础和必要的部分。

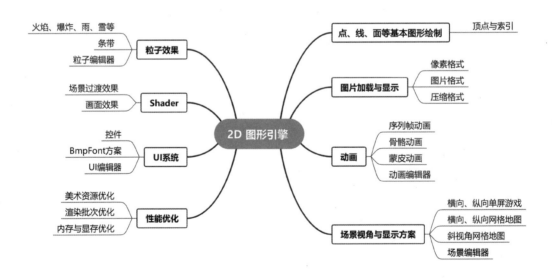

图 A-1 简化的 2D 图形引擎知识树

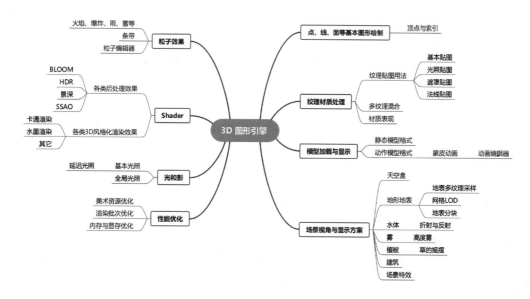

图 A-2 简化的 3D 图形引擎知识树

当前 3D 游戏已经成为主流技术方向，本书也主要讲解一些 3D 引擎知识树中的内容，同时结合 2D 中的 UI 系统来编写，这样当初学者完成本书的学习后，基本上对实际开发中涉及的图形引擎的知识有较为体系化的掌握，可以自行开发一个简单的 3D 游戏。

职业方向与规划

在图形引擎这个技术门类中，当前市场主要提供了三个不同的岗位，主要集中在游戏行业，下面解释这三个岗位的特点，你可以根据需要来进行选择。

1. 游戏客户端程序员

显而易见，游戏客户端程序员的主要工作是开发游戏，在当下以使用商业引擎为主的游戏开发企业中，游戏客户端程序员其实也需要具备一定的引擎底层技术，才能够较好地完成游戏的表现效果和逻辑功能。这部分岗位大多数情况下并不需要修改引擎，对于引擎底层技术的要求一般主要就是熟练掌握现有的引擎，能够根据项目需要对游戏进行效果表现的开发和性能优化方面的处理。

2. 游戏引擎技术专家

游戏引擎技术专家，大多需要有自研引擎的能力和经验，能够对现有的引擎进行底层修改，使其更加适合游戏企业的项目需要。也有少部分专家直接在游戏引擎企业任职，专职开发引擎库或相关工具。从技术上来讲，能够担任引擎技术专家的，一般都参与过多款游戏项目或至少一款引擎产品的研发，对游戏引擎有更加全面和深入的理解和掌握，能够设计大多数游戏项目的图形效果和性能优化方案。

3. 游戏技术美术

游戏技术美术是近两年内逐渐兴起的一个岗位，属于引擎程序和美术的综合人才，需要具备一定的审美，同时又具有一定的代码能力，这部分人群有些是引擎程序技术人员转过去的，也有一些是美术效果人员经过学习相关引擎编程技术慢慢胜任的，主要工作是按照项目美术需要，设计效果方案及对应的实现，在这个过程中，需要基于引擎进行逻辑及 Shader 代码的编写。

这三个岗位各有特点，游戏客户端程序员在技术积累上更偏游戏，而游戏引擎技术专家更偏引擎底层和工具链，游戏技术美术更偏美术效果。一般来说，一个游戏企业中可能有多个游戏项目组，一个项目组往往需要多个客户端程序员来应付项目的开发，而只有规模较大的游戏企业或专业图形引擎产品企业才会建立引擎组招募引擎技术专家，也只有实力雄厚的企业才会招募专职的技术美术人员，对表现效果进行深度研究。所以，游戏客户端程序员的岗位更多，但是游戏引擎技术专家和游戏技术美术的薪水往往更高。

当然，作为一个新人，可以首先从游戏客户端程序员做起，在工作中积累引擎的使用经验，在这个过程中去了解其他更多的知识，根据个人志向决定是否向游戏引擎技术专家或游戏技术美术方面发展。

最后，祝各位开发者在本书的学习中有所收获，在工作岗位上做出更好的成绩！